Educational Producer For Your Success

알기쉽게 풀어쓴!

에듀피디
수질환경 실기
기사·산업기사

2판

| 전나훈 편저 |

- 필수적으로 암기해야 하는 부분의 암기방법을 두문자를 통해 제시
- 기출문제 및 관련 이론을 집중적으로 학습할 수 있도록 구성
- 과년도 기출문제를 통한 실력 향상
- **부록** 더 확실한 합격을 위한 자료 + 실기 자료 제공

에듀피디 동영상강의 www.edupd.com

Engineer
Water
Pollution
Environmental

알기 쉽게 풀어쓴 수질환경기사·산업기사 실기 2판

1판 1쇄 인쇄 2022년 4월 15일
2판 1쇄 발행 2024년 10월 17일

편저자 전나훈
발행처 에듀피디
등 록 제300-2005-146
주 소 서울 종로구 대학로 45 임호빌딩 2층 (연건동)

전 화 1600-6690
팩 스 02)747-3113

※ 이 책은 저작권법에 따라 보호받는 저작물이므로 무단전재와 무단복제를 금지하며 책 내용의 전부 또는 일부를 이용하려면 반드시 저작권자와 에듀피디의 서면 동의를 받아야 합니다.

CONTENTS 책의 목차

제1편 필답형 핵심요약

CHAPTER 01 수질공정관리 계획수립 — 010
CHAPTER 02 표준 수질공정 운전 — 018
CHAPTER 03 상하수도 계획 — 100
CHAPTER 04 수질오염측정 및 수질관리 — 118

제2편 과년도 필답형 기출문제

[산업기사 기출문제]

CHAPTER 01 2018년도 제2회 산업기사 필답형 — 146
CHAPTER 02 2018년도 제3회 산업기사 필답형 — 149
CHAPTER 03 2020년도 제1회 산업기사 필답형 — 152
CHAPTER 04 2024년도 제1회 산업기사 필답형 — 156

[기사 기출문제]

CHAPTER 05 2016년도 제1회 기사 필답형 — 160
CHAPTER 06 2016년도 제2회 기사 필답형 — 164
CHAPTER 07 2018년도 제1회 기사 필답형 — 168
CHAPTER 08 2018년도 제2회 기사 필답형 — 171
CHAPTER 09 2018년도 제3회 기사 필답형 — 175
CHAPTER 10 2019년도 제1회 기사 필답형 — 178
CHAPTER 11 2019년도 제2회 기사 필답형 — 181
CHAPTER 12 2019년도 제3회 기사 필답형 — 184
CHAPTER 13 2020년도 제1회 기사 필답형 — 187
CHAPTER 14 2020년도 제2회 기사 필답형 — 193
CHAPTER 15 2020년도 제3회 기사 필답형 — 198
CHAPTER 16 2020년도 제4회 기사 필답형 — 203
CHAPTER 17 2021년도 제1회 기사 필답형 — 209
CHAPTER 18 2021년도 제2회 기사 필답형 — 215
CHAPTER 19 2021년도 제3회 기사 필답형 — 220
CHAPTER 20 2022년도 제1회 기사 필답형 — 225
CHAPTER 21 2022년도 제2회 기사 필답형 — 229
CHAPTER 22 2023년도 제1회 기사 필답형 — 234
CHAPTER 23 2023년도 제2회 기사 필답형 — 239
CHAPTER 24 2024년도 제1회 기사 필답형 — 244

제3편 과년도 필답형 기출해설

[산업기사 기출해설]

CHAPTER 01 2018년도 제2회 산업기사 필답형 — 250
CHAPTER 02 2018년도 제3회 산업기사 필답형 — 253
CHAPTER 03 2020년도 제1회 산업기사 필답형 — 256
CHAPTER 04 2024년도 제1회 산업기사 필답형 — 260

[기사 기출해설]

CHAPTER 05 2016년도 제1회 기사 필답형 — 264
CHAPTER 06 2016년도 제2회 기사 필답형 — 268
CHAPTER 07 2018년도 제1회 기사 필답형 — 272
CHAPTER 08 2018년도 제2회 기사 필답형 — 275
CHAPTER 09 2018년도 제3회 기사 필답형 — 279
CHAPTER 10 2019년도 제1회 기사 필답형 — 282
CHAPTER 11 2019년도 제2회 기사 필답형 — 285
CHAPTER 12 2019년도 제3회 기사 필답형 — 288
CHAPTER 13 2020년도 제1회 기사 필답형 — 291
CHAPTER 14 2020년도 제2회 기사 필답형 — 297
CHAPTER 15 2020년도 제3회 기사 필답형 — 301
CHAPTER 16 2020년도 제4회 기사 필답형 — 307
CHAPTER 17 2021년도 제1회 기사 필답형 — 313
CHAPTER 18 2021년도 제2회 기사 필답형 — 318
CHAPTER 19 2021년도 제3회 기사 필답형 — 323
CHAPTER 20 2022년도 제1회 기사 필답형 — 329
CHAPTER 21 2022년도 제2회 기사 필답형 — 335
CHAPTER 22 2023년도 제1회 기사 필답형 — 340
CHAPTER 23 2023년도 제2회 기사 필답형 — 346
CHAPTER 24 2024년도 제1회 기사 필답형 — 352

제4편 부록

CHAPTER 01 수질환경 필답 틈새시장 — 360
CHAPTER 02 수질환경 실기 공식정리 — 368

GUIDE 출제기준(실기)

| 직무 분야 | 환경 · 에너지 | 중직무 분야 | 환경 | 자격 종목 | 수질환경산업기사 | 적용 기간 | 2025. 1. 1. ~ 2029. 12. 31. |

◉ **직무내용**: 수질오염상태를 조사 및 실험·분석하여 수질 오염물질을 제거 또는 감소시키기 위한 오염방지시설을 시공, 운영하는 직무이다.

◉ **수행준거**
1. 수질시료 중 일반 수질오염 항목에 대하여 표준화된 분석방법으로 정량화된 값을 구할 수 있다.
2. 유기물을 생물학적으로 제거하기 위한 공정의 기술 및 운전방식을 이해하고 공정 최적화를 위한 운전 조건 등을 도출하여 생물학적 처리시설을 효율적으로 운전할 수 있다.
3. 생물학적으로 질소·인을 제거하는 공법으로, 수처리 공정의 운전방식을 이해하고 공정 최적화를 위한 운전 조건을 도출하여 처리 공정을 효율적으로 운전할 수 있다.
4. 침전 및 막여과 등 물리적 처리공정의 운영 최적화를 위한 운전 조건 등을 도출하여 처리 공정을 효율적으로 운전할 수 있다.
5. 약품응집처리, 중화처리, AOP 공정 등 화학적 공정의 운전원리를 이해하고 공정 최적화를 위한 운전 조건 등을 도출하여 처리공정을 효율적으로 운전할 수 있다.
6. 점오염원과 관련된 오염물질의 발생량, 농도, 특성을 파악하여 이를 처리하고 관리할 수 있다.
7. 비점오염원과 관련된 오염물질의 관리와 저감시설을 관리 운영할 수 있다.
8. 슬러지 처리를 위한 기본 개념과 처리 공정을 파악하여 슬러지 발생량을 최소화하고 슬러지 처리시설을 효율적으로 운전할 수 있다.
9. 단위공정 시설물 구성 현황, 기능을 파악하고, 공정시설의 이력관리 및 관리대장 작성을 통한 유지관리를 통해 공정시설이 최적의 성능을 유지하도록 관리할 수 있다.

| 실기검정방법 | 필답형 | 시험시간 | 2시간 30분 |

실기 과목명	주요항목	세부항목	세세항목
수질오염 방지실무	❶ 일반 항목 분석	❶ 시료채취·운반·보관하기 ❷ 관능법으로 분석하기 ❸ 무게차법으로 분석하기 ❹ 적정법으로 분석하기 ❺ 전극법으로 분석하기 ❻ 흡광 광도법으로 분석하기 ❼ 연속흐름법으로 분석하기	세세항목은 큐넷(https://www.q-net.or.kr)을 참고해 주세요.
	❷ 생물학적 처리공정 운전	❶ 생물학적 처리공정 이해하기 ❷ 활성슬러지공정 운전하기 ❸ 기타 생물학적 처리공정 운전하기 ❹ 담체공법 운전하기	

	❸ 생물학적 질소·인 제거 고도처리공정 운전	❶ 생물학적 질소제거공정 운전하기 ❷ 생물학적 인 제거공정 운전하기 ❸ 생물학적 질소·인 제거 공정 운전하기	세세항목은 큐넷(https://www.q-net.or.kr)을 참고해 주세요.
	❹ 물리적 처리공정 운전	❶ 침사지 운전하기 ❷ 침전지 운전하기 ❸ 막분리 공전 운전하기	
	❺ 화학적 처리공정 운전	❶ 중화공정 운전하기 ❷ 약품응집처리공정 운전하기 ❸ ACP 처리공정 운전하기	
	❻ 점오염원 관리	❶ 점오염원 관리 현황 파악하기 ❷ 폐수 관리하기 ❸ 하수 관리하기 ❹ 분뇨 관리하기 ❺ 배출 부하량 관리하기	
	❼ 비점오염원 관리	❶ 비점오염원 관리 현황 파악하기 ❷ 비점오염원 특성 조사하기 ❸ 비점오염원 저감시설 선정하기 ❹ 비점오염 저감시설 설치·운영 관리하기 ❺ 비점오염 저감시설 모니터링·평가하기	
	❽ 슬러지 처리공정 운전	❶ 슬러지 공정 운전하기 ❷ 농축조 및 소화조 운전하기	

GUIDE 출제기준(필기)

| 직무분야 | 환경·에너지 | 중직무분야 | 환경 | 자격종목 | 수질환경기사 | 적용기간 | 2025. 1. 1. ~ 2029. 12. 31. |

⊙ **직무내용** : 수질오염상태를 조사·평가 및 실험·분석하여 수질오염에 대한 관리대책을 강구하고 수질 오염물질을 제거 또는 감소시키기 위한 오염방지시설을 설계, 시공, 운영하는 직무이다.

⊙ **수행준거**

1. 수질시료 중 일반 수질오염 항목에 대하여 표준화된 분석방법으로 정량화된 값을 구할 수 있다.
2. 수질시료 중 무기오염물질을 정성, 정량 분석할 수 있다.
3. 수질시료 중 유기오염물질을 정성, 정량 분석할 수 있다.
4. 유기물을 생물학적으로 제거하기 위한 공정의 기술 및 운전방식을 이해하고 공정 최적화를 위한 운전 조건 등을 도출하여 생물학적 처리시설을 효율적으로 운전할 수 있다.
5. 생물학적으로 질소·인을 제거하는 공법으로, 수처리 공정의 운전방식을 이해하고 공정 최적화를 위한 운전 조건을 도출하여 처리 공정을 효율적으로 운전할 수 있다.
6. 침전 및 막여과 등 물리적 처리공정의 운영 최적화를 위한 운전 조건 등을 도출하여 처리 공정을 효율적으로 운전할 수 있다.
7. 약품응집처리, 중화처리, AOP 공정 등 화학적 공정의 운전원리를 이해하고 공정 최적화를 위한 운전 조건 등을 도출하여 처리공정을 효율적으로 운전할 수 있다.
8. 점오염원과 관련된 오염물질의 발생량, 농도, 특성을 파악하여 이를 처리하고 관리할 수 있다.
9. 비점오염원과 관련된 오염물질의 관리와 저감시설을 관리 운영할 수 있다.
10. 슬러지 처리를 위한 기본 개념과 처리 공정을 파악하여 슬러지 발생량을 최소화하고 슬러지 처리시설을 효율적으로 운전할 수 있다.
11. 원·정수수질 및 정수시설 현황을 파악하고 성능제한요소를 도출하여 정수시설을 효율적으로 운영할 수 있다.
12. 상수도관로 관련법과 설계기준, 기술규정, 지식, 시설의 범위 등 제반사항을 이해하고 운영·관리계획을 수립할 수 있다.
13. 하수도관로 관련법과 설계기준, 기술규정, 지식, 시설의 범위 등 제반사항을 이해하고 운영·관리계획을 수립할 수 있다.
14. 단위공정 시설물 구성 현황, 기능을 파악하고, 공정시설의 이력관리 및 관리대장 작성을 통한 유지관리를 통해 공정시설이 최적의 성능을 유지하도록 관리할 수 있다.

| 실기검정방법 | 필답형 | 시험시간 | 3시간 |

실기과목명	주요항목	세부항목	세세항목
수질오염 방지실무	❶ 일반 항목 분석	❶ 시료채취·운반·보관하기 ❷ 관능법으로 분석하기 ❸ 무게차법으로 분석하기 ❹ 적정법으로 분석하기 ❺ 전극법으로 분석하기 ❻ 흡광 광도법으로 분석하기 ❼ 연속흐름법으로 분석하기	세세항목은 큐넷(https://www.q-net.or.kr)을 참고해 주세요.

	❷ 무기물질 (기기)분석	❶ 시료채취·운반·보관하기 ❷ 무기물질 전처리하기 ❸ IC로 분석하기 ❹ AAS로 분석하기 ❺ ICP-AES로 분석하기 ❻ ICP-MS로 분석하기	세세항목은 큐넷(https://www.q-net.or.kr)을 참고해 주세요.
	❸ 유기물질 (기기)분석	❶ 시료채취·운반·보관하기 ❷ GC로 분석하기 ❸ GC-MS로 분석하기 ❹ HPLC로 분석하기 ❺ LC-MS로 분석하기 ❻ TOC 측정기로 분석하기	
	❹ 생물학적 처리공정 운전	❶ 생물학적 처리공정 이해하기 ❷ 활성슬러지공정 운전하기 ❸ 기타 생물학적 처리공정 운전하기 ❹ 담체공법 운전하기	
	❺ 생물학적 질소·인 제거 고도처리공정 운전	❶ 생물학적 질소제거공정 운전하기 ❷ 생물학적 인 제거공정 운전하기 ❸ 생물학적 질소·인 제거 공정 운전하기	
	❻ 물리적 처리공정 운전	❶ 침사지 운전하기 ❷ 침전지 운전하기 ❸ 막분리 공전 운전하기	
	❼ 화학적 처리공정 운전	❶ 중화공정 운전하기 ❷ 약품응집처리공정 운전하기 ❸ ACP 처리공정 운전하기	
	❽ 점오염원 관리	❶ 점오염원 관리 현황 파악하기 ❷ 폐수 관리하기 ❸ 하수 관리하기 ❹ 분뇨 관리하기 ❺ 배출 부하량 관리하기	
	❾ 비점오염원 관리	❶ 비점오염원 관리 현황 파악하기 ❷ 비점오염원 특성 조사하기 ❸ 비점오염원 저감시설 선정하기 ❹ 비점오염 저감시설 설치·운영 관리하기 ❺ 비점오염 저감시설 모니터링·평가하기	
	❿ 슬러지 처리공정 운전	❶ 슬러지 공정 운전하기 ❷ 농축조 및 소화조 운전하기 ❸ 탈수시설 운전하기 ❹ 슬러지 최종처분시설 관리하기 ❺ 슬러지 발생량 관리하기 ❻ 바이오가스 시설 관리하기	
	⓫ 정수시설 관리계획 수립	❶ 계획 생산량 수립하기 ❷ 원수 수질 파악하기 ❸ 수질개선 계획 수립하기 ❹ 정수시설 개선·개량 계획 수립하기	

GUIDE 출제기준(필기)

	⑫ 상수도관로 운영·관리 계획수립	❶ 상수도관로 운영관련 제반사항 파악하기 ❷ 송·배급수관로 운영·관리계획하기 ❸ 배수지·펌프장 운영·관리 계획하기 ❹ 급수설비 운영·관리계획하기 ❺ 상수도관로 부속설비 운영·관리계획하기	세세항목은 큐넷(https://www.q-net.or.kr)을 참고해 주세요.
	⑬ 하수관로 운영·관리 계획 수립	❶ 하수관로 특성 파악하기 ❷ 하수관로 운영·관리 수준 파악하기 ❸ 하수관로 운영 계획 수립하기 ❹ 하수관로 관리 계획 수립하기	
	⑭ 시설 유지 보수	❶ 기자재 이력관리하기 ❷ 시설물 보수이력 관리하기 ❸ 약품 사용량 관리대장 작성하기 ❹ 단위공정별 관리대장 작성하기 ❺ TMS 시설 관리하기	

PART 1

제 1 편
필답형
핵심요약

01. 수질공정관리 계획수립
02. 표준 수질공정 운전
03. 상하수도 계획
04. 수질오염측정 및 수질관리

CHAPTER 01 수질공정관리 계획수립

UNIT 01 공정별 운영관리하기

1 반응조의 종류 및 특성

① **회분식(Batch Reactor)** : 하나의 반응조로 반응이 이루어지는 반응조로 반응이 종료된 후에 배출하는 반응조입니다. 반응조건을 조절함에 따라 여러 물질의 제거가 가능하고 수처리가 잘 이루어지지 않을 때에도 처리의 융통성이 있는 반응조입니다.

- **연속회분식반응조(SBR, Sequencing Batch Reactor)** : 단일 반응조에서 정해진 시간의 배열에 따라 각 단위공정이 연속적으로 일어나는 공정

> **공정 순서**
> ㉠ 유입 : 원수 또는 1차 침전지 유출수가 유입되며, 이 때 탱크의 수위는 75~100%까지 상승한다. 이 기간에 반응조는 혼합만 이루어지거나 혼합과 폭기가 동시에 이루어진다. 50%의 혼합만으로도 사상성세균의 제어 및 침강성을 향상시킬수 있다.
> ㉡ 반응 : 미생물이 기질(유기물)을 소비하는 과정으로 목적성분에 따라 호기조, 혐기조, 무산소조로 운전할 수 있다.
> ㉢ 침전 : 상징수와 고형물이 분리되는 과정으로 상징수만 배출할 수 있게 준비한다.
> ㉣ 배출 : 상징수를 유출시킨다. 다양한 배출방법이 사용될 수 있다.
> ㉤ 휴지 : 후속과정으로 넘어가기 전 유입 과정이 완결될 수 있도록 충분한 시간을 확보하는 과정이다. 계절적 부하에 대처할 수 있도록 많은 유량을 처리할 수 있는 여유를 제공한다.

> **특징**
> - 충격부하에 대한 적응성이 좋음
> - 조의 조건변경에 따라 다양한 오염물질 처리가능
> - 반응시간이 다소 길어, 대량의 유입수처리 곤란, 소규모 처리에 적합
> - 경우에 따라 제어장치와 배출설비(디켄터)가 필요

② **압출흐름 반응조(PFR, Plug Flow Reactor)**
유입순서대로 반응하며 유입량만큼 유출되는 반응조입니다. (예 관 안에서의 흐름, 주사기 안에서의 흐름) 반응조 내에서의 혼합이 충분히 이루어지지 않아 부하변동에 대한 대응성이 부족하나, 처리가능한 부하에 대해서는 처리과정이 단계적으로 이루어지게 되어 처리시간이 짧고 그에 따른 동력소모가 적습니다.

㉠ 1차반응

식 $Q(C_0 - C_t) = K \forall C_t$ 식 $\ln\left(\dfrac{C_t}{C_0}\right) = -K \cdot t$

- $K = \dfrac{Q}{\forall}$

㉡ 2차반응

식 $\dfrac{1}{C_0} - \dfrac{1}{C_t} = -K \cdot t$

③ **완전혼합흐름 반응조(CFSTR : Continuous Flow Stirred Tank Reactor)** : 유입되는 반응물은 반응조에서 즉시 완전혼합되며 유입되는 즉시 유출도 이루어지는 반응조입니다. 반응조내에서 완전혼합으로 큰 부하에도 비교적 잘 견디나, 유입된 오염물질이 모두 유출되는데 시간이 오래 걸려 체류시간이 깁니다.

㉠ 정상흐름상태에서 물질수지식

식 $QC_0 - QC_t - KC_t \forall = 0$

㉡ 1차반응

식 $Q(C_0 - C_t) = K \forall C_t$

㉢ 2차반응

식 $Q(C_0 - C_t) = K \forall C_t^2$

④ **분산** : 분산은 물질이 혼합되는 정도를 나타내고, 구체적으로는 아래와 같은 용어들로 정의됩니다. (분산 0 : 혼합없음, 분산 1 : 완전혼합)

㉠ **Morill지수** : 반응조에 주입된 물감의 90%가 유출되는데 걸리는 시간을 10%가 유출되는데 걸리는 시간으로 나눈 값으로, 그 값이 클수록, 완전혼합상태를 나타내고, 작을수록 압축흐름상태(PFR)를 나타낸다.

식 $Morrill 지수 = \dfrac{t_{90}}{t_{10}}$

㉡ **분산수** : 분산수는 분산계수를 반응조의 길이와 유체의 속도의 곱으로 나눈 것으로 분산수가 무한대가 되면 이상적인 완전혼합상태, 0이 되면 이상적인 압출흐름 상태가 된다.

식 $분산수 = \dfrac{D}{VL}$

- D : 분산계수 - V : 유체의 속도 - L : 반응조의 길이

ⓒ **체류시간(지체시간)** : 물질이 반응조 내에서 머무는 시간

⑤ **PFR과 CFSTR의 비교**

구분	이상적 PFR	이상적 CFSTR
분산	0	1
분산수	0	분산계수가 무한대일 때
체류시간	이론적 체류시간과 같을 때	0
모릴지수	1에 가까울수록	클수록 근접

⑥ **PFR과 CFSTR의 장단점**

구분	장점	단점
PFR	• 효율이 좋다. • 구조변경이 용이하여 다양한 유입수에 대한 대처가 용이하다. • 동력 소모가 적다.	• 유입부에 유기물부하가 높아 앞부분에는 DO가 부족하고, 뒷부분에는 DO가 많은 불균형적이다. • 설계 후 부하변동에 대응이 어렵다.
CFSTR	• 완전혼합으로 인한 유입부에 오염물질부하가 적어 유기물부하 및 독성물질에 대한 대응이 용이하다. • 높은 MLSS 유지 및 DO 공급이 가능하다. • 설치비 및 설치면적이 적다. • 수질악화 시 유출을 제한할 수 있어 처리에 융통성이 있다.	• 동력 소모가 많다. • 효율이 낮다. • 구조변경이 어렵다.

❷ 각 공정별 운영방식

① **하수처리공정**

> 스크린 - 유량조정조 - 침사지 - 1차 침전지 - 생물반응조 - 2차 침전지 - 고도처리 - 방류

㉠ **슬러지 처리** : 2차 침전지 - 농축조 - 소화조 - 개량 - 탈수

㉡ **1차 침전지의 생략** : 오염물질의 부하가 적은 하수를 처리할 경우 1차 침전지를 생략하여 부지면적을 줄이고, 슬러지발생량을 줄이며, 오염물질의 부패를 방지할 수 있다. 오염물질의 부하가 큰 하수의 경우 1차 침전지 생략이 불가능하다. 이는 큰 부하에 대한 충격을 생물반응조에서 바로 받게 되고, 미리 걸러지지 않는 고형물들은 미생물의 반응을 저해한다.

② 폐수처리공정

> 스크린 - 유량조정조 - 유수분리기 - pH조정조 - 혼화지 - 교반조 - 응집조 - 침전조/부상조 - 방류

③ 정수처리공정

> 착수정 - 약품처리(응집제) - 여과 - 소독 - 급수

3 수질공정관리계획

① 하수처리계획
- ㉠ 처리 후 방류한 하수의 수계가 위생적으로 안전하고 경제적인 방법인가를 모색
- ㉡ 수계의 보존적 입장을 우선적으로 고려
- ㉢ 고농도 하수는 혐기성처리, 저농도 하수는 호기성으로 처리한다.
- ㉣ 독성물질이나 중금속은 공정 전 미리 제거한다.

② 폐수처리계획
- ㉠ 처리 후 방류한 폐수의 수계가 위생적으로 안전하고 경제적인 방법인가를 모색
- ㉡ 수계의 보존적 입장을 우선적으로 고려
- ㉢ 처리하기 쉬운 물질부터 제거

③ 정수처리계획
- ㉠ 소요수질의 물을 필요량만큼 안정적으로 얻는 것
- ㉡ 이전의 기술보다 한층 높은 수준의 기능을 갖추도록 계획
- ㉢ 사용자의 요구와 지역특성 등을 고려
- ㉣ 병원성 미생물로 원수가 오염될 우려가 있는 경우에는 여과공정을 채택

④ 수리학적 종단면도(수리종단도, hydraulic profile)

수리계산을 통해 공정의 단면을 제도하여 작성되는 도면으로 수리학적 흐름의 안정성을 검토하기 위해 작성됩니다.

> 💡 **수리학적 종단면도의 필요성**
> ① 수리학적 경사의 안정성 검토 및 확보(최대한 자연유하가 가능하도록)
> ② 펌프소요수두 계산 및 동력요구량 산정
> ③ 각 시설 설치지반고 산정을 통한 굴착깊이 및 첨두유량 산정 및 검토

CHAPTER 01 수질공정관리 계획수립

01. CSTR에서 물질을 분해하여 95%의 효율로 처리하고자 한다. 이 물질은 0.5차 반응으로 분해되며, 속도상수는 0.05(mg/L)0.5/hr이다. 유입유량은 300L/hr이고, 유입농도는 150mg/L로 일정하다면 필요한 CSTR의 부피(m^3)는 얼마인가? (단, (mg/L)0.5/hr는 단위, 반응은 정상상태이다.)

해설 식 $Q(C_0 - C_t) = K \forall C_t^m$

$0.3 \times (150 - 150 \times 0.05) = 0.05 \times \forall \times (150 \times 0.05)^{0.5}$

$\therefore \forall = 312.2018 = 312.20 m^3$

정답 $312.20 m^3$

02. 회분식 반응조를 일차반응의 조건으로 설계하고 A오염물질의 제거 또는 전환율이 99%가 되게 하고자 한다. 이 회분식 반응조의 체류시간을 구하시오. (단, K=0.35/hr)

해설 식 $\ln\left(\dfrac{C_t}{C_0}\right) = -k \times t$

$\ln\left(\dfrac{0.01 C_0}{C_0}\right) = -0.35 \times t$

$\therefore t = 13.1576 = 13.16 hr$

정답 $13.16 hr$

03. CFSTR 반응조에서 1차반응을 따른다고 가정할 때, 효율 95%, 1차반응, 속도상수 0.05/hr, 유입유량 300L/hr, 유입농도 150mg/L이다. 반응조의 부피(m^3)는?

해설 식 $Q(C_0 - C_t) = K \forall C_t^m$

$0.3 \times (150 - 150 \times 0.05) = 0.05 \times \forall \times (150 \times 0.05)^1$

$\therefore \forall = 114 m^3$

정답 $114 m^3$

04. 연속 회분식 반응조(SBR)가 연속흐름반응조(PFR)에 비교하여 가지고 있는 장점 4개를 쓰시오.

> [해설] [식] $\eta_t = 1 - [(1-\eta_1)(1-\eta_2)\cdots(1-\eta_n)]$
> 세 반응기는 동일체적이며, 반응속도상수도 동일하므로 각 반응조 모두 효율이 동일하다.
> → $\eta_t = 1 - [(1-\eta_1)^3]$
> $1 - \dfrac{7.5}{150} = 1 - [(1-\eta_1)^3]$, $\eta_1 = 0.6315$

05. CFSTR(완전혼합반응조) 세 개가 동일한 체적으로 직렬연결되어 있다. 반응조 유입 A 농도는 150mg/L이고, 유량은 0.2m³/min이다. 세 반응기에 대한 평균체류시간(hr)의 합과 반응조 부피의 합을 구하시오.(단, 세 개의 반응기를 거친 유출 A 농도는 7.5mg/L이며, 일차 반응이고 반응속도상수는 0.25/hr이다.)

> [해설] [식] $Q(C_0 - C_t) = K \forall C_t^m \rightarrow \dfrac{(C_0 - C_t)}{K \times C_t^m} = \dfrac{\forall}{Q} = t$
>
> - $Q = \dfrac{0.2m^3}{min} \times \dfrac{60min}{1hr} = 12m^3/hr$
> - $C_t(1) = 150 \times (1 - 0.6315) = 55.275 mg/L$ (첫번째 반응기 유출농도)
> - $C_t(2) = 55.275 \times (1 - 0.6315) = 20.3688 mg/L$ (두번째 반응기 유출농도)
> - $C_t(3) = 20.3688 \times (1 - 0.6315) = 7.5 mg/L$ (세번째 반응기 유출농도)
>
> $t_1 = \dfrac{(150 - 55.275)}{0.25 \times 55.275^1} = 6.8548 hr$
>
> $t_2 = \dfrac{(55.275 - 20.3688)}{0.25 \times 20.3688^1} = 6.8548 hr$
>
> $t_3 = \dfrac{(20.3688 - 7.5)}{0.25 \times 7.5^1} = 6.8548 hr$
>
> 반응기의 유입유량과 체적이 동일하므로 각 반응조의 체류시간은 같다.
> ∴ $t = 6.8548 \times 3 = 20.5644 = 20.56 hr$
>
> ∴ $\forall = Q \times t = \dfrac{12m^3}{hr} \times 20.56hr = 246.72m^3$
>
> [정답] (1) 체류시간 : 20.56hr
>   (2) 반응조부피 : 246.72m³

06. 회분식 반응조를 일차 반응의 조건으로 설계하고 어떠한 구성물 A의 제거 또는 전환율이 90%가 되게 하고자 한다. 만일, e로 사용한 반응상수 k가 0.35/hr이면 이 회분식 반응조의 체류시간은?

해설 식 $\ln\left(\dfrac{C_t}{C_0}\right) = -k \cdot t$

$\ln\left(\dfrac{0.1 C_0}{C_0}\right) = -0.35 \times t$

$\therefore t = 6.58\,hr$

정답 6.58hr

07. 폐수 처리장을 설계할 때 흐름도를 설정하고 해당 물리적 시설과 연결 배관을 결정한 다음에 평균 및 첨두 유량에 관한 수력학적 종단면도(hydraulic profile)를 모두 작성한다. 수력학적 종단면도를 작성하는 이유를 3가지 쓰시오.

해설 ① 수리학적 경사의 안정성 검토 및 확보(최대한 자연유하가 가능하도록)
② 펌프소요수두 계산 및 동력요구량 산정
③ 각 시설 설치지반고 산정을 통한 굴착깊이 및 첨두유량을 산정함으로써 최악의 상태에서도 정상운전이 가능한지 여부 검토

08. 최근 활성슬러지법으로 2차 폐수처리장을 건설할 때 1차 침전지(Primary settling Tank)를 생략하는 경우가 많아지고 있다. 1차 침전지가 없으므로 갖는 장점과 단점을 쓰시오.

해설 ① 장점
 • 부지면적과 건설비가 절감된다.
 • 미생물처리 이전의 고농도 유기물의 부패를 방지할 수 있다.
 • 슬러지양이 감소되고 운전비가 그만큼 감소한다.
② 단점
 • 고형물 함유도가 높은 폐수는 폭기조의 미생물 반응에 장애를 주어 처리에 어려움을 주고 효율저하를 가져온다.
 • 처리가 불안정하여 미생물 처리 공정의 특수설계 및 운전의 주의가 필요하다.
 • 충격부하 시 바로 폭기조로 유입되므로 대비할 여유가 없어진다.

09. 폭기조에서 유기물이 80% 제거되는데 5시간 걸렸다면, 90% 제거되는데 걸리는 시간은? (단, 1차반응이다.)

해설 식 $\ln\left(\dfrac{C_t}{C_0}\right) = -k \cdot t$

- $\ln\left(\dfrac{0.2 C_0}{C_0}\right) = -k \times 5, \quad k = 0.3218$

  $\ln\left(\dfrac{0.1 C_0}{C_0}\right) = -0.3218 \times t, \quad \therefore t = 7.16 hr$

정답 7.16hr

10. 처음의 농도가 $20\,mg/\ell$이고 5시간 후에 농도가 $2\,mg/\ell$이었다. 이 농도가 $0.01\,mg/\ell$가 되려면 반응개시 몇 시간 후가 되는지 계산하시오. (단, 1차 반응기준이고 밑수는 e이다.)

해설 식 $\ln\left(\dfrac{C_t}{C_0}\right) = -k \cdot t$

- $\ln\left(\dfrac{2}{20}\right) = -k \times 5hr, \quad k = 0.4605/hr$

  $\ln\left(\dfrac{0.01}{20}\right) = -0.4605 \times t \quad \therefore t = 16.51 hr$

정답 16.51hr

CHAPTER 02 표준 수질공정 운전

UNIT 01 물리적 처리시설 운전

1 물리학적 처리의 종류 및 이론

① **스크린(Screen)** : 유입수의 협잡물을 제거하여 펌프 및 후단의 설비를 보호하고 관로의 막힘을 방지하기 위해 설치하는 설비입니다.

  ㉠ **스크린의 설치각도**
   - **연속 자동운전식** : 70°
   - **수동식** : 45~60°

  ㉡ **스크린의 분류**
   - **조목스크린** : 바의 간격이 50~150mm
   - **중목스크린** : 바의 간격이 25~50mm
   - **세목스크린** : 바의 간격이 5~25mm
   - **미세목스크린** : 바의 간격이 2~5mm

② **침사지** : 모래와 grit(자갈, 유기성고형물 등 아주 작은 돌을 의미)의 중력을 이용하여 제거하는 조입니다.

  ㉠ **침강속도** : 입자가 중력에 의해 아래로 침강하는 속도입니다. 침강속도식은 침강속도와 관계있는 인자들로 만들어집니다. 직경과 비례, 입자밀도와 유체밀도의 차에 비례, 중력가속도에 비례, 점도에 반비례하는 관계를 가지고 있습니다.

$$V_s = \frac{d_p^2(\rho_p - \rho)g}{18\mu}$$

   - d_p : 입자의 직경(입경)
   - ρ_p : 입자의 밀도
   - ρ : 유체의 밀도
   - g : 중력가속도(9.8m/sec²)
   - μ : 유체의 점도

ⓛ **레이놀드수** : 유체의 흐름이 층류(잠잠한 흐름=혼합되지 않는 흐름)인지 난류(산만한 흐름=혼합되는 흐름)인지 판단해주는 지표

$$N_{Re} = \frac{관성력}{점성력} = \frac{DV\rho}{\mu}$$

- D : 관 직경
- ρ : 유체의 밀도
- V : 유속
- μ : 유체의 점도
- 층류 : 유체의 흐름에서 유체 인접층이 서로 혼합되지 않고 흐르는 상태(잠잠한 흐름)
- 난류 : 유체 인접층이 파괴되어 유체분자가 격렬한 운동을 하면서 서로 혼합되어 흐르는 상태(산만한 흐름)
- 흐름판별 : 레이놀드수(N_{Re})
  - 층류 : 2100 > N_{Re}
  - 난류 : 4000 < N_{Re}
  - 천이구역 : 2100 < N_{Re} < 4000

> 💡 **입자레이놀드수**
>
> $$N_{Rep} = \frac{관성력}{점성력} = \frac{D_p V\rho}{\mu}$$
>
> - D_p : 입자 직경
> - 1 > N_{Re} : 층류, 1000 < N_{Re} : 난류

ⓒ **프루드 수** : 관성력과 중력의 비

$$V_s = \frac{d_p^2(\rho_p - \rho)g}{18\mu}$$

- d_p : 입자의 직경(입경)
- ρ_p : 입자의 밀도
- ρ : 유체의 밀도
- g : 중력가속도(9.8m/sec^2)
- μ : 유체의 점도

③ **침전지** : 고형물을 중력으로 제거하는 설비로 1차침전지는 SS 및 모래제거, 2차침전지는 슬러지제거 및 잔류유기물제거를 목적으로 하여 설계되었습니다. 오염물질은 가라앉고, 정화된 물은 상등수로 배출됩니다.

  ㉠ **침강형태** : 침강형태는 침강시간 및 입자의 특성에 따라 4단계로 분류됩니다.
  - **독립침전(Ⅰ형)** : 처음 침강이 시작될 때 일어나는 형태로 입자들이 독립적으로 변입자들에 방해받지 않고 침강속도식에 따라 침전하는 형태입니다. 침사지와 침전과 침전지의 침전초기의 침전형태입니다.
  - **응집침전, 플록침전(Ⅱ형)** : 입자들이 서로 뭉치면서 플록을 형성하는 침전형태로 서로 상대적 위치를 변경시키며 침전합니다.

- **간섭침전, 지역침전(Ⅲ형)** : Ⅱ형에서 형성된 플록들이 서로 계면(띠)를 이루면서 서로 위치를 변경시키지 않고 침전하는 형태입니다.
- **압밀침전, 압축침전(Ⅳ형)** : 계면이 쌓이면서 형성된 압밀로 바닥에 침전된 침전물 내의 수분이 일부제거되는 형태의 침전입니다.

ⓒ **침전지 부하**

- **수표면적 부하**(L_A, m³/m² · day) = $\dfrac{Q(유입수량)}{A(침전지표면적)}$: 표면적 부하란 침전지 표면적이 감당하고 있는 유입수량입니다. 이론적으로 이상적인 침전이 되기 위해서는 물의 아래로의 흐름보다 입자의 침강속도가 빨라야 하므로, $V_S \geq L_A$가 되어야 합니다.

> 💡 **침전효율을 증가시키는 방법**
> ① 침전지 수면적 증가(경사판 설치(=다층여과지))
> ② 유입유량 감소
> ③ 침강속도 증가(입자직경 증가, 입자밀도 증가, 수온증가 등)

> 💡 **침전지 형상에 따른 침전지 표면적**
> 1) 장방형 침전지
>
> [식] $A = W(폭) \times L(길이)$
>
> 2) 원형 침전지
>
> [식] $A = \dfrac{\pi D^2}{4}$

- **월류부하**(L_L, m³/m · day) = $\dfrac{Q(유입수량)}{L(위어의 길이)}$: 월류부하란 위어(월류보) 1m 당 배출되는 유량입니다.

  ※ 위어(월류보) : 침전지의 상등수를 배출하기 위해 수로를 막아 물을 낙하시키는 장치, 유량측정용으로도 사용된다.

- **용적 부하**(L_V, m³/m³ · day) : 용적 부하란 침전지 용적이 감당하고 있는 유입수량입니다.

- **체류시간, 수리학적 체류시간**(t, HRT) = $\dfrac{\forall(부피)}{Q(유입수량)} = \dfrac{H}{V_s}$

  ※ 일반적인 수처리의 HRT(활성슬러지 공법기준) : 6~8hr

④ **부상조** : 물보다 비중이 가벼운 입자의 제거 시에는 침전보다 부상으로 제거하는 것이 더 용이합니다. 부상조는 입자를 공기방울에 부착시켜서 부상하여 부상조표면으로 이동시킨 후에 스키머를 통해 입자를 모아서 제거합니다.

ⓐ **부상조의 종류**
- **공기부상식** : 다량의 공기를 주입하여 미세기포를 발생시켜 부상
- **가압부상식** : 공기를 4기압 정도로 올려서 포화상태로 만든 후에, 압력을 1기압으로 낮추어서 기포를 발생시켜 부상, 재순환 시스템으로 채용

- **진공부상식** : 감압을 통해 기포를 발생시켜 부상
ⓒ **부상속도식** : 부상속도식은 침강속도식과 아주 유사합니다. 밀도차가 침강속도식과 반대가 되는 것을 유의하여 학습하셔야 합니다.

$$V_b = \frac{d_p^2(\rho - \rho_p)g}{18\mu}$$

- d_p : 입자의 직경(입경)
- ρ_p : 입자의 밀도
- ρ : 유체의 밀도
- g : 중력가속도(9.8m/sec²)
- μ : 유체의 점도

ⓒ **A/S비(Air/Soild, 공기/고형물)** : A/S비는 부상조를 운영함에 있어서 매우 중요한 인자입니다. A/S비를 잘 유지해야 원활한 부상이 가능합니다.
- A/S비 운전범위 : 0.01~0.06

$$A/S = \frac{1.3 \times S_a \times (fP-1)}{SS} \text{ (반송 없음)}$$

$$A/S = \frac{1.3 \times S_a \times (fP-1)}{SS} \times \frac{Q_r}{Q} = \frac{1.3 \times S_a \times (fP-1)}{SS} \times R \text{ (반송 있음, 재순환)}$$

- S_a : 공기의 용해도
- f : 공기의 분율
- P : 압력
- Q_r : 순환유량
- Q : 유입유량
- R : 반송비

⑤ **유수분리기** : 유입수 내의 기름성분을 제거하는 장치로 주로 폐수처리공정에서 사용됩니다.
  ㉠ **유수분리기의 종류**
  - **API식** : 중력으로 유분과 고형물을 분리
  - **PPI식** : 중력이용에 경사판을 45°로 일정한 간격으로 연속적으로 설치하여 분리면적을 증대
  - **CPI식** : PPI식을 개량한 것으로 유입되는 폐수 가운데 기름을 블록부분 속의 수류에 대항해서 상승하고 오목부분대로 가라앉혀 분리하는 방식

UNIT 01 물리적 처리시설 운전

01. 사각침전조는 급속 모래여과장치에 대하여 설계된 것이다. 유량은 30,300m³/d이고 월류율 또는 표면부하율은 24.4m³/d·m²이며 체류시간은 6시간이다. 사각 탱크에 대하여 두 개의 슬러지 스크레이퍼 장치가 이용되었고 침전조의 길이와 폭의 비는 2:1이다. 조의 크기[폭(W)×길이(L)×수심(H)]를 결정하라.

[해설] [식] $\forall = Q \times t$

[식] $\forall = W \times L \times H$

$L_a = \dfrac{Q}{A} \rightarrow A = \dfrac{Q}{L_a}$

[식] $2 : 1 = L : W$

- $\forall = Q \times t = \dfrac{30,300 m^3}{day} \times \dfrac{1 day}{24 hr} \times 6 hr = 7,575 m^3$

- $A = \dfrac{Q}{L_a} = \dfrac{30,300 m^3}{day} \times \dfrac{m^2 \cdot day}{24.4 m^3} = 1,241.8032 m^2$

- $1241.8032 = W \times L = W \times 2W = 2W^2$

$\therefore H = \dfrac{\forall}{A} = \dfrac{7,575}{1,241.8032} = 6.1 m$

$\therefore W = 24.92 m$

$\therefore L = 49.84 m$

02. 수심 3.7m, 폭 12m인 침사지에서 유속이 0.05m/s인 경우 프루드수(Fr, Froude Number)를 구하시오.

(단, $F_r = \dfrac{V}{\sqrt{gH}}$)

[해설] [식] $F_r = \dfrac{V}{\sqrt{gH}}$

$F_r = \dfrac{0.05}{\sqrt{9.8 \times 3.7}} = 8.3 \times 10^{-3}$

[정답] 8.3×10^{-3}

03. 수심 3.7m, 폭 12m인 관로의 유속이 0.05m/sec일 때 레이놀드수(N_{Re})는 얼마인가? (단, 동점성계수가 1.31×10^{-6}(m²/sec)이다.)

해설 식 $N_{Re} = \dfrac{D_o \times V \times \rho}{\mu} = \dfrac{D_o \times V}{\nu}$

- $D_o = \dfrac{2ab}{a+b} = \dfrac{2 \times 3.7 \times 12}{3.7 + 12} = 5.6560m$

∴ $N_{Re} = \dfrac{5.6560 \times 0.05}{1.31 \times 10^{-6}} = 215877.86$

04. 표면 부하율이 28.8 m³/m²·day인 한 침전지로 유입되는 부유물(SS)의 침전속도 분포가 다음 표와 같다면 이 침전지에서 기대되는 전체 부유물 제거율은?

침전속도(cm/min)	3	2	1	0.5	0.3	0.1
SS분율(%)	20	20	25	20	10	5

해설 식 총효율(η_T) = 100%제거효율 + $\dfrac{\text{합}(\text{침전속도} \times SS\text{분율})}{\text{표면부하율}}$

- 표면부하율(L_a) ≤ 침전속도(V_s) : 100%제거
- 표면부하율(L_a) > 침전속도(V_s) : 일부제거
- $L_a = \dfrac{28.8m^3}{m^2 \cdot day} \times \dfrac{100cm}{1m} \times \dfrac{1day}{1440\min} = 2cm/\min$

∴ $\eta_T = (20\% + 20\%) + \left\{ \dfrac{1}{2cm/\min} \times \left(\dfrac{1cm}{\min} \times 25\% + \dfrac{0.5cm}{\min} \times 20\% + \dfrac{0.3cm}{\min} \times 10\% + \dfrac{0.1cm}{\min} \times 5\% \right) \right\}$

　　= 59.25%

05. 침전의 4가지 형태를 쓰고 간단히 서술하시오.

해설
- 독립침전(Ⅰ형) : 처음 침강이 시작될 때 일어나는 형태로 입자들이 독립적으로 주변입자들에 방해받지 않고 침강속도 식에 따라 침전하는 형태입니다. 침사지와 침전과 침전지의 침전초기의 침전형태입니다.
- 응집침전, 플록침전(Ⅱ형) : 입자들이 서로 뭉치면서 플록을 형성하는 침전형태로 서로 상대적 위치를 변경시키며 침전합니다.
- 간섭침전, 지역침전(Ⅲ형) : Ⅱ형에서 형성된 플록들이 서로 계면(띠)를 이루면서 서로 위치를 변경시키지 않고 침전하는 형태입니다.
- 압밀침전, 압축침전(Ⅳ형) : 계면이 쌓이면서 형성된 압밀로 바닥에 침전된 침전물 내의 수분이 일부제거되는 형태의 침전입니다.

06. 수온 20℃의 하수 내에서 직경이 6×10^{-3}cm, 비중이 2.5인 구형입자의 침전속도(cm/sec)를 stokes 법칙으로 계산하시오. (단, 20℃ 하수의 동점성계수는 0.0101cm²/sec, 하수의 비중은 1.01)

해설 식 $V_s = \dfrac{d_p^2(\rho_p - \rho)g}{18\mu}$

- $\mu = \nu \times \rho = \dfrac{0.0101 cm^2}{sec} \times \dfrac{1.01 g}{cm^3} = 0.0102 g/cm \cdot sec$

$V_s = \dfrac{(6 \times 10^{-3} cm)^2 \times (2.5 - 1.01)g/cm^3 \times 980 cm/sec^2}{18 \times 0.0102 g/cm \cdot sec}$

$= 0.2863 = 0.29 cm/sec$

정답 0.29cm/sec

07. 폐수의 유량이 1,000m³/day인 어느 공장에 원추형 바닥을 가진 원형 침전지로 침전처리 한다. 유입수의 BOD₅는 600mg/L, SS는 300mg/L이고, 침전지의 직경이 10m, 측벽깊이가 3m, 원추형 바닥 깊이가 1m, 위어는 둘레로 설치되어 있을 때 다음을 계산하시오.

(1) 수면부하(m³/m² · day)

(2) 위어부하(m³/m · day)

(3) 수리학적 체류시간(hr)

[해설] (1) 수면부하($m^3/m^2 \cdot day$)

$$= \frac{Q}{A} = \frac{1000}{(\pi \times 10^2/4)} = 12.73\,m^3/m^2 \cdot day$$

(2) 위어부하($m^3/m \cdot day$) $= \frac{Q}{L} = \frac{1000}{\pi \times 10} = 31.83\,m^3/m \cdot day$

(3) 수리학적 체류시간(hr) $= \frac{\forall}{Q} = \frac{261.7993\,m^3}{1,000\,m^3/day} \times \frac{24hr}{1day} = 6.28hr$

- $\forall$ = 원통부 + 원추부 = $(78.5398 \times 3) + (78.5398 \times 1 \times \frac{1}{3})$

  $= 261.7993\,m^3$

08. 정유공장에서 유량이 $10,000\,m^3/day$이고, 최소입경이 0.02cm인 기름방울을 제거하려고 한다. 부상속도(cm/min)와 기름방울을 분리하기 위한 최소 수면적(m^2)을 구하시오.(단, 물의 밀도는 $1g/cm^3$, 기름의 밀도는 $0.9g/cm^3$, 점도는 1cp이다.)

[해설] $V_F = \frac{dp^2(\rho - \rho_p)g}{18\mu}$

$$= \frac{(0.02cm)^2 \times (1.0 - 0.9)g/cm^3 \times 980cm/\sec^2}{18 \times 0.01g/cm \cdot \sec}$$

$= 0.2177\,cm/\sec = 13.067\,cm/\min$

$\leftarrow 1cp = \frac{1mg}{mm \cdot \sec} = \frac{1mg}{mm \cdot \sec} \times \frac{10mm}{1cm} \times \frac{1g}{1000mg} = \frac{0.01g}{cm \cdot \sec}$

$\therefore A(m^2) = \frac{Q}{V} = \dfrac{10000\,m^3/day}{\dfrac{0.2177cm}{\sec} \times \dfrac{m}{100cm} \times \dfrac{86400\sec}{day}}$

$= 53.1462\,m^2$

[정답] 부상속도 : 13.07cm/min, 수면적 : 53.15㎡

09. 30cm × 30cm × 30cm의 상자에 물이 차 있다. 증발산량(cm/day)을 구하라.

| 1일차 박스 무게 : 20kg |
| 3일차 박스 무게 : 19.2kg |

[해설] [식] 증발산량$(cm/day) = \dfrac{증발량(cm^3/day)}{상자\ 단면적(cm^2)}$

- 증발량$(cm^3/day) = \dfrac{(20-19.2)kg}{2day} = \dfrac{0.4kg}{day} \times \dfrac{10^3 cm^3}{1kg}$
  $= 400 cm^3/day$

∴ 증발산량$(cm/day) = \dfrac{증발량(cm^3/day)}{상자\ 단면적(cm^2)} = \dfrac{400cm^3/day}{30cm \times 30cm}$
$= 0.4444 cm/day$

[정답] 0.44cm/day

10. 도시에서의 폐수량 변동은 다음과 같다. 만약 평균유량 조건하에서 저류지의 체류시간이 6시간이라면 오전 8시에서 오후 8시까지의 저류지의 평균 체류시간을 구하시오.

일중시간(오전)	0시	2시	4시	6시	8시	10시	12시
평균유량의 백분율(%)	88	77	69	66	91	106	129
일중시간(오후)	2시	4시	6시	8시	10시	12시	
평균유량의 백분율(%)	141	149	153	165	101	103	

[해설] 오전 8시에서 오후 8시까지의 체류시간을 산출하여 산술평균하여 답을 산출한다.

[식] $t = \dfrac{\forall}{Q}$

- $6hr = \dfrac{\forall}{Q}$

$t = \dfrac{\dfrac{\forall}{0.91Q} + \dfrac{\forall}{1.06Q} + \dfrac{\forall}{1.29Q} + \dfrac{\forall}{1.41Q} + \dfrac{\forall}{1.49Q} + \dfrac{\forall}{1.53Q} + \dfrac{\forall}{1.65Q}}{7}$

$t = \dfrac{\dfrac{6}{0.91} + \dfrac{6}{1.06} + \dfrac{6}{1.29} + \dfrac{6}{1.41} + \dfrac{6}{1.49} + \dfrac{6}{1.53} + \dfrac{6}{1.65}}{7} = 4.6778$

∴ $t = 4.68 hr$

[정답] 4.68시간

11. 원형침전지의 제원이 아래 그림과 같을 때, 물음에 답하시오. (단, 침전지로 들어오는 유량은 12.5m³/min이고 위어의 월류길이는 원주길이의 반으로 한다.)

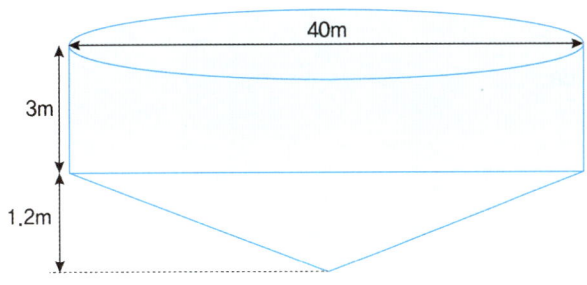

(1) 체류시간(hr)

(2) 표면적부하(m³/m² · day)

(3) 월류부하(m³/m · day)

해설 (1) 체류시간(hr)

식 $t = \dfrac{\forall}{Q}$

- $\forall$ = 원기둥의 부피 + 원뿔의 부피 = $\left(1{,}256.6370 \times 3 + 1{,}256.6370 \times 1.2 \times \dfrac{1}{3}\right) = 4{,}272.5658 \, m^3$

- $A = \dfrac{\pi D^2}{4} = \dfrac{\pi \times 40^2}{4} = 1{,}256.6370 \, m^2$

∴ $t = 4{,}272.5658 \, m^3 \times \dfrac{\min}{12.5 \, m^3} \times \dfrac{1 \, hr}{60 \min} = 5.70 \, hr$

참고 식 원뿔의 부피 = $A \times H \times \dfrac{1}{3}$

(2) 표면적부하(m³/m² · day)

식 $L_A = \dfrac{Q}{A} = \dfrac{12.5 \, m^3}{\min} \times \dfrac{1}{1{,}256.6370 \, m^2} \times \dfrac{1440 \min}{1 \, day} = 14.32 \, m^3/m^2 \cdot day$

(3) 월류부하(m³/m · day)

식 $L_l = \dfrac{Q}{L} = \dfrac{12.5 \, m^3}{\min} \times \dfrac{1}{\pi \times 40 \, m \times 0.5} \times \dfrac{1440 \min}{1 \, day} = 286.48 \, m^3/m \cdot day$

12. 유량 30,300m³/day의 폐수가 유입될 때의 침전조의 높이(m), 너비(m), 길이(m)를 구하시오.

> **조건**
> - 길이 : 너비 = 2 : 1
> - 표면부하율 = 24.4m³/m²·day
> - 체류시간 = 6hr

해설 식 $L_A = \dfrac{Q}{A}$

$24.4 = \dfrac{30,300}{A}$, $A = 1,241.8032 m^2$

$A = 길이 \times 너비 = (2 \times 너비) \times 너비 = 2 \times 너비^2$

$1,241.8032 = 2 \times 너비^2$

∴ 너비 $= 24.92 m$

∴ 길이 $= 2 \times 너비 = 2 \times 24.92 = 49.84 m$

식 $t = \dfrac{\forall}{Q}$

- $t = 6hr \times \dfrac{1 day}{24 hr} = 0.25 day$

$0.25 = \dfrac{\forall}{30,300}$, $\forall = 7,575 m^3$

$\forall = A \times 높이$

$7,575 = 1,241.8032 \times 높이$

∴ 높이 $= 6.1 m$

| UNIT | 02 | 화학적 처리시설 운전 |

1 수질화학

① 산과 염기
  ㉠ 강산, 강염기 반응 : 100%전리, 완전해리, 완전전리(예 염산, 황산, 질산, 수산화나트륨 등)
  ㉡ 약산, 약염기 반응 : 부분전리(예 아세트산, 레몬 등)

② **용해도적(용해도곱, K_{sp})** : 용해도적이란 물질이 녹아서 평형상태가 되었을 때 생성물의 곱을 말합니다. 용해도적은 평형상태 식으로 나타낼 수 있습니다. 용해도적은 계산문제를 풀어보면서 좀 더 이해해 보도록 하겠습니다.
  ㉠ 용해도적과 침전의 상관관계
   · $K_{sp} > [C]^c[D]^d$: 용해도적이 생성물의 곱보다 클 때, 불포화용액으로 침전 없음
   · $K_{sp} = [C]^c[D]^d$: 용해도적이 생성물의 곱과 같을 때, 포화용액
   · $K_{sp} < [C]^c[D]^d$: 용해도적이 생성물의 곱보다 작을 때, 과포화용액으로 침전 발생

③ **완충용액과 완충방정식** : 용액에 산이나 염기를 가했을 때 pH의 변화를 최소화할 수 있는 용액을 완충용액이라 합니다. 완충작용은 강산과 약염기, 약산과 강염기가 반응할 때 일어납니다.

> 💡 **완충방정식**
>
> $$pH = pK_a + \log\frac{[염기]}{[산]}$$

④ **알칼리도** : 산을 중화시킬 수 있는 능력
  ㉠ pH에 따른 탄산염의 비율
   · pH 6.35 미만 주로 CO_2로 구성
   · pH 6.35~10.33 주로 HCO_3^-로 구성
   · pH 10.33 주로 CO_3^{2-}로 구성
  ㉡ 알칼리도의 계산

   식 알칼리도(Alk) $= \sum$알칼리도유발물질 $\times \dfrac{100/2mg}{1meq}$

   · $1meq = 1 \times 10^{-3} eq$
   · 알칼리도 유발물질 : 탄산이온(CO_3^{2-}), 중탄산이온(HCO_3^-), 수산기이온(OH^-) 등

ⓒ pH와 알칼리도의 관계
- **총 알칼리도(M-알칼리도 또는 T-알칼리도)** : pH를 4.5까지 떨어뜨렸을 때 사용되는 알칼리도
- **페놀프탈레인 알칼리도(P-알칼리도)** : pH를 8.3까지 떨어뜨렸을 때 사용되는 알칼리도
- 페놀프탈레인 알칼리도와 총 알칼리도를 이용한 유발물질의 추정

산 주입결과	OH^-	CO_3^{2-}	HCO_3^-
P = 0	0	0	T
P < 0.5T	0	2P	T−2P
P = 0.5T	0	2P	0
P > 0.5T	2P−T	2(T−P)	0
P = T	T	0	0

⑤ 산도 : 염기를 중화시킬 수 있는 능력
⑥ 경도 : 물의 세기 정도
  ㉠ 경도유발물질 : 칼슘(Ca^{2+}), 마그네슘(Mg^{2+}), 스트론튬(Sr^{2+}), 철(Fe^{2+}), 망간(Mn^{2+})
  ㉡ 경도계산

$$\text{경도(HD)} = \sum \text{경도유발물질} \times \frac{100/2\,mg}{1\,meq}$$

- 경수 : HD 75 이상
- 강한 경수 : HD 300 이상

  ㉢ 경도의 분류
- **총경도** : 일시경도와 영구경도의 합
- **일시경도(탄산경도)** : 중탄산이온 또는 탄산이온과 결합한 것으로 가열하면 침전물을 형성하여 제거될 수 있습니다.
- **영구경도(비탄산경도)** : SO_4^{2-}, Cl^-, NO_3^-, SiO_3^{2-}와 결합한 것으로 가열을 해도 제거가 안 됩니다.

  ㉣ 알칼리도와 경도의 관계
- 알칼리도 < 총경도 : 일시경도 = 알칼리도
- 알칼리도 ≥ 총경도 : 일시경도 = 총경도

⑦ SAR(소듐흡착비) : 암기TIP 사표를 써(SAR)! 응 나가마!(Na Ca Mg)

$$SAR = \frac{Na^+}{\sqrt{\dfrac{Ca^{2+} + Mg^{2+}}{2}}}$$

※ 식에 대입되는 원자는 meq/L 단위로 대입
- SAR 0~10 : 소듐이 흙에 미치는 영향이 미미
- SAR 10~18 : 소듐이 흙에 미치는 영향이 중간정도
- SAR 18~26 : 소듐이 흙에 미치는 영향이 비교적 높은 상태
- SAR 26 이상 : 소듐이 흙에 미치는 영향이 심각

2 화학적 처리의 종류 및 이론

① **중화** : 폐수의 pH를 조절하여 pH 7로 유지하는 반응입니다.
  ㉠ **산성폐수의 중화** : 산성폐수의 중화는 알칼리제를 사용하여 진행됩니다. (알칼리제 : 가성소다(NaOH), 소석회($Ca(OH)_2$), 탄산소다(Na_2CO_3), 생석회(CaO), 석회석($CaCO_3$))
  ㉡ **알칼리성폐수의 중화** : 알칼리성폐수의 중화는 산을 사용하여 진행됩니다. (산 : 염산(HCl), 황산(H_2SO_4), 탄산가스(CO_2))

② **중화적정식, 희석공식** : 산과 염기의 반응 또는 강산과 약산, 강염기와 약염기와의 반응 시 물질의 농도 또는 용량을 계산할 때 사용하는 식

[식] $NV = N'V'$

- N : 산 또는 강산
- V : 산 또는 강산의 부피
- N' : 염기 또는 강염기
- V' : 염기 또는 강염기의 부피

③ **응집** : 응집제를 주입하여 물질들을 응집시켜 플록을 형성하여 침전하여 제거하는 방법입니다.
  ㉠ **응집메커니즘**
    - **반데르 발스힘(Van der walls, 인력)** : 입자끼리 서로 당기는 힘, 응집을 위해서는 인력을 증가시켜야 합니다.
    - **제타 전위(Zeta Potential, 척력)** : 입자끼리 서로 밀어내는 힘, 응집을 위해서는 척력을 줄여야 합니다.
    - **화학반응 기작** : 이중층 압축, 체거름, 전기적 중화, 포획
  ㉡ **응결** : 미세한 Floc이 가교작용에 의해 조대화 되는 것, 완속교반이 응결을 촉진시키는 과정입니다.
  ㉢ **응집제**
    - **황산알루미늄(명반, $Al_2(SO_4)_3 \cdot 18H_2O$, Alum)**
      - **장점** : 취급이 간편, 무독성, 알칼리도를 소모하므로 확보 필요, 가격 저렴, 모든 현탁 고형물 사용, 시설을 더럽히지 않음
      - **단점** : floc이 철염보다 가벼움, 응집 pH(5.5~8.5) 범위가 좁음, 온도가 낮으면 응집이 잘 되지 않음, 응집 보조제의 첨가가 필요함

      [반응식] $Al_2(SO_4)_3 \cdot 18H_2O + 3Ca(HCO_3)_2 \rightarrow 2Al(OH)_3 + 3CaSO_4 + 6CO_2 + 18H_2O$

    - **황산 제1철($FeSO_4$)**
      - **장점** : floc이 무겁고 값이 싸다.
      - **단점** : 부식성이 강하고 철이온이 잔류하기 때문에 산화가 필요, 응집 pH(9~11)범위가 좁다.

      [반응식] $FeSO_4 \cdot 7H_2O + Ca(HCO_3)_2 \rightarrow Fe(OH)_2 + 2CO_2 + CaSO_4 + 7H_2O$

    - **염화 제2철($FeCl_3$)**
      - **장점** : floc이 무겁다. 색도 제거에 유효, 응집 pH(4~12)범위가 넓다.
      - **단점** : 부식성이 강하고, 처리후 색도가 남는다.

      [반응식] $2FeCl_3 + 3Ca(HCO_3)_2 \rightarrow 2Fe(OH)_3 + 3CaCl_2 + 6CO_2$

- **PAC(폴리염화알루미늄)**
  - 장점 : pH의 영향이 적음, 응집속도가 빠름, 고탁도, 착색수에 대해서 효과 좋음, 응집 보조제가 필요 없음, 알칼리도의 감소가 적음
  - 단점 : 가격이 비싸다, 6개월 이상 저장시 품질의 안전성이 떨어짐, Alum보다 부식성이 강함
- **유기고분자 응집제(Polymer)**
  - 장점 : 전기적 중화작용과 가교작용을 동시에 작용, 응집제의 석출이 일어나지 않음, pH가 변하지 않음, 슬러지량이 적음, pH의 영향을 받지 않음
  - 단점 : 가격이 비싸다.

② **응집보조제** : 응집공정에서 floc의 강도를 높게 형성해줌으로써 침전이 용이한 floc을 형성하는데 기여합니다. 응집제의 사용량을 줄여줍니다.
- **소석회($Ca(OH)_2$)** : pH 조절 및 응집효과를 촉진합니다.
- **탄산나트륨(Na_2CO_3)** : pH를 조절합니다.
- **벤토나이트** : floc의 핵으로 작용합니다.
- **규산나트륨(Na_2SiO_3)** : 응집효과를 촉진시킵니다.

⑩ **Jar test(약품 교반실험)** : Jar test란 4~6개의 병에 각각 다른 종류의 응집제, 그리고 응집제의 양을 달리하면서 최적의 응집제의 주입량을 산정하는 실험입니다. 응집되는 포화농도가 있기 때문에 일정주입량 이상부터는 주입량을 늘려도 효율이 늘어나지 않습니다.
- **목적** : 응집제의 선정과 주입량 산정
  - **결과로 알 수 있는 기타 인자** : 최적 pH 및 온도, 처리시간(체류시간), 처리시간에 따른 응집조 크기 산정, 슬러지발생량 등
- **과정** : 응집제 투입 – 급속교반(혼합 목적) – 완속교반(거대 floc 형성) – 정치 – 분석
- **속도경사**

  식 $G = \sqrt{\dfrac{P}{\mu \forall}}$

  - P : 동력(W)
  - μ : 점도

③ **이온교환** : 오염물질을 이온교환수지를 이용하여 수지안에 부착되어 있는 물질과 오염물질을 교환하여 처리하는 방법입니다.
- ㉠ **이온교환수지의 이온선택성**
  - 이온의 원자가가 높을수록 좋고, 이온 반경이 작을수록 좋다.
  - 이온의 수화 에너지가 작을수록 교환과 흡착이 잘 된다.
  - 분자량이 크거나 원자번호가 클수록 좋다.
  - **양이온의 선택성**
    Al > Ba > Pb > Sr > Cu > Ca > Zn > Fe > Mg > Ni > Cd > Ti > Ag > K > NH_4 > Na > H > Li

- **음이온의 선택성**

    $SO_4 > I > NO_3 > Br > NO_2 > Cl > HCO_3 > OH > F$

ⓒ 이온교환수지의 종류

- **강산성 양이온교환수지**
    - 강산성 폐수 처리, 다가금속 이온의 선택 흡착성이 높음
    - 강산, 염, 킬레이트제 등으로 탈착하고 용해 분리가 가능
- **약산성 양이온교환수지**
    - 알칼리성 폐수 처리, 다가 양이온 선택 흡착성이 대단히 높다.
- **강염기성 음이온교환수지**
    - 알칼리 폐수 처리, 선택성 있는 금속 착음이온 제거, 염기, 염, 산으로 탈착, 물도 씀
- **약염기성 음이온교환수지**
    - 배위 화합물 형성에 따른 흡착, 염기에 의한 탈착이 가장 용이하다.
- **재생과정**
    - **강한 염용액** : 양이온교환수지(황산, 염산, NaCl), 음이온교환수지(NaOH, NH$_4$OH)

④ 살균

㉠ 염소

- 장단점

구분	장점	단점
염소	• 잔류성이 있다. • 수인성 전염병 살균력이 좋다. • 보관이 용이하고, 가격이 저렴하다.	• THM 생성 • pH와 온도에 따라 살균력이 변화한다. • 페놀계와 접촉 시 독성이 증가되고 악취가 심하다.

- **유리잔류염소**
    - **종류** : HOCl, OCl
    - 낮은 pH에서 생성되며, 살균력이 강하다.
    - HOCl이 OCl보다 살균력이 80배 높다.
- **결합잔류염소(Chloramine)** : 수중의 암모니아나 유기질소가 염소와 반응하여 존재
    - 종류
        ▶ **모노클로라민(NH$_2$Cl)** : pH 8.5 이상에서 발생

        식 $HOCl + NH_3 \rightarrow H_2O + NH_2Cl$

        ▶ **다이클로라민(NHCl$_2$)** : pH 4.5~8.5에서 발생

        식 $HOCl + NH_2Cl \rightarrow H_2O + NHCl_2$

        ▶ **트리클로라민(NCl$_3$)** : pH 4.4 이하에서 발생

        식 $HOCl + NHCl_2 \rightarrow H_2O + NCl_3$

    - 살균력은 약하나 소독 후 물에 취미를 주지 않고, 살균작용이 오래 지속된다.

- **살균력과 관계되는 인자**
  - 온도가 높을수록 높다.
  - 반응 시간이 길수록 높다.
  - 주입 농도가 높을수록 높다.
  - pH가 낮을수록 높다.
- **살균력의 크기** : HOCl > OCl > 클로라민
- **염소주입량** : 물 속의 유해균을 살균하고 관 속에 존재할 수 있는 2차 오염에도 대비할 수 있게 존재하는 잔류량까지를 포함한 양

  식 염소주입량 = 염소요구량 + 염소잔류량

  - **정수처리 시 잔류염소 농도** : 0.2ppm
- **THM(트리할로메탄)** : 메탄(CH_4)에 수소자리 중 세자리를 할로겐원소가 차지하여 만들어지는 오염물질로, 주로 유기물과 유리염소가 만나 발생합니다.
  - **종류** : 클로로포름($CHCl_3$), 브로모디클로로메탄($CHBrCl_2$), 디브로모클로로메탄($CHBr_2Cl$) 등
  - 75% 이상이 클로로포름으로 존재
  - **제거방법** : 침전, 여과, 응집, 오존산화, 활성탄 흡착으로 전구물질[1] 제거, 오존 또는 이산화염소, UV로 살균방법대체, 중간염소처리
  - **생성촉진인자** : pH 및 수온이 높을 때, 할로겐 원소(염소, 불소, 요오드, 브롬)의 농도가 높을 때, 유기물질(휴믹산, 펄빅산 등)의 농도가 높을 때
- **주입위치별 염소처리법**
  - **전염소처리법** : 유입수가 심하게 오염되었거나, 철, 망간이 많이 유입된 경우 정수처리가 시작되기 전에 염소처리를 하는 방법을 말합니다. (주입지점 : 취수시설, 도수관로, 착수정, 혼화지, 염소혼화지)
  - **중간염소처리법** : 침전지, 여과지에 염소를 투입하여 오염물질의 산화분해를 도모합니다. (주입지점 : 침전지와 여과지 사이)
  - **후염소처리법** : 정수지 자체에 투입하여 소독 및 살균을 진행합니다. 일반적인 염소처리방법입니다.

ⓒ 오존(O_3)
- **장단점**

구분	장점	단점
오존	• pH와 온도에 살균력이 영향을 받지 않는다. • 살균력이 강하여 바이러스까지 살균가능하다. • 폭기효과, 이취미를 제거 • 살균 속도가 빠르다. • THM을 생성하지 않고 오히려 제거한다. • TDS를 증가시키지 않는다.	• 잔류효과가 없다. • 비싸다. • 전염소처리된 물을 살균 시 잔류염소를 감소시킨다. • 저장이 어렵고, 현장에 발생장치가 필요하다.

---

[1] 전구물질 : 어떤 물질을 생성하는 데 필요한 재료가 되는 물질

ⓒ 이산화염소(ClO_2)
- 장단점

구분	장점	단점
이산화염소	• 살균력이 강하여 바이러스까지 살균가능하다. • 잔류효과가 있다. • THM을 생성하지 않는다. • 페놀계 화합물을 산화시킨다. • 적용 pH범위가 넓다.	• 위험성이 있다. • 저장이 어렵고, 현장에서 만들어 사용하여야 한다.

ⓔ UV(자외선)
- 장단점

구분	장점	단점
UV(자외선)	• 살균력이 강하여 바이러스까지 살균가능하다. • THM을 생성하지 않는다. • TDS를 증가시키지 않는다. • 부식성이 없다.	• 잔류성이 없다.

ⓜ Br_2
- 장단점

구분	장점	단점
Br_2	• 살균력이 강하여 바이러스 살균력이 매우 좋다. • THM을 생성하지 않는다. • 페놀계 화합물을 산화시킨다.	• 잔류성이 짧다. • pH의 영향이 있다. • 저장이 어렵고, 현장에서 만들어 사용하여야 한다.

⑤ 유해물질처리
  ㉠ 크롬 함유 폐수처리
   - **일반적 환원처리방법** : 폐수의 pH를 2~3으로 조절하고, 6가 크롬을 3가 크롬으로 환원제를 이용하여 환원시켜 무해한 물질로 전환하여 처리한다.
     (예 환원제 : $FeSO_4$, Na_2SO_3, $NaHSO_3$, SO_2)
   - **환원중화침전법(알칼리 환원 침전법)** : 폐수의 pH를 2~3으로 조절한 후, 환원제를 투입하여 6가 크롬을 3가 크롬으로 환원시킨 후 폐수의 pH를 7.5~9.5로 조절하고, NaOH를 투입하여 수산화물($Cr(OH)_3$) 형태로 침전시켜 처리한다.
   - 이온교환수지법
  ㉡ 시안 함유 폐수처리
   - **알칼리 염소법(가장 많이 이용)** : 폐수를 알칼리성으로 만든 후, 염소계 산화제를 사용하여 무해한 탄산가스와 질소로 분해하는 방법
   - 오존산화법

- 미생물 처리법
- 이온교환법
- 산성탈기법 : 시안함유 폐수를 강산성으로 하여 HCN으로 가스화시켜 처리하는 방법입니다. 배출되는 HCN의 별도의 처리가 반드시 필요합니다.

ⓒ 카드뮴 함유 폐수처리
- 수산화물 침전법
- 황화물 침전법
- 탄산염 침전법
- 알칼리 염소법 분해 후 수산화물 침전법
- 부상분리법, 활성탄 흡착법, 이온교환법

② 비소 함유 폐수처리
- **금속비소로 환원시켜 분리하는 방법** : 비화수소가스의 발생 가능성이 있다.
- 수산화물 침전법, 황화물 침전법, 이온교환법, 활성탄 흡착법
- **수산화 제2철 공침법** : 철, 카드뮴, 바륨, 알루미늄 등에 흡착시켜 공침

⑩ 납 함유 폐수처리
- 산으로 녹여서 수용성 화합물 형태로 전환하여 처리한다. (질산납, 초산납)
- 수산화물 침전법 (pH 9~10)
- 황화물 침전법

⑪ 수은 함유 폐수처리
- **유기계 수은** : 흡착법, 산화분해법
- **무기계 수은** : 화합물 응집 침전법, 활성탄 흡착법, 이온 교환법, 황화물 응집침전법

ⓢ 유기인 함유 폐수처리
- **생물학적 처리법** : 소석회로 중화후 활성슬러지 공법으로 처리한다.
- **화학적 처리법** : 알칼리성에서 가수분해하여 처리한다.
- **흡착처리법** : 수질을 알칼리성 상태로 한 후에 흡착처리한다. 활성탄 흡착이 가장 많이 채용된다.

ⓞ PCB 함유 폐수처리
- **응집침전법** : 응집제를 이용하여 응집침전처리한다. 주로 황산알루미늄을 사용한다.
- **흡착법** : 활성탄, 규조토, 점토를 이용하여 흡착한다.
- **추출법** : n-Hexane, 아세톤, 에탄올의 용제로 추출한다.
- **소각** : 연소실에 PCB를 투입하여 산화분해시킨다. 양호한 연소조건(높은 온도, 적절한 체류시간, 산소농도)의 충족이 되지 않을시 유해가스가 발생하므로 주의하여야 한다.
- **열분해법** : 무산소상태에서 열을 가하여 분해하는 방법이다.
- **UV(자외선) 조사법** : UV를 조사하여 분해하는 방법이다.
- **플라즈마 조사법** : 플라즈마를 조사하여 원자상태로 만들어 처리한다.
- **탈염소화분해방식** : 알칼리촉매 또는 금속나트륨을 이용하여 열을 가하여 탈염소화하여 처리하는 방식이다.

기출문제로 다지기 — UNIT 02 화학적 처리시설 운전

01. 산성폐수를 배출시키는 공장에서 중화법으로 폐수를 처리하고자 한다. 중화제로는 NaOH가 100kg/day 사용하는데 NaOH가 값이 비싸 값싼 $Ca(OH)_2$로 대치하고자 한다. 하루에 소모되는 $Ca(OH)_2$의 양(kg)을 구하시오. (단, 두 약품의 용해도는 같다고 보고 사용하려는 $Ca(OH)_2$의 순도는 80%이다. 원자량은 Ca는 40, Na는 23이다.)

[해설] [식] $NV = N'V'$

- $NV(eq/day) = \dfrac{100kg}{day} \times \dfrac{1eq}{40g} \times \dfrac{10^3 g}{1kg} = 2500\,eq/day$

$2500\,eq/day = \dfrac{X\,kg}{day} \times \dfrac{1eq}{37g} \times \dfrac{1000g}{1kg}$

$\therefore X = 92.5\,kg/day \times \dfrac{100}{80} = 115.625\,kg/day$

[정답] 115.625 kg/day

02. 경도가 300mg $CaCO_3$/L인 1일 5,000m³의 물중 일부를 이온교환 수지를 사용하여 경도 100mg $CaCO_3$/L인 물을 얻고자 한다. 허용파괴점에 도달시간은 15일로 할 때 습윤상태를 기준한 수지량은 몇 kg이 필요한가? (단, 수지의 함수율은 40%이고, 건조무게를 기준할 때 수지 100g당 제거되는 경도는 205meq임.)

[해설] [식] 이온교환수지 $= \dfrac{100g(\text{수지량})}{205meq(\text{경도})} \times 경도(meq) \times \dfrac{100(\text{습윤수지})}{60(\text{건조수지})}$

- $경도(meq) = \dfrac{(300-100)mg}{L} \times \dfrac{5{,}000m^3}{day} \times 15\,day \times \dfrac{10^3 L}{1m^3} \times \dfrac{1meq}{100/2\,mg} = 3 \times 10^8\,meq$

$\therefore$ 이온교환수지 $= \dfrac{100g}{205meq} \times (3 \times 10^8\,meq) \times \dfrac{100}{60} \times \dfrac{1kg}{10^3}$

$= 243{,}902.44\,(kg)$

03. pH가 2인 산성폐수 1,000m³/day를 도시하수시스템으로 방출하는 공장이 있다. 도시하수의 유량은 10,000m³/day이고, pH=7이다. 도시하수는 완충효과가 없다고 가정하면 산성폐수 첨가 후 하수의 pH를 계산하시오.

해설 식 $pH = \log \dfrac{1}{[H^+]}$

식 $C_m = \dfrac{C_1 Q_1 + C_2 Q_2}{Q_1 + Q_2}$

- $C_m(H^+)$
$= \dfrac{(10^{-2} M) \times (1000 m^3/day) + (10^{-7} M) \times (10,000 m^3/day)}{(1000 m^3/day) + (10,000 m^3/day)}$
$= 9.0918 \times 10^{-4} M$

∴ $pH = \log \dfrac{1}{[H^+]} = \log \dfrac{1}{(9.0918 \times 10^{-4} M)} = 3.04$

04. 암모니아성 질소를 포함한 물에 염소를 주입하면 염소와 암모니아성 질소가 화합하여 Chloramine이 생성된다. 이 때 생성되는 Chloramine의 3가지 종류를 화학식으로 쓰고 그때의 pH를 쓰시오.

해설
- 모노클로라민(NH_2Cl) : pH 8.5 이상에서 발생
- 다이클로라민($NHCl_2$) : pH 4.5~8.5에서 발생
- 트리클로라민(NCl_3) : pH 4.4 이하에서 발생

05. 명반(Alum)을 폐수에 첨가하여 응집 처리를 할 때 약품주입 후 응집조에서 완속교반을 하는 이유를 간단히 기술하시오.

해설 응집제가 충분히 혼합된 상태에서 교반속도를 느리게 함으로써 floc들이 서로 엉킴으로써 floc을 거대화하여 침전 또는 여과를 용이하게 하기 위함이다.

06. 화학적 폐수내에 Cr^{6+}가 크롬산, 크롬산염, 중크롬산염의 형태로 함유할 경우에 환원수산화물 처리법의 원리를 간단히 설명하고 이때 사용되는 환원제의 종류를 3가지 기술하고 환원 과정을 측정하는 기기를 쓰시오.

해설 ① $Cr^{6+} \xrightarrow[pH\ 2\sim3]{환원} Cr^{3+} \xrightarrow[pH\ 8\sim9]{알칼리첨가} Cr(OH)_3 \downarrow (침전)$

② **환원제** : $FeSO_4$, Na_2SO_3, $NaHSO_3$

③ **측정기기** : pH meter, ORP meter

07. 약품 침전법에서의 일반적인 공정을 3단계로 도시하고 각 공정의 역할을 간단히 설명하시오.

① 혼화지

② floc 형성지

③ 침전지

해설 ① **혼화지** : 원수와 응집제를 급속히 교반하여 혼합 반응시킴
② **floc 형성지** : 응결된 입자를 완속교반 floc를 거대화함
③ **침전지** : 거대화된 floc을 침전제거

08. 일반적으로 폐수처리에 사용되는 응집제 및 응집 보조제를 각각 2가지씩 쓰시오.

해설
- 응집제
  - 황산알루미늄 $[Al_2(SO_4)_3 \cdot 18H_2O]$
  - 황산제2철 $[Fe_2(SO_4)_3]$
  - 폴리머(Polymer)
- 보조제
  - 소석회($Ca(OH)_2$)
  - 탄산나트륨(Na_2CO_3)
  - 벤토나이트
  - 규산나트륨(Na_2SiO_3)

※ 위 항목 중 각각 2가지씩 기술

09. 염소 소독시 수중에 존재하는 2종류의 유리잔류 염소와 수중에 암모니아와 반응하여 존재하는 3종류의 결합잔류 염소에 대한 반응식을 나타내어라.

해설
① 유리잔류염소(HOCl, OCl)
  - 식 $Cl + H_2O \rightleftharpoons HOCl + H + Cl$ (낮은 PH)
  - 식 $HOCl \rightleftharpoons H + OCl$ (높은 PH)

② 결합잔류염소(클로라민)
  - 모노클로라민(NH_2Cl) : pH 8.5 이상에서 발생
    식 $HOCl + NH_3 \rightarrow H_2O + NH_2Cl$
  - 다이클로라민($NHCl_2$) : pH 4.5~8.5에서 발생
    식 $HOCl + NH_2Cl \rightarrow H_2O + NHCl_2$
  - 트리클로라민(NCl_3) : pH 4.4 이하에서 발생
    식 $HOCl + NHCl_2 \rightarrow H_2O + NCl_3$

10. Jar test(응집 교반실험)로 알 수 있는 것 5가지를 쓰시오.

> [해설] ① 처리수에 가장 적합한 응집제의 종류
> ② 적정 응집제의 주입농도
> ③ 응집 최적 pH 조건
> ④ 응집 최적 온도
> ⑤ 처리시간

11. 수처리에 있어서 오존(O_3) 소독의 장·단점을 2가지씩 나열하시오.

> [해설] ① **장점**
> ㉠ 적정 농도에서 살균력이 강하여 병원성 미생물 및 바이러스까지 사멸가능하다.
> ㉡ 물에 취미를 남기지 않으며 염소와 같이 THM을 생성치 않는다.
> ② **단점**
> ㉠ 소독의 잔류효과가 없다.
> ㉡ 장치 설치 및 운전 비용이 많이 든다.

12. 음료수 처리에서 유기물로 오염된 원수를 염소처리하면 발암 가능성 물질이 생성된다. 다음 물음에 답하시오.

① 생성되는 발암가능성 물질은 무엇인가?

② 발암가능성 물질에 의한 피해를 예방하기 위하여 고려될 수 있는 방안 2가지를 쓰시오.

> [해설] ① THM(trihalomethane)
> ② ㉠ 원수의 유기물 제거 : 중간염소처리, O_3산화, 응집
> ㉡ THM을 생성하지 않는 소독공정채택 : 오존(O_3), 이산화염소(ClO_2)

13. 물의 조건이 아래와 같을 때, 총 알칼리도를 구하시오.

> **조건** pH 10, CO_3^{2-} : 32mg/L, HCO_3^- : 57mg/L

해설 **식** 알칼리도 $= \sum$ 알칼리도유발물질$(meq/L) \times \dfrac{100/2mg}{1meq}$

- $[OH^-] = 10^{-pOH} = 10^{-4}M$

∴ 알칼리도 $= \left(\dfrac{10^{-4}mol}{L} \times \dfrac{17g}{1mol} \times \dfrac{1eq}{17g} \times \dfrac{10^3 meq}{1eq} + \dfrac{32mg}{L} \times \dfrac{1meq}{(60/2)mg} + \dfrac{57mg}{L} \times \dfrac{1meq}{61mg} \right)$
$\times \dfrac{100/2mg}{1meq} = 105.05 mg/L$

정답 105.05mg/L

14. 폐수 1L에 2.4(g)의 CH_3COOH와 0.73(g)의 CH_3COONa를 용해시켰을 때 용액의 pH를 구하시오. (단, CH_3COOH의 Ka는 1.8×10^{-5}이다)

해설 약산(CH_3COOH)과 강염기(CH_3COONa)의 혼합반응이므로 완충방정식을 이용하여 답을 산출한다.

식 $pH = pK_a + \log\dfrac{[염기]}{[산]}$

- $CH_3COOH(mol/L) = \dfrac{2.4g}{L} \times \dfrac{1mol}{60g} = 0.04M$
- $CH_3COONa(mol/L) = \dfrac{0.73g}{L} \times \dfrac{1mol}{82g} = 8.9024 \times 10^{-3}M$

∴ $pH = \log\left(\dfrac{1}{1.8 \times 10^{-5}}\right) + \log\dfrac{[8.9024 \times 10^{-3}]}{[0.04]} = 4.09$

15. 유리 잔류 염소의 농도가 $2mg/\ell$, 염소 소멸율은 0.2/hr이며 유량은 $1.5 \times 10^4 m^3/day$, 접촉시간이 122min일 때 하루에 필요한 염소주입량(kg/day)을 계산하시오.

[해설] [식] $\ln\left(\dfrac{C_t}{C_0}\right) = -k \times t$

- $t = 122\min \times \dfrac{hr}{60\min} = 2.0333hr$

$\ln\left(\dfrac{2mg/\ell}{C_0}\right) = -0.2/hr \times 2.0333hr$, $C_0 = 3.0034\,mg/\ell$

∴ 염소주입량 $= \dfrac{3.0034mg}{L} \times \dfrac{1kg}{10^6 mg} \times \dfrac{10^3 L}{1m^3} \times \dfrac{1.5 \times 10^4 m^3}{day}$

$= 45.05\,kg/day$

16. HOCl과 OCl를 이용하여 살균 공정에서 pH가 7이고 온도가 20℃일 때 평형상수(K)가 3.7×10^{-8}이다. 이 때 염소들 중에 HOCl의 비율(%)을 계산하시오.

[해설] [식] $HOC\ell(\%) = \dfrac{[HOC\ell]}{[HOC\ell] + [OC\ell^-]} \times 100 = \dfrac{1}{1 + \dfrac{[OC\ell^-]}{[HOC\ell]}} \times 100$

[식] $HOCl \rightarrow H^+ + OCl^-$

- $K = \dfrac{[H^+][OC\ell^-]}{[HOC\ell]} = 3.7 \times 10^{-8}$
- $[H^+] = 10^{-7} mol/\ell\,(pH = 7)$

$K = \dfrac{[OC\ell^-][10^{-7}mol/\ell]}{[HOC\ell]} = 3.7 \times 10^{-8}$, $\dfrac{[OC\ell^-]}{[HOC\ell]} = 0.37$

∴ $HOC\ell(\%) = \dfrac{1}{1 + 0.37} \times 100 = 72.99\%$

17. 산성폐수를 중화시키기 위해서 6% 가성소다($NaOH$) 30L를 사용하였다. 경제적인 문제가 발생하여 순도가 96% $Ca(OH)_2$로 전환하고자 한다. $Ca(OH)_2$의 용해도가 80%로 가정한다면 $Ca(OH)_2$의 소요되는 양(kg)을 계산하시오.

해설 **식** $NV = N'V'$

$$NV(eq) = \frac{6g}{100mL} \times \frac{10^3 mL}{L} \times 30L \times \frac{1eq}{40g} = 45eq$$

$$45eq = X\,kg \times \frac{1eq}{(74/2)g} \times \frac{1000g}{1kg} \times \frac{80}{100}$$

$$\therefore X = 2.0812kg \times \frac{100}{96} = 2.17kg$$

정답 2.17kg

18. $Zn^{2+}: 20mg/\ell$, $Cu^{2+}: 35mg/\ell$, $Ni^{2+}: 25mg/\ell$를 함유하는 폐수 $5500m^3/day$를 이온교환하여 처리하고자 한다. 이온교환수지 능력을 $100,000g\,CaCO_3/m^3$로 하여 11일 주기로 교환한다고 했을 때 필요로 하는 이온교환수지량($m^3/cycle$)을 구하시오. (단, $Zn^{2+}: 64.5$, $Cu^{2+}: 63.5$, $Ni: 58.7$)

해설 **식** 이온교환수지량($m^3/cycle$) = $\dfrac{\text{총 이온교환량}(g\,CaCO_3)}{100,000g\,CaCO_3/m^3}$

• 총 이온농도(mg as $CaCO_3$/L)

$$= \left(\frac{20mg}{L} \times \frac{1meq}{64.5/2mg} + \frac{35mg}{L} \times \frac{1meq}{63.5/2mg} + \frac{25mg}{L} \times \frac{1meq}{58.7/2mg}\right)$$

$$\times \frac{100/2mg\,as\,CaCO_3}{1meq} = 128.7153mg/L$$

• 총 이온교환량(g as $CaCO_3$)

$$= C \times Q = \frac{128.7153mg}{L} \times \frac{5,500m^3}{day} \times \frac{10^3 L}{1m^3} \times \frac{1g}{10^3 mg} \times 11\,day = 7,787,275.65g$$

∴ 이온교환수지량($m^3/cycle$)

$$= \frac{7,787,275.65g\,CaCO_3}{100,000g\,CaCO_3/m^3} = 77.87m^3/cycle$$

19. 정수장에서 수돗물 속에 포함될 수 있는 트리할로메탄(THM)의 생성반응속도에 다음 각 수질인자가 미치는 영향을 기술하시오.

| 가. 수온 | 나. pH | 다. 불소농도 |

해설 가. 수온 : 수온이 높을수록 THM 증가
나. pH : pH가 높을수록 THM 증가
다. 불소농도 : 불소농도가 높을수록 THM 증가

20. 용량이 $50m^3$인 응집조에서 평균 속도구배(G)값을 300/sec로 하고자 할 때 필요한 이론 소요 동력은 몇 kW인가? (단, 물의 점성계수는 $1.3 \times 10^{-2} g/cm \cdot sec$ 이다)

해설 식 $P = G^2 \times \mu \times \forall$
- $\mu = 1.3 \times 10^{-2} g/cm \cdot sec = 1.3 \times 10^{-3} kg/m \cdot sec$
∴ $P = 300^2 \times (1.3 \times 10^{-3}) \times 50 = 5850 W = 5.85 kW$

21. 일반적으로 수처리를 위한 약품 응집에는 알칼리도가 중요한 의미를 가진다. 다음 무기응집제에 대해 각각 응집에 필요한 칼슘염 형태의 알칼리도를 반응시켜 Floc을 형성하는 완전반응식을 쓰시오.

(1) $FeSO_4 \cdot 7H_2O$ ($Ca(OH)_2$와 반응, DO를 필요로 한다.)

(2) $Fe_2(SO_4)_3$ ($Ca(HCO_3)_2$와 반응)

해설 (1) $2FeSO_4 \cdot 7H_2O + 2Ca(OH)_2 + 0.5O_2 \rightarrow 2Fe(OH)_3 + 2CaSO_4 + 13H_2O$
(2) $Fe_2(SO_4)_3 + 3Ca(HCO_3)_2 \rightarrow 2Fe(OH)_3 + 3CaSO_4 + 6CO_2$

22. 접촉시간 1시간에 대한 음용수의 염소요구량 곡선이 다음과 같을 때 유량 24,000m³/day에서 1시간 접촉 후 유리잔류염소는 0.5mg/L, 결합잔류염소는 0.4mg/L를 만들기 위해 물에 가해줘야 하는 NaOCl의 1일 첨가량(kg/day)은 얼마인가?

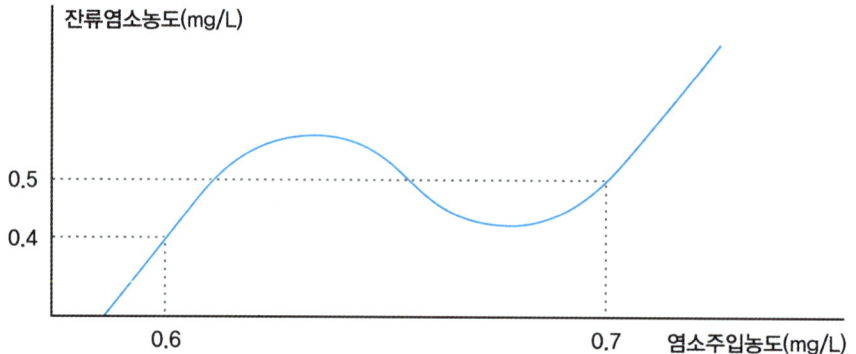

[해설] [식] $NaOCl$ 주입량$(kg/day) = Cl_2$ 주입량 $\times \dfrac{74.5\, NaOCl}{71\, Cl_2}$

- Cl 주입량 $= 16.8 + 14.4 = 31.2\, kg/day$

(1) 유리잔류염소 0.5mg/L

그래프에서 보면 유리잔류염소 0.5mg/L 일 때, 염소주입농도 0.7mg/L이므로,

주입량(kg/day)$= \dfrac{0.7mg}{L} \times \dfrac{10^3 L}{1 m^3} \times \dfrac{24,000 m^3}{day} \times \dfrac{1 kg}{10^6 mg}$

$= 16.8\, kg/day$

(2) 결합잔류염소 0.4mg/L

그래프에서 보면 결합잔류염소 0.4mg/L 일 때, 염소주입농도 0.6mg/L이므로,

주입량(kg/day)$= \dfrac{0.6mg}{L} \times \dfrac{10^3 L}{1 m^3} \times \dfrac{24,000 m^3}{day} \times \dfrac{1 kg}{10^6 mg}$

$= 14.4\, kg/day$

∴ $NaOCl$ 주입량$(kg/day) = 31.2\, kg/day \times \dfrac{74.5\, NaOCl}{71\, Cl_2} = 32.74\, kg/day$

[정답] 32.74kg/day

23. 기계적 패들 교반장치의 동력과 관련된 식은 다음과 같다. 교반조의 부피가 1000m³인 탱크에서 속도경사 G를 30/sec로 유지하기 위한 이론적인 소요동력(W)과 패들면적(m²)은?

(단, 점성계수 1.14×10^{-3} N·s/m², C_D = 1.8, V_p = 0.5m/sec, ρ = 1000kg/m³)

$$\text{식} \quad P = F_D \times V_p = \frac{C_D \times A \times \rho \times V_p^3}{2}$$

(1) 이론적인 소요동력(W)

(2) 패들면적(m²)

해설 (1) 식 $G = \sqrt{\dfrac{P}{\mu \times \forall}}$

$30/\sec = \sqrt{\dfrac{P}{1.14 \times 10^{-3} \times 1000 m^3}}$

∴ $P = 1026 W$

(2) 식 $P = F_D \times V_p = \dfrac{C_D \times A \times \rho \times V_p^3}{2}$

$1026 = \dfrac{1.8 \times A \times 1000 kg/m^3 \times (0.5 m/s)^3}{2}$

∴ $A = 9.12 m^2$

24. SS = 100mg/L, 폐수유량 = 10000m^3/day이다. $Fe_2(SO_4)_3$ 50mg/L로 주입한다. 침전조에서 고형물의 90%를 제거할 때 매일 생산되는 고형물의 양(kg/day)은? (단, Fe = 55.8, 반응식 $Fe_2(SO_4)_3 + 3Ca(OH)_2 \rightarrow 2Fe(OH)_3 + 3CaSO_4$, 응집보조제로 석회를 사용하고 SS는 전량 응집된다.)

해설 식 슬러지량 = 부유물질 제거량 + 금속 수산화물의 양

- 부유물질 제거량 계산 = $\dfrac{100 \times 0.9 mg}{L} \times \dfrac{10000 m^3}{day} \times \dfrac{10^3 L}{1 m^3} \times \dfrac{1 kg}{10^6 mg} = 900 kg/day$

- 금속수산화물의 양 = $\dfrac{26.7267 \times 0.9 mg}{L} \times \dfrac{10000 m^3}{day} \times \dfrac{10^3 L}{1 m^3} \times \dfrac{1 kg}{10^6 mg} = 240.5403 kg/day$

식 $Fe_2(SO_4)_3 + 3Ca(OH)_2 \rightarrow 2Fe(OH)_3 + 3CaSO_4$

399.6g : 213.6g

50mg/L : X, X = 26.7267mg/L

∴ 슬러지량 = 900kg/day + 240.5403kg/day = 1140.54kg/day

정답 1140.54kg/day

25. 응집제로 $FeCl_3$를 사용시 주어진 반응식을 완성하고, $FeCl_3$ 15mg/L를 넣었을 때 소요되는 알칼리도를 계산하시오. (Fe : 56, Cl : 35.5)

(1) 반응식 완성

반응식 $FeCl_3 + Ca(HCO_3)_2 \rightarrow$

(2) 소요되는 알칼리도(mg/L as $CaCO_3$)

해설 (1) $2FeCl_3 + 3Ca(HCO_3)_2 \rightarrow 2Fe(OH)_2 + 3CaCl_2 + 6CO_2$

(2) $2FeCl_3$: $6HCO_3$

2×162.5 : 6×61

15mg/L : X, X = 16.8923mg/L

∴ 알칼리도 = $\dfrac{16.8923 mg}{L} \times \dfrac{1 meq}{61 mg} \times \dfrac{(100/2) mg}{1 meq}$

= 13.85mg/L as $CaCO_3$

UNIT 03 생물학적 처리시설 운전

1 수중미생물학

① 미생물 성장곡선
- ㉠ **지체기(유도기)** : 균체가 새로운 환경에 적응하여 발육을 준비하는 기간으로 수분 및 영양물질의 흡수가 있을 뿐 균의 증감은 나타나지 않는 단계
- ㉡ **대수성장기(지수성장기)** : 균의 대사가 왕성하여 세포분열도 활발하고, 균의 체적도 증가하는 단계
- ㉢ **감소성장기** : 세균증식으로 인해 영양분이 소실되면서, 일부분의 세균은 사멸하며 성장속도가 줄어들고, 남은 영양물질의 섭취를 위해 미생물들이 모여서 증식하면서 플록(덩어리)을 형성하므로 하수처리에서 가장 침전시키기 좋은 단계
- ㉣ **정상기(정체기)** : 균수가 최고에 달하여 증감이 없는 단계
- ㉤ **내생호흡기** : 영양물질이 소실됨에 따라 세균의 사멸이 증가하고, 세균 스스로 자신의 몸에 있는 원형질을 분해하여 에너지를 사용하면서, 세균의 부피와 무게가 줄어드는 단계로 수중에 유기물 및 영양물질의 함량이 가장 낮은 단계

② 미생물 동력학

초기에 유입되는 하수에는 유기물과 영양물질이 풍부하고 시간에 따라 영양물질이 고갈됨에 따라 세포증가율은 감소하게 됩니다. 증식속도 영양물질(제한기질)과의 관계를 아래 식으로 나타냈습니다.

- ㉠ 미생물 성장속도(Monod, Michaelis-Menten식)

식 $\mu = \mu_{max} \times \dfrac{S}{K_s + S}$

- μ : 비증식속도(hr^{-1})
- μ_{max} : 최대 비증식속도(hr^{-1})
- S : 기질농도(mg/L)
- K_s : 반포화농도(비증식속도가 최대 비증식속도의 절반수준일 때의 기질농도, mg/L)

2 생물학적 지표

① **DO(용존산소)** : 물속에 있는 산소
② **BOD(생물화학적 산소요구량)** : 물속에 있는 유기물 중 미생물이 분해할 수 있는 유기물의 양을 간접적으로 알 수 있는 지표

㉠ BOD계산

$$BOD_5 = (D_1 - D_2) \times P$$

- D_1 : 초기 DO 농도
- D_2 : 5일 후 DO 농도
- P : 희석배수

㉡ 소모 BOD와 잔류 BOD

소모 BOD: $BOD_t = BOD_u \times (1 - 10^{-K \cdot t})$ – 상용대수 기준
$BOD_t = BOD_u \times (1 - e^{-K \cdot t})$ – 자연대수 기준

잔류 BOD: $BOD_t = BOD_u \times 10^{-K \cdot t}$ – 상용대수 기준
$BOD_t = BOD_u \times e^{-K \cdot t}$ – 자연대수 기준

㉢ 질소 BOD(NOD) : 물속에 질소성분이 질산화하는데 사용하는 DO

③ COD(화학적 산소요구량) : 화학적 산화제의 산화된 정도를 통해서 수중의 유기물 함량을 간접적으로 알려주는 지표

㉠ COD의 구분

COD = BDCOD + NBDCOD = BODu + NBDCOD
COD = ICOD + SCOD
ICOD = NBDICOD + BDICOD = NBDICOD + IBODu
SCOD = NBDSCOD + BDSCOD = NBDSCOD + SBODu

- BD : 생분해 가능
- NBD : 생분해 불가능

> **참고-고형물의 구분**
>
> TS = VS + FS
> TS = TSS + TDS
> VS = BDVS + NBDVS
> VSS = BDVSS + NBDVSS
> $NBDVSS = VSS \times \dfrac{NBDICOD}{ICOD}$
>
> - ICOD : 비용해성 COD (TSS가 여기에 포함)
> - SCOD : 용해성 COD (TDS가 여기에 포함)

ⓒ COD_{Cr}과 COD_{Mn}
- COD_{Cr} : 산화제로 다이크로뮴산포타슘($K_2Cr_2O_7$)을 사용
- COD_{Mn} : 산화제로 과망가니즈포타슘($KMnO_4$)을 사용
- 유기물분해의 크기 : $COD_{Cr} > BOD_u > COD_{Mn}$

④ **TOC(총 유기탄소량)** : 총 유기탄소량은 수중에 존재하는 총 탄소량, 분자식에 포함되어 있는 탄소의 질량을 산출
(예) $C_6H_{12}O_6$의 TOC는? 정답 $C_6 = 12 \times 6 = 72$)

⑤ **생물학적 오염도(BIP)**

$$BIP(\%) = \frac{B}{A+B} \times 100$$

- A : 엽록체 있는 생물수
- B : 엽록체 없는 생물수

3 생물학적 처리의 종류 및 이론

① **부착증식공법** : 미생물을 media[2](상)에 부착시켜 부착된 미생물과 유입수 내의 유기물을 접촉시켜 처리하는 공법입니다. 상에 부착된 미생물들은 다양한 형태의 미생물의 종류를 구성하게 되고, 이는 여러 종류의 하수 또는 변동이 심한 하수에 대한 적응을 용이하게 합니다.

> 💡 **부착증식공법의 특징**
> - 독성에 대한 적응성이 좋다.
> - 부하변동에 대한 적응성이 좋다.
> - 미생물이 안정된 부착층을 형성하는데 시간이 많이 소요된다. (미생물의 먹이사슬이 김)
> - 미생물종이 다양하다.
> - 동력소비가 적다.
> - 유기물 제거효율이 낮다.
> - 슬러지 반송이 필요없다.
> - 운전이 간단하다.

㉠ **살수여상** : 여재(자갈, 플라스틱 등) 등에 미생물로 생물막을 형성한 후 생물막에 유입수를 통과시켜 처리하는 공법입니다.
- 특징
  - 연못화 현상의 문제가 있다.
  - 파리발생의 문제가 있다.
  - 동결문제가 있다.
  - 부하에 따라 저속, 중속, 고속으로 조절한다.

---

[2] media : 나무나 자갈 등 미생물을 부착시킬 수 있는 물체

- 저속 살수여상과 고속 살수여상
  - **저속 살수여상** : 자연통풍식 포기에 의해 BOD를 제거하는 형식으로 유기물 부하율이 낮다.
  - **고속 살수여상** : 강제통풍식 포기에 의해 BOD를 제거하는 형식으로 유기물 부하율이 매우 높고, 유출수를 재순환함으로써 미생물의 반송효과 및 파리증식의 제어, 냄새억제, 연못화 현상 제어, 생물막 두께 제어, 산소공급 등의 효과를 얻을 수 있다.
    ※ 연못화 현상 : 여재표면에 물이 고이는 현상으로 여재가 불균일할 때, 유기물의 부하가 클 때, 미처리된 고형물이 많을 때 잘 발생합니다.

ⓒ **회전원판법** : 회전하는 원판에 생물막을 형성하여 원판이 수면에 40% 정도 잠기게 하여 물속에서는 유기물과 접촉, 물 위에서는 산소공급을 받는 형태의 공법입니다.
- 특징
  - 회전축의 주기적인 보수가 필요하다.
  - 덮개가 없을 경우 악취문제와 외기의 영향이 크다.
  - 질산화가 가능하며, 이에 따른 pH 저하 및 알칼리도 소모도 수반된다.

ⓒ **접촉산화공법** : 접촉재에 발생 또는 부착된 미생물을 폭기조에 투입하여 유기물과 접촉시켜 처리하는 공법입니다.
- 특징
  - 다량의 침전성 고형물이 존재할 때 접촉재가 막힐 수 있다.
  - 접촉재가 조 내에 있기 때문에 부착생물량의 확인이 어렵다.
- 장단점

장점	단점
• 유지관리 용이	• 미생물량의 조절이 어려움
• 조내 슬러지 보유량이 크고 생물상이 다양	• 폭기비용이 다소 높음
• 분해속도가 낮은 기질제거에 효과적	• 고부하시 매체의 폐쇄위험이 크므로 부하조건에 한계가 있음
• 부하변동에 대한 대응성 좋음	
• 소규모 시설에 적합	• 초기 건설비가 높음
• 슬러지 발생량 저감 및 반송이 필요없음	• 미생물량과 영향인자를 정상상태로 유지하기 위한 조작이 어려움
• 슬러지 침강성 향상	

② **부유증식공법** : 미생물을 부유상태로 유동시켜 유기물을 제거하는 공법으로 폭기를 통해 미생물의 이동 및 산소공급을 합니다. 산소공급이 원활하므로 미생물의 증식속도 및 유기물제거속도가 빠른 큰 장점을 가지고 있습니다.

> 💡 **부유증식공법의 특징**
> - 동력소비가 많다.
> - 유기물 제거효율이 높다.
> - 부하변동에 대응성이 낮다.
> - 독성에 대한 대응성이 낮다.
> - 운전이 부착증식공법에 비해 어렵다.
> - 슬러지 발생량이 많다.

㉠ **활성슬러지 공법** : 미생물의 군락을 슬러지라 합니다. 이 형성된 슬러지에 산소를 주입(폭기)하여 슬러지를 활성화시켜 유기물을 제거하고 침전지에서 슬러지를 침전시켜 제거 또는 반송시키는 공법을 활성슬러지 공법이라 합니다.

- **특징**
  - 가장 많이 이용되는 공법이다.
  - 설계 및 시공, 운전에 대한 데이터가 풍부하다.
  - 운전이 어려워 슬러지팽화, 슬러지부상, 거품발생으로 인한 효율저하의 우려가 있다.

- **운전상 문제점**
  ⓐ **슬러지 팽화(bulking)** : 수질의 상태가 양호하지 못할 때, 정상적인 박테리아의 비중이 줄어들고 미생물 중 사상성(실모양)균류와 박테리아들의 증식으로 플록의 가벼워지면서 침전이 불량해지는 현상
    - **원인** : 높은 유기물 부하(BOD농도), 낮은 미생물량(MLSS농도), 낮은 pH, 영양의 불균형, 낮은 DO
    - **대책** : 유기물 유입량 감소, 폭기량 증가, pH 조정, 영양염류 투입
  ⓑ **슬러지 부상(Rising)** : 과폭기 또는 체류시간이 길어져 질산화된 슬러지는 탈질과정에서 질소가스가 발생하여 가스로 인해 슬러지가 부상되는 현상
    - **원인** : SRT가 길 때, 폭기량이 많을 때
    - **대책** : 슬러지인발 및 슬러지반송량 감소, 폭기량 감소
  ⓒ **거품 발생**
    - **흰 거품(회색 거품)** : SRT가 짧고, F/M비가 높을 때 잘 발생한다.
      → **대책** : 슬러지반송을 늘리고, 슬러지인발량을 줄여 SRT를 길게 한다. 유기물 투입량을 줄인다.
    - **암갈색 거품** : SRT가 길고, 과도한 폭기를 할 때 잘 발생한다.
      → **대책** : 슬러지를 인발하여 SRT를 감소시킨다. F/M비를 잘 맞춰준다. 폭기량을 감소시킨다.

㉡ **활성슬러지 변법** : 활성슬러지 변법은 폭기조의 형태를 변화시켜 기존의 활성슬러지 공법용도별로 보다 나은 효율을 도모하기 위한 공법입니다.

- **점감식 폭기법** : 폭기조에서는 유입부에서 유기물의 함량이 많고, 그에 따른 필요산소량은 부족합니다. 폭기량을 유입부에 많게, 유출부에 적게 하여 효율을 증대하여 폭기조의 부피를 줄이거나 F/M비를 크게 할 수 있는 공법입니다.
- **계단식 폭기법** : 유입수를 유입지점으로 나누어 투입하는 방법입니다. 폭기조내 유기물과 미생물의 불균형을 해소할 수 있습니다.
- **심층폭기법** : 폭기조의 수심을 깊게 하여 산소의 용해도를 증가시켜 폭기효율을 높이는 공법입니다. 부지면적을 적게 소요하고, 같은 폭기량 대비 유입부하를 크게 할 수 있습니다.
- **연속회분식 공법(SBR)** : 하나의 반응조를 이용하여 유입, 반응, 침전, 유출을 반복하는 공법으로 유입수의 성상에 따라 반응조를 혐기, 호기, 무산소 등 원하는 오염물질제어가 가능하며, 운전시간도 조절할 수 있습니다.
- **장기폭기법** : 폭기조에서의 체류시간을 길게 하여 미생물을 내생호흡단계로 하여 유기물 및 슬러지를 적게 배출하는 공법입니다.

- **산화구법** : 체류시간을 길게 하여 1차 침전지를 설치하지 않고 타원형 수로로 반응조를 설치하고 2차 침전지에서 고액분리가 이루어지는 공법입니다.
- **순산소법** : 폭기시 순수한 산소를 주입하여 폭기량을 절반정도로 줄여도 같은 효과를 내는 공법입니다. MLSS를 높게 유지할 수 있어 유기물부하를 높게 하여 운전합니다.
- **클라우스공법** : 제거된 슬러지를 소화시키는 소화조의 상징수를 폭기조에 공급하여 영양균형을 유지하여 제거효율을 높이는 공법입니다. N, P가 부족한 유입수의 처리에 적합합니다.

③ **혐기성처리공법** : 반응조의 조건을 혐기성상태로 하여 혐기성 미생물을 이용하여 유기물을 제거하는 공법입니다.
  ㉠ **혐기성소화** : 혐기성미생물이 생육하기 알맞은 온도와 pH, 영양물질, 탄소원을 조절하여 미생물로 유기물을 제거하고, 발생된 메탄으로 에너지를 얻는 공법입니다.
   - **특징**
     - 유기물농도가 높은 물에 적합하다.
     - 슬러지의 탈수성이 좋다.
     - 슬러지 발생량이 적다.
     - 초기 건설비는 많이 들고, 유지비용은 적게 든다.
     - 운전이 어렵다.
     - 체류시간이 길다.
     - 영양물질이 적게 요구된다.
   - **소화조 가스 발생량 감소원인**
     - pH가 낮을 때(유기산의 과다생성 또는 알칼리도가 낮을 때)
     - 온도가 낮을 때
     - 독성물질이 유입되었을 때
     - 투입량이 일정하지 않을 때
     - 소화가스의 누출
   - **온도별 소화방식의 차이**

고온소화	온도 55℃정도에서 소화하는 방법으로 소화력이 좋아 높은 유기물 부하를 처리할 수 있으며, 병원균사멸 및 슬러지 탈수성이 개선되나, 온도유지에 따른 에너지소비가 많다. 소화시간은 1~2주 정도가 소요된다.
중온소화	온도 35℃정도에서 소화하는 방법으로 소화시간은 3~4주 정도가 소요된다. 온도유지가 비교적 쉽고 분해속도가 양호하다.
저온소화	온도 5~25℃정도에서 소화하는 방법으로 가온이 필요없으나, 분해속도가 느리다. 소화시간은 3개월 이상이 소요된다.

  ㉡ **혐기성 접촉공법** : 소화법을 개량한 방법으로 조 내에서 완전혼합을 도모하여 소화조 용적을 줄일 수 있습니다.
   - **특징**
     - 운전이 어렵다.
     - 고농도 고형물 함유 폐수 처리가 어렵다.

ⓒ **혐기성 여상법** : 반응조에서 여재를 투입하여 미생물을 부착시켜 처리하는 방법입니다.
- **특징**
  - 조건변동에 대한 적응성이 높다.
  - 슬러지 반송이 필요없다.
  - 초기 운전기간이 길다.

ⓔ **상향류 혐기성 슬러지상(UASB, 자기조립법)** : 조 내에 고액분리막을 설치하고, 슬러지가 Pellet(작고 동그란 덩어리)를 형성하게 하여 유기물을 제거하는 공법입니다.
- **특징**
  - 막힘의 우려가 없다.
  - 고부하의 처리가 가능하다.
  - 운전이 어렵다.
- **장단점**

장점	단점
• 고농도 유기성 폐수처리 가능 • 구조가 간단 • 비용이 저렴 • HRT가 작아 반응조의 크기를 작게 하여 설치가 가능 • 동력소비량이 적음	• 가스와 고형물 분리장치 필요 • 반응기 하부에 폐수 분산장치 필요 • 초기 운전시 슬러지 입상화가 어려움 • 폐수성상에 따라 효율변동이 있음

④ 생물학적 처리 운전필요공식

① **F/M비(Food/Microorganism)** : 유기물과 미생물의 비로 생물학적 처리를 위한 미생물의 생육환경을 나타내는 기본적인 인자입니다. 여기서 유기물은 유입수의 BOD로, 미생물은 수중 MLSS로 그 양을 판단합니다.

※ **MLSS(Mixed liquor suspended solid)** : 혼합된 현탁상태의 고형물, 주로 생물학적 처리를 위한 폭기조에서 폭기시에 혼합된 고형물은 미생물의 양을 간접적으로 나타냅니다.

ⓐ **관계식**

$$\boxed{식}\ F/M(BOD/MLSS 부하) = \frac{BOD \cdot Q}{MLSS \cdot \forall}$$

- BOD : BOD농도
- Q : 유량
- $MLSS(X)$: MLSS농도
- $\forall$: 조의 부피

ⓑ **적정 F/M비** : 0.2~0.4kg BOD/kg MLSS(활성슬러지법 기준)

※ 적정 MLSS 농도 약 2,000~3,000mg/L

② **BOD용적부하(F/V비)** : 유기물과 조의 부피의 비를 나타낸다.
  ㉠ **관계식**

  $$F/V(BOD/용적부하) = \frac{BOD \cdot Q}{\forall} = \frac{BOD}{t}$$

  - BOD : BOD농도
  - Q : 유량
  - $MLSS$: MLSS농도
  - $\forall$: 조의 부피

③ **SVI(슬러지 용적 지표, 슬러지 침강성 지표, Sludge Volume Index)** : SVI란 슬러지의 단위 질량 당 부피로 SVI가 너무 크면 밀도가 작은 슬러지이므로 침강성이 저해되고, SVI가 너무 작아도 밀도가 높아 슬러지 간의 Floc형성이 어려워집니다.

  ㉠ **관계식** : SVI의 산출은 MLSS의 농도와 SV_{30}(30분 정치 후 슬러지부피)를 통해서 산출됩니다.

  $$SVI(mL/g) = \frac{SV_{30}(mL/L)}{MLSS(mg/L)} \times 10^3 (mg/g)$$

  ㉡ **SVI 크기에 따른 침강성 판단**
  - SVI 200 이상 : 슬러지 벌킹
  - SVI 50~150 : 양호
  - SVI 50 미만 : 핀 플록(pin floc)

  ㉢ **SDI(슬러지 밀도지수)** : SDI는 슬러지 밀도지수로 슬러지 부피 100mL당 질량의 개념입니다. SVI와 반대의 개념을 가지고 있습니다.

  $$SDI(g/100mL) = \frac{100}{SVI}$$

④ **SRT(미생물 체류시간)** : SRT는 미생물(슬러지)가 공정내에 머무는 시간입니다. 머무는 시간은 총 슬러지량을 배출되는 슬러지의 양으로 나누어 산출됩니다.

  ㉠ **관계식**

  $$SRT = \frac{X \forall}{X_r Q_w + Q_o X_o}$$

  - X_r : 반송슬러지 농도
  - Q_w : 폐슬러지 유량
  - X : MLSS 농도
  - $\forall$: 폭기조 부피
  - Q_o : 유출수 유량
  - X_o : 유출 슬러지 농도

ⓒ 1/SRT

$$\boxed{식}\ \frac{1}{SRT} = Y \times (F/M) \times \eta - K_d$$

- Y : 수율(세포증식계수)
- K_d : 내생호흡률
- η : BOD제거율

⑤ 슬러지 반송률(R)
   ㉠ 관계식

$$\boxed{식}\ R = \frac{X - SS_i}{X_r - X}$$

$$\boxed{식}\ R = \frac{SV(\%)}{100 - SV(\%)}$$

- SS_i : 유입 SS 농도
- $X_r = \dfrac{10^6}{SVI}$

⑥ **잉여슬러지** : 잉여슬러지는 생물반응에 필요없는 슬러지입니다. 잉여슬러지의 산출은 물질수지로 산출되며, 유기물로써 세포로 합성된 양에 폭기조에서 자산화된 만큼의 슬러지량을 빼주어서 산출합니다.
   ㉠ 관계식

$$\boxed{식}\ Q_w X_w = Y \cdot BOD \cdot Q \cdot \eta - K_d \cdot \forall \cdot MLSS$$

UNIT 03 생물학적 처리시설 운전

01. A공장의 폐수를 재순환형 살수여상으로 처리하고자 한다. 처리해야 할 폐수 유량은 400m³/일, 폐수 중 BOD는 1000mg/L이다. 살수여상으로 처리 후 최종적으로 방출되는 폐수 중 BOD는 48mg/L, 재순환율은 2.5이다. 또 살수여상의 수량부하가 20m³/m²·일, 살수여상 깊이가 2.5m일 때 살수여상의 평균 BOD부하(kg BOD/m³·일)값을 구하시오.

해설

식) $BOD\, 용적부하 = \dfrac{BOD \times Q}{\forall}$

식) $C_m = \dfrac{C_1Q_1 + C_2Q_2}{Q_1 + Q_2}$

- $C_m = \dfrac{1000 \times 400 + 48 \times (400 \times 2.5)}{400 + (400 \times 2.5)} = 320(mg/L)$

- 수량부하 = $\dfrac{Q}{A}$

  $20 = \dfrac{(400 + 400 \times 2.5)}{A}$, $A = 70m^2$

- $\forall = A \times H = 70 \times 2.5 = 175 m^3$

∴ BOD 용적부하

$= \dfrac{320mg}{L} \times \dfrac{(400 + 400 \times 2.5)m^3}{일} \times \dfrac{1}{175m^3} \times \dfrac{10^3 L}{1m^3} \times \dfrac{1kg}{10^6 mg}$

$= 2.56 kg/m^3 \cdot 일$

정답 2.56kg/m³ · 일

02. 미생물의 화학식은 $C_5H_7O_2N$으로 나타낼 수 있는데 이를 BOD로 환산할 때 1.42란 계수를 사용한다. 이를 유도하여 설명하시오.

해설 박테리아($C_5H_7O_2N$) 1kg를 산화하는데 요구되는 산소요구량(BOD)는 다음 반응식으로 산출된다.

반응식) $C_5H_7O_2N + 5O_2 \rightarrow 5CO_2 + 2H_2O + NH_3$

113 : 5×32

1kg : X, ∴ X = 1.42(kg)

03. 살수여상에 있어서 여상유출수 또는 처리수의 일부를 유입폐수 혹은 여상유입수로 순환시키는데 순환의 효과 6가지를 쓰시오.

해설
- 높은 유기물 부하에도 운전이 가능
- 냄새 및 파리 억제
- 연못화 현상 제어
- 미생물 반송 효과
- 생물막 두께 제어
- 추가적인 산소 공급

04. 아세트산(CH_3COOH)의 최종 BOD(BOD_u)가 30(mg/L)일 때, TOC를 구하시오.

해설
식 TOC = 분자 내 탄소의 분자량
반응식 $CH_3COOH + 2O_2 \rightarrow 2CO_2 + 2H_2O$
  12×2(TOC) : 2×32
  X : 30, ∴ X = 11.25(mg/L)

05. 현재 국내의 도시 하수처리장에서 주로 채택되고 있는 표준 활성 슬러지법은 처리 방법 자체가 본질적으로 많은 문제점을 안고 있다. 문제점(단점)을 5가지만 나열하시오.

해설
① 폭기로 인한 유지관리비가 높다.
② 운전이 어려워 슬러지팽화, 슬러지부상, 거품발생으로 인한 효율저하의 우려가 있다.
③ 부하변동 및 독성물질에 대한 적응성이 낮다.
④ 영양염류의 제거율이 낮다.
⑤ 슬러지 발생량이 많다.

06. 활성슬러지법과 회전원판법을 비교 시 회전원판법의 장점을 4가지 쓰시오.

해설 ① 별도의 폭기 장치가 필요없고 유지비가 적게 든다.
② 부하변동에 대한 대응이 좋다.
③ 슬러지 발생량이 적다.
④ 슬러지 반송이 필요없다.
⑤ 탈질효과가 있다.
※ 위 항목 중 4항목을 선택하여 기술

07. 하수처리장에서 폐슬러지를 혐기성 소화조에서 처리하고 있을 때 소화 가스량을 측정하였더니 가스 발생량이 현저히 저하하였다. 이 소화조 가스 발생량이 감소하는 원인을 3가지만 열거하시오.

해설 ① pH가 낮을 때(유기산의 과다생성 또는 알칼리도가 낮을 때)
② 온도가 낮을 때
③ 독성물질이 유입되었을 때
④ 투입량이 일정하지 않을 때
⑤ 소화가스의 누출

08. 호기성 처리법에 비해 혐기성 처리법의 장점을 3가지 쓰시오.

해설 ① 유기물 농도가 매우 높은 오염수의 처리가 용이하다.
② 슬러지 발생량이 적다.
③ 메탄발생으로 인한 유지비 및 운전비의 절감효과가 있다.

09. 활성슬러지 포기조의 수표면에 갈색 거품의 두꺼운 막이 형성되었다. 이러한 현상이 일어나는 원인과 대책을 각각 2가지씩 쓰시오.

> **[해설]** 원인 : ① SRT가 너무 길 때
> ② 폭기량이 증가하여 과도하게 산화되었을 때
> 대책 : ① 슬러지를 인발하여 SRT를 줄인다.
> ② 폭기량을 감소시킨다.

10. 중온 소화와 비교하여 고온 소화의 장점을 두가지만 기술하시오.

> **[해설]** ① 처리기간이 짧다.
> ② 슬러지의 탈수성이 개선된다.
> ③ 일부 병원균 사멸의 효과가 있다.
> ※ 위 항목 중 2항목을 선택하여 기술

11. 호기성 상태에서 활성슬러지(bacteria)가 산화되어 산소를 소모시키는 일반적인 반응식을 서술하시오.

> **[해설] [반응식]** $C_5H_7O_2N + 5O_2 \rightarrow 5CO_2 + 2H_2O + NH_3$

12. 다음 물음에 답하시오.

① 슬러지 팽화(sludge bulking)현상을 간단히 설명하시오.

② 원인

③ 방지대책 3가지를 쓰시오.

[해설] ① 폭기조 내의 DO, pH, BOD, MLSS 등의 운전조건이 불균형을 이루어 실모양의 미생물(사상균)이 번식하여 SVI가 높고 잘 침전되지 않는 슬러지가 형성되는 현상이다.
② 원인
- 유기물의 과도한 부하(충격부하)
- DO 부족
- 낮은 pH
- 영양분의 불균형(C에 비해 N, P 부족 등)
- 낮은 MLSS
③ 방지대책 3가지
- 슬러지반송을 통한 MLSS농도를 증가
- pH 조정
- 영양염류 투입
- 폭기량 증가
- 유기물 유입량 감소

13. 미생물의 성장 과정은 크게 대수 성장 단계와 감소 성장 단계, 내생 성장 단계로 나눌 수 있다. 대수 성장 단계는 미생물이 최대의 속도로 번식하는 단계로서 폐수 내 유기물도 최대의 속도로 제거된다. 그런데 실제 폐수처리장에서는 반응조 운전을 대수 성장 단계로 하지 않고 있다. 그 이유는 무엇이며 어느 단계를 이용하는지 쓰시오.

[해설] ① 이유: 대수 성장 단계는 유기물 섭취율은 높지만, 미생물의 floc이 잘 형성되지 않아 침전성이 나빠 유출수의 수질이 좋지 않아 수처리에 잘 이용되지 않는다.
② 이용단계: 감소 성장 단계

14. 표준 활성 오니법에 비하여 심층 포기법의 장점 2가지를 쓰시오.

[해설] ① 폭기효율이 좋아 BOD 부하를 높게 유지할 수 있다.
② 처리 BOD량에 비해 부지소요면적이 적다.

15. 다음은 활성슬러지(오니) 공정에 대한 설명이다. ( ) 안에 적당한 용어를 쓰시오.

> "활성슬러지 공정의 운전 초점은 (①)내의 적정농도의 (②)를 유지하고, 침강성이 좋은 (③)를 생산하는 것이다. 따라서 슬러지일령이 너무 길어 (④)이 생기거나, 너무 짧아서 과도한 (⑤)이 생기지 않도록 유의해야 한다."

[해설] ① 폭기조 ② DO ③ 슬러지
④ 갈색거품 ⑤ 흰거품

16. 다음 물음에 답하시오.

(1) Glucose의 호기성 반응식을 서술하시오.

(2) Glucose의 혐기성 반응식을 서술하시오.

(3) Glucose 1mole의 최종 BOD(g)를 구하시오.

(4) 1kg의 BODu에서 발생하는 CH_4가스 부피를 구하시오. (단, STP상태)

[해설] (1) Glucose의 호기성 반응식을 서술하시오.
반응식 $C_6H_{12}O_6 + 6O_2 \rightarrow 6CO_2 + 6H_2O$

(2) Glucose의 혐기성 반응식을 서술하시오.
반응식 $C_6H_{12}O_6 \rightarrow 3CH_4 + 3CO_2$

(3) Glucose 1mole의 최종 BOD(g)를 구하시오.
반응식 $C_6H_{12}O_6 + 6O_2 \rightarrow 6CO_2 + 6H_2O$
1mole : 6×32g = 192g
[정답] 192g

(4) 1kg의 BODu에서 발생하는 CH_4가스 부피를 구하시오. (단, STP상태)
식 $C_6H_{12}O_6 + 6O_2 \rightarrow 6CO_2 + 6H_2O$
180g : 6×32g
X_1(kg) : 1kg,   ∴ $X_1 = 0.9375 kg$

식 $C_6H_{12}O_6 \rightarrow 3CH_4 + 3CO_2$
180kg : 3×22.4m^3
0.9375kg : X_2,   ∴ $X_2 = 0.35 m^3$

[정답] 0.35m^3

17. 호기성 박테리아($C_5H_7O_2N$)의 BOD와 NOD 비율이 BOD : NOD = 5 : 2가 됨을 반응식을 통해 증명하시오.

해설 반응식 $C_5H_7O_2N + 5O_2 \rightarrow 5CO_2 + 2H_2O + NH_3$
   1mol : 5mol(BOD)
   반응식 $NH_3 + 2O_2 \rightarrow H + NO_3 + H_2O$
   1mol : 2mol(NOD)

18. M-M식을 사용하여 미생물에 의한 폐수처리를 설명하기 위해 반응상수 값을 구하는 실험을 수행하였다. 이 실험에서 폐수의 농도가 높을 때 1g의 미생물이 최대속도 20g/일로 유기물을 분해하는 것을 알았다. 또한 폐수의 농도가 15mg/ℓ일 때 같은 양의 미생물이 10g/day의 속도로 폐수가 분해된다는 사실을 알았다. 만일 폐수 농도가 5mg/ℓ로 유지되고 있다면 2g의 미생물에 의한 분해속도(g/g·day)를 계산하시오.

해설 식 $\mu = \mu_{max} \times \dfrac{[S]}{K_s + [S]}$

$\therefore \mu = 20g/g \cdot day \times \dfrac{5mg/\ell}{15mg/\ell + 5mg/\ell} = 5g/g \cdot day$

분해속도 ∝ 미생물의 양이므로 비례식으로 표현하면
   $1g : 5g/g \cdot day = 2g : \mu$ $\therefore \mu = 10g/g \cdot day$

정답 $10g/g \cdot day$

19. 생물막을 이용해 하수를 처리하는 접촉산화법의 단점 5가지를 서술하시오.

해설 ① 미생물량과 영향인자를 정상상태로 유지하기 위한 조작이 어렵다.
② 초기 건설비가 높다.
③ 고부하시 매체의 폐쇄 위험이 크기 때문에 부하조건에 한계가 있다.
④ 매체에 생성되는 생물량은 부하조건에 의해 결정된다.
⑤ 반응조내 매체를 균일하게 폭기 교반하는 조건 설정이 어렵고 폭기 비용이 약간 높다.

20. SS가 거의 없고 COD가 1500mg/ℓ인 산업폐수를 활성슬러지공법(완전혼합)으로 처리하여 유출수 COD를 180mg/ℓ 이하로 처리하고자 한다. 아래의 주어진 조건을 이용하여 반응시간 θ(hr)를 구하시오.

> **조건**
> - MLSS = 3000mg/ℓ, SDI = 6000mg/ℓ, MLVSS = MLSS × 0.7
> - MLVSS를 기준으로 한 반응속도 상수 $k = 0.532 L/g-hr$
> - NBDCOD = 155mg/ℓ, 반송을 고려한 혼합액의 COD = 800mg/ℓ

해설 **식** $Q(C_i - C_o) = K \forall C_t \rightarrow t = \dfrac{(C_i - C_o)}{KC_t}$

식 $t = \dfrac{(C_i - C_o)}{K \times MLVSS \times C_t}$

- $C_i = COD_i - NBDCOD = 800mg/\ell - 155mg/\ell = 645mg/\ell$
- $C_o = COD_o - NBDCOD = 180mg/\ell - 155mg/\ell = 25mg/\ell$
- MLVSS = MLSS × 0.7 = 3000mg/ℓ = 3g/L

$\therefore t = \dfrac{(645-25)}{0.532 \times 2.1 \times 25} = 22.20 hr$

21. 활성슬러지공법의 어느 폭기조의 유효용적이 1000m^3, MLSS 농도는 3000mg/ℓ이고 MLVSS 농도는 MLSS 농도의 75%이다. 유입하수 유량은 4000m^3/day이고 합성계수 Y는 0.63mg MLSS/mg 제거 BOD, 내생분해계수 k_d는 0.05/day, BOD는 200mg/ℓ, 폭기조 유출수의 BOD는 20mg/ℓ이고 매일 30m^3 슬러지를 배출시키고 배출슬러지 농도는 1%이다. 다음 물음에 답하시오.

① SRT(미생물체류시간)을 구하시오.

② F/M비를 구하시오. (/day)

③ 폐슬러지량($Q_w \cdot SS_w$)을 구하시오. (kg/day)

[해설] ① SRT(미생물체류시간)을 구하시오.

[식] $SRT = \dfrac{MLVSS \times V}{Q_w \times X_w}$

- $X_w = 1\% = 10^4 mg/\ell$

∴ $SRT = \dfrac{3000mg/\ell \times 0.75 \times 1000m^3}{30m^3/day \times 10^4 mg/\ell} = 7.5 day$

② F/M비를 구하시오. (/day)

[식] $F/M = \dfrac{BOD \times Q}{MLVSS \times V} = \dfrac{200mg/\ell \times 4000m^3/day}{3000mg/\ell \times 0.75 \times 1000m^3}$

$= 0.35/day$

③ 폐슬러지량($Q_w \cdot SS_w$)를 구하시오. (kg/day)

$X_w \cdot Q_w = Y \cdot Q \cdot (BOD_i - BOD_o) - k_d \cdot V \cdot MLVSS$

$= 0.63 \times 4000 m^3/day \times (0.2 - 0.02) kg/m^3 - 0.05/day \times 1000 m^3 \times 3 kg/m^3 \times 0.75$

$= 341.1 kg/day$

22. 인구 5000명을 위한 산화구를 만들었다. 유량 350L/인·일, 유입 BOD 200mg/L, 유기물에 대한 미생물의 비 0.06day^{-1}, 총 고형물 중 분해가능한 MLVSS는 MLSS의 70%이다. 운전 MLSS(mg/L)를 구하시오. (산화구 반응시간 1일, 반송비 0.5)

[해설] [식] $F/M = \dfrac{BOD \times Q}{MLVSS \times \forall}$

- $Q = \dfrac{0.35 m^3}{인 \cdot 일} \times 5000인 = 1750 m^3/일$

- $\forall = Q \times t = \dfrac{1750 m^3}{일} \times 1일 = 1750 m^3$

$0.06/day = \dfrac{200 \times 1750}{MLVSS \times 1750}$, $MLVSS = 3333.3333 mg/L$

∴ $MLSS = 3333.3333 \times \dfrac{1}{0.7} = 4761.90 mg/L$

23. SVI=120, SV_{30}=24% 라면 MLSS농도(mg/L)는? (단, 유입 SS농도는 고려하지 않는다.)

해설 **식** $SVI = \dfrac{SV_{30}}{MLSS}$

- $SV_{30} = 24\% = 240\,mL/L$

$120\,mL/g = \dfrac{240\,mL/L}{MLSS}$, ∴ $MLSS = 2g/L = 2000\,mg/L$

정답 2,000mg/L

24. 처리용량이 10,000 m^3/day인 하수처리장이 있다. 이 처리장의 폭기조 용량은 2,500 m^3이며, 포기조 내의 MLVSS농도는 3,000mg/L이다. 이 처리장에서는 매일 50 m^3의 슬러지를 폐기시키려 한다. 폐기되는 슬러지의 MLVSS 농도는 15,000mg/L이고 처리된 유출수의 MLVSS농도는 20mg/L라면 미생물 평균 체류시간(day)는 얼마인가?

해설 $SRT = \dfrac{X \times \forall}{Q_w \times X_w + Q_o \times X_o}$

- $Q_o = Q - Q_w = 10000 - 50 = 9950\,m^3/day$

∴ $SRT = \dfrac{2500 \times 3000}{50m \times 15000 + 9950 \times 20} = 7.9\,day$

25. BOD가 300mg/L이고 유량이 7,570 m^3/day인 도시하수를 2단계 살수여상으로 처리하고자 한다. 1차 침전지에서 BOD제거율이 35%일 때 최종유출수의 BOD(mg/L)를 산출하시오.(단, 1단 살수여상조 재순환율은 1.5이며, 2단 살수여상조 재순환율은 0.8, 1단 2단 살수여상조용적은 453 m^3, E_1: 1단계 살수여상 효율, E_2: 2단계 살수여상효율, $F = \dfrac{1+R}{(1+R/10)^2}$, $E_1 = \dfrac{100}{1 + 0.432\sqrt{W/\forall F}}$,

$E_2 = \dfrac{100}{1 + \dfrac{0.432}{(1-E_1)}\sqrt{W/\forall F}}$)

해설 **식** $C_o = C_i \times (1-\eta_t)$

식 $\eta_t = 1 - [(1-\eta_1)(1-\eta_2)]$

① 1단계

식 $F = \dfrac{1+R}{(1+R/10)^2} = \dfrac{1+1.5}{(1+1.5/10)^2} = 1.8903$

- $W(\text{유입}BODkg/day)$

$= \dfrac{300mg}{L} \times (1-0.35) \times \dfrac{7570m^3}{day} \times \dfrac{10^3L}{1m^3} \times \dfrac{1kg}{10^6mg}$

$= 1476.15kg/day$

식 $E_1 = \dfrac{100}{1+0.432\sqrt{W/\forall F}}$

$= \dfrac{100}{1+0.432\sqrt{1476.15/453 \times 1.8903}} = 63.8\%$

② 2단계

식 $F = \dfrac{1+R}{(1+R/10)^2} = \dfrac{1+0.8}{(1+0.8/10)^2} = 1.5432$

- $W(\text{유입}BODkg/day) = \dfrac{1476.52kg}{day} \times (1-0.638)$

$= 534.366kg/day$

식 $E_2 = \dfrac{100}{1+\dfrac{0.432}{(1-E_1)}\sqrt{W/\forall F}}$

$= \dfrac{100}{1+\dfrac{0.432}{(1-0.638)}\sqrt{534.366/453 \times 1.5432}} = 48.9\%$

$\eta_t = 1-[(1-0.638)(1-0.489)] = 0.815 = 81.5\%$

$\therefore C_o = 195 \times (1-0.815) = 36.08mg/L$

26. 성장속도 계수비율이 $K_{20}/K_{10} = 1.9$이다. 20℃에서 성장속도계수가 $1.6day^{-1}$일 때 30℃에서 성장속도계수는?

해설 **식** $K_T = K_{20} \times \theta^{T-20}$

$K_{10} = K_{20} \times \theta^{10-20}$

- $K_{20} = K_{10} \times 1.9$

$K_{10} = K_{10} \times 1.9 \times \theta^{10-20}$, $\theta = 1.0662$

$\therefore K_{30} = K_{20} \times 1.0662^{30-20} = 1.6 \times 1.0662^{30-20}$

$= 3.04day^{-1}$

정답 $3.04day^{-1}$

27. 어떤 공장폐수의 $BOD_2 = 600mg/L$ ($K_1 = 0.2day^{-1}$, 상용대수)이고, NH_4-N이 10mg/L이 있다. 만약 이 폐수를 활성 슬러지법으로 처리할 경우 인공적으로 첨가해야 할 N과 P의 양(mg/L)은? (단, BOD:N:P = 100:5:1)

해설 **식** $BOD_t = BOD_u \times (1 - 10^{-K \times t})$

- $BOD_2 = BOD_u \times (1 - 10^{-K \times 2})$

  $600mg/L = BOD_u \times (1 - 10^{-0.2 \times 2})$, $BOD_u = 996.8552mg/L$

- $BOD_5 = 996.8552 \times (1 - 10^{-0.2 \times 5}) = 897.1696mg/L$

  $BOD_5 : N = 100 : 5 = 897.1696mg/L : 44.8584mg/L$

∴ 첨가해야 할 N의 양
  $= 44.8584mg/L - 10mg/L = 34.8584mg/L$

  $BOD_5 : P = 100 : 1 = 897.1696mg/L : 8.9716mg/L$

∴ 첨가해야 할 P의 양 $= 8.9716mg/L$

정답 첨가해야 할 N의 양 34.86mg/L,
첨가해야 할 P의 양 8.97mg/L

---

28. 혐기성 생물학적 처리공정에서 글루코오스를 시료로 사용했을 때 최종 BOD $1kg$당 발생가능한 메탄(CH_4)가스의 부피는 30℃에서 몇 m^3인지 구하시오.

해설 **반응식** $C_6H_{12}O_6 + 6O_2 \rightarrow 6CO_2 + 6H_2O$

  $180 : 192 = Xkg : 1kg$

  $X = 0.9375\,kg$

반응식 $C_6H_{12}O_6 \rightarrow 3CO_2 + 3CH_4$

  $180kg : 3 \times 22.4Sm^3 = 0.9375kg : XSm^3$

  $X = 0.35Sm^3$

30℃에서의 부피 $= 0.35Sm^3 \times \dfrac{(273+30)}{273} = 0.3884m^3$

정답 $0.39m^3$

29. 화합물($C_5H_7O_2N$, 박테리아)에 대한 이론적인 BOD_5/COD, BOD_5/TOC, TOC/COD의 비를 구하시오. (단, 반응은 1차 반응, 속도상수는 0.1day^{-1}, base는 상용대수, 화합물은 100% 산화, 박테리아는 분해되어 이산화탄소, 암모니아, 물로 된다. BODu=COD)

(1) BOD_5/COD

(2) BOD_5/TOC

(3) TOC/COD

[해설] (1) BOD_5/COD
  COD = BODu = ThOD 이므로
  반응식을 통해 COD를 산출한다.
  [반응식] $C_5H_7O_2N + 5O_2 \rightarrow 5CO_2 + 2H_2O + NH_3$
  　　　　1mol : BODu,　　BODu = 160g/mol
  [식] $BOD_5 = BOD_u \times (1 - 10^{-k \times 5})$
  　　$BOD_5 = 160g \times (1 - 10^{-0.1 \times 5}) = 109.40 g/mol$
  ∴ BOD_5/COD = 109.4/160 = 0.68g/mol

(2) BOD_5/TOC
  • TOC = 탄소분자량 = C_5 = 60g/mol
  ∴ BOD_5/TOC = 109.4/60 = 1.82

(3) TOC/COD
  ∴ TOC/COD = 60/160 = 0.38

30. 어느 활성슬러지 공법의 SVI를 측정한 결과 100이었다. MLSS의 농도가 3,000mg/L이라면 리터당 침전된 슬러지의 부피(cm^3)를 구하시오.

[해설] [식] $SVI = \dfrac{SV_{30}}{MLSS}$

　　$100 mL/g = \dfrac{SV_{30}}{3g/L}$,　　∴ $SV_{30} = 300 mL/L = 300 cm^3/L$

[정답] $300 cm^3/L$

31. 어느 폐수의 시료를 분석한 결과는 다음과 같다. 물음에 답하시오. (단, BOD_u/BOD_5 = 1.6)

> **분석결과**
> - COD = 412mg/L
> - BOD_5 = 222mg/L
> - SCOD = 177mg/L
> - $SBOD_5$ = 98mg/L
> - TSS = 185mg/L
> - VSS = 146mg/L

(1) NBDCOD

(2) NBDICOD

(3) NBDSS

해설 (1) NBDCOD

  식 NBDCOD = COD - BDCOD = COD - BOD_u

  • $BOD_u = 222 \times 1.6 = 355.2 mg/L$

  ∴ NBDCOD = 412 - 355.2 = 56.8mg/L

(2) NBDICOD

  식 NBDICOD = ICOD - BDICOD = ICOD - $IBOD_u$

  • ICOD = COD - SCOD = 412 - 177 = 235mg/L

  • $IBOD_u = BOD_u - SBOD_u = (222 \times 1.6) - (98 \times 1.6) = 198.4$ mg/L

  ∴ NBDICOD = 235 - 198.4 = 36.6mg/L

  다른풀이

  식 NBDCOD = NBDSCOD + NBDICOD

  • SCOD = BDSCOD + NBDSCOD = $SBOD_u$ + NBDSCOD

   - $SBOD_u = SBOD_5 \times 1.6 = 98 \times 1.6 = 156.8 mg/L$

  177 = 156.8 + NBDSCOD,   NBDSCOD = 20.2mg/L

  56.8 = 20.2 + NBDICOD,   ∴ NBDICOD = 36.6mg/L

(3) NBDSS

  식 NBDSS = TSS - BDSS

  • TSS = 185mg/L

  • BDSS = VSS - NBDVSS = 146 - 22.7387 = 123.2613mg/L

  • $NBDVSS = VSS \times \dfrac{NBDICOD}{ICOD} = 146 \times \dfrac{36.6}{235} = 22.7387 mg/L$

  ∴ NBDSS = 185 - 123.2613 = 61.74mg/L

UNIT 04 고도처리시설 운전

1 생물학적 처리

① **질소제거** : 혐기성 미생물 중 무산소상태에서 활발하게 활동하는 미생물들은 질산성질소와 탄소원과 결합하여 탈질을 촉진시켜 질소성분을 N_2형태로 물 밖으로 배출시킵니다.

> 💡 **총괄반응식**
>
> $6NO_3^- + 5CH_3OH \rightarrow 3N_2 + 5CO_2 + 7H_2O + 6OH^-$
>
> (1) 1단계 반응 : $6NO_3^- + 2CH_3OH \rightarrow 6NO_2^- + 2CO_2 + 4H_2O$
>
> (2) 2단계 반응 : $6NO_2^- + 3CH_3OH \rightarrow 3N_2 + 3CO_2 + 3H_2O + 6OH^-$

반응식으로 탈질과정을 살펴보면, 탈질대상이 되는 질소형태는 질산염형태로 질산화가 많이 진행된 상태의 질소입니다. 따라서 탈질을 위해서는 반드시 우선적으로 질산화가 진행된 상태에서 탄소원(CH_3OH 등)과 반응이 필요합니다.

- **전–무산소 탈질**: 유입기질(BOD)를 탄소원으로 사용하여 탈질이 진행되는 공정으로 무산소 – 호기조의 공정순서를 가지고 있다.
- **후–무산소 탈질**: 외부탄소원(주로 메탄올) 또는 내생호흡으로 탄소를 공급하여 탈질이 진행되는 공정으로 호기조 – 무산소조의 공정순서를 가지고 있다. 전–무산소 탈질에 비해 탈질속도가 느리다.
  - ㉠ **4단계 Bardenpho 공법** : 무산소조에서 탈질이 이루어지고, 호기조에서 유기물제거 및 질산화를 진행시키면서 질소를 제거하는 공정입니다. 질소제거공정의 기본형식입니다.
    - 공정도

      유입 – 무산소조 – 호기조 – 무산소조 – 호기조 – 침전조 – 방류

      (내부 반송)
    - **특징** : 호기조에서 무산소조로의 내부반송을 통하여 질산화된 물을 공급하여 탈질이 더 원활하게 유지될 수 있도록 한다.
  - ㉡ **회전원판법** : 회전원판이 물 밖으로 나와 산소가 공급되었을 때 질산화가 진행되고, 물속에서 혐기성상태가 되었을 때 탈질화가 진행되며 질소가 제거됩니다.
    - 공정도

      유입 – 1차침전지 – 회전원판 – 2차침전지 – 방류
    - **특징** : 탈질 및 탈인이 가능하다.

② **인제거** : 혐기성 미생물 중 혐기성상태에서 활발하게 활동하는 미생물들은 인의 방출을 도모하고 방출된 인은 호기조에서 과잉섭취된 후 최종적으로 인을 섭취한 슬러지를 인발하므로 제거됩니다. 인제거율은 슬러지의 인 발량에 따라 결정됩니다. 여기까지 살펴보고 나면 드는 의문이 하나 있죠? 바로 혐기상태와 무산소상태의 차이 입니다. 혐기와 무산소상태의 차이는 뭘까?입니다. 통의 뚜껑을 닫았습니다. 이 상태는 산소가 공급되지 않는 무산소상태입니다. 이번에는 통의 뚜껑을 닫은 상태에서 속 안에 공기까지 제거해버렸습니다. 바로 산소가 거의 존재하지 않는 혐기성상태입니다. 따라서 혐기성상태와 무산소상태는 비슷하지만, 혐기성상태는 무산소상태 보다도 산소가 없는 상태로 이해하시면 되겠습니다.

※ 인제거 미생물 : Acinetobacter, Bacillus, Pseudomonas (가장 큰 영향을 주는 미생물은 Acinetobacter)

㉠ **A/O 공법** : 생물학적 인제거의 기본공정으로 혐기조와 호기조를 이용하여 제거합니다.
- 공정도

    유입 – [혐기조] – [호기조] – [침전] – 방류

- 특징
    - 짧은 SRT와 높은 유기물 부하(높은 BOD/P)로 운전이 가능하다.
    - 폐슬러지 내의 인의 함량이 비교적 높고(3~5%) 비료의 가치가 있다.

㉡ **Phostrip 공법(Side stream)** : 활성슬러지공정에 슬러지처리시 혐기조를 설치하여 인을 방출하고 인 농도가 높아진 상층에 상징수는 석회로 침전제거하여 고액분리하여 인을 제거하는 공법입니다. 인 농도가 낮아진 상징수는 폭기조 또는 1차침전지로 이송되고, 탈인조에서 생성된 슬러지는 폭기조(호기조)로 반송된 후 폭기조(호기조)에서 인의 과잉섭취가 이루어집니다.
- 공정도

    유입 – [1차침전지] – [폭기조] – [2차침전지] – 방류 ← 기존의 활성슬러지공정
    ↑ 석회주입 – 탈인조(혐기조) ↓

- 특징
    - 기존의 생물학적 처리에 추가로 적용이 가능하다.
    - 유입되는 수질 변동에 따른 영향이 적다.
    - 석회로 인한 스케일이 생길 우려가 있다.

③ **질소-인 동시제거**

㉠ **A₂/O** : 혐기조, 무산소조, 호기조로 구성하여 탈인과 탈질을 동시에 도모하는 공정으로 질소인 동시제거공정의 기본형입니다.
- 공정도

    유입 – [혐기조] – [무산소조] – [호기조] – [침전] – 방류
    내부반송

    ※ 슬러지반송 : 혐기조 앞단으로

ⓒ **UCT** : 구조는 A_2/O공법과 동일하지만, 무산소조에서 혐기조로의 내부반송이 추가되고, 슬러지반송을 무산소조 앞단으로 하여 혐기조에서는 혐기성상태에 방해를 받지 않도록 하여 인 배출의 감소를 줄이고, 상대적으로 질산화된 슬러지가 무산소조로 유입되어 탈질공정을 강화시킨 공법입니다.

• 공정도

유입 – 혐기조 – 무산소조 – 호기조 – 침전 – 방류
         └── 내부반송 ──┘└── 내부반송 ──┘

※ 슬러지반송 : 무산소조로

• 특징 : A_2/O 공정보다 탈인과 탈질효율이 크다.

ⓒ **VIP** : 구조는 UCT 공정과 비슷하지만 각 조를 2개 이상의 동일한 크기의 완전혼합조로 나누어 원활한 혼합을 도모하는 공법입니다.

• 공정도

유입 – 혐기/혐기 – 무산소/무산소 – 호기/호기 – 침전 – 방류
         └── 내부반송 ──┘└── 내부반송 ──┘

※ 슬러지반송 : 무산소조로

• 특징
 – 반응조 크기가 작아 경제적이다.
 – 저온 시 질소제거 능력이 감소된다.

ⓔ **5단계 Bardenpho 공법(수정 Bardenpho 공법)** : 4단계 Bardenpho 공법에서 앞단에 혐기조를 추가하여 탈인까지 도모하는 공법입니다.

• 공정도

유입 – 혐기조 – 무산소조(1) – 호기조(1) – 무산소조(2) – 호기조(2) – 침전 – 방류
                 └── 내부반송 ──┘

 – 호기조(2) : 최종 DO공급으로 침전지에서 인의 용출과 탈질에 의한 슬러지부상을 방지한다.

• 특징
 – A_2/O공법에 비해 긴 체류시간으로 유기물 산화
 – 질소제거 효율이 높음
 – 슬러지 생산량이 적음
 – 유지관리비가 높음
 – 높은 BOD/P비가 필요함

ⓘ **SBR(연속회분식 반응조)** : 하나의 반응조를 여러 상태로 만들어 처리하는 방법입니다. 혐기조, 호기조, 무산소조, 침전조로 형태를 바꿔가며 질소인처리를 할 수 있습니다.

※ 질소와 인 제거를 위한 SBR 공정 : 외부탄소원 또는 내생호흡에 의한 탄소원이 탈질화를 위해 필요하므로 순서는 호기조 이후에 무산소조가 오는 후–무산소탈질을 적용한다.

> 💡 **공정순서**
> 유입 – 혐기(교반, 폭기 없음) – 호기(폭기) – 무산소 – 침전 – 배출 – 휴지

② 활성탄 흡착법

① 흡착이론

　㉠ **흡착 메커니즘**

　　오염물질과 흡착제와의 평형농도 유지를 위해 조건(온도, 압력 등)에 따라 오염물질이 흡착제로 이동하게 되고, 흡착제의 공극으로 이동된 오염물질은 공극 안쪽 표면에 흡착됩니다.

　㉡ **물리적 흡착과 화학적 흡착**

구분	물리적 흡착	화학적 흡착
흡착온도	낮을수록 잘 흡착	높을수록 잘 흡착
흡착층	다분자층	단분자층
선택성	비선택성	선택성
재생	재생가능(가역적)	재생불가(비가역적)

　㉢ **등온흡착식**

　　• 프로인들리히(물리적 흡착)

$$\frac{X}{M} = K \cdot C^{\frac{1}{n}}$$

　　　• X : 흡착된 양(농도)
　　　• M : 흡착제 주입량(농도)
　　　• K, n : 상수
　　　• C : 유출된 양(농도)

　　• 랭뮤어(화학적 흡착, 가역적 평형상태 가정)

$$\frac{X}{M} = \frac{abC}{1+aC}$$

　　　• a, b : 상수

② 활성탄의 종류

구분	특징
생물활성탄 (BAC)	• 용존성 유기물질의 제거율이 높다. • 온도 및 pH에 따른 영향을 많이 받는다. • 반영구적으로 이용 가능하므로 유지관리비가 적다. • 정상상태까지의 기간이 길다.
입상활성탄 (GAC)	• 분말에 비해 흡착속도는 느리지만 취급이 용이하다. • 물과 분리가 쉽고, 재생하기 쉽다. • 흡착탑에 충진하거나 유동상에 사용한다.
분말활성탄 (PAC)	• 흡착속도가 빠르다. • 취급이 불편하다. (비산문제 및 저장문제) • 사용할 때 별도의 장치가 필요하지 않다. • 활성탄 사용으로 인한 슬러지 발생이 많다.

③ 활성탄의 재생방법
 ㉠ **가열공기 주입법** : 고온의 증기를 주입하여 오염물질을 탈착시킨다.
 ㉡ **용매재생법(수세법)** : 오염물질이 잘 녹는 용매를 투입하여 재생한다.
 ㉢ **수증기 주입법** : 고온의 수증기를 주입하여 오염물질을 탈착시킨다.
 ㉣ **감압법** : 압력을 낮춰 평형점을 바꾸어 오염물질을 탈리시킨다.
 ㉤ **치환재생법** : 활성탄과 친화력이 오염물질보다 강한 물질을 투입하여 치환하여 탈착한다.

3 여과

여과모래(여과사)를 이용하여 부유성고형물(SS)과 유기물을 제거하는 목적으로 여과층에 모래를 채워넣고 물을 통과시켜 층에 오염물질을 걸러내어 처리하는 공법입니다. 주로 정수처리에 사용되고, 하수 및 폐수처리에서는 고도처리로 사용됩니다.

① 메커니즘
 ㉠ **체거름** : 여과층 사이의 공극에 오염물질이 갇히면서 제거
 ㉡ **침전** : 중력에 의해 오염물질이 가라앉으면서 제거
 ㉢ **충돌** : 여과모래와 오염물질이 관성력에 의해 충돌하며 제거
 ㉣ **차단** : 여과모래의 표면에서 마찰력이 커지면서 제거
 ㉤ **화학적 흡착** : 여과모래와 오염물질이 화학적으로 결합하며 제거
 ㉥ **미생물** : 여과모래 표면에 부착된 미생물이 유기물을 제거

② 급속여과와 완속여과
 ㉠ **급속여과** : 여과속도를 빠르게 하여 여과하는 방식으로 고탁도, 대용량 물질의 제거에 이용됩니다.
 ㉡ **완속여과** : 여과속도를 느리게 하여 표면여과 및 표면에 부착된 미생물을 통해 여과하는 방법으로 저탁도 및 유기물의 제거에 이용됩니다.

ⓒ 비교

구분	완속여과	급속여과
여과형식	표면여과	표면여과, 내부여과
여과속도	4~5m/day	120~150m/day
모래층의 두께	70~90cm	60~70cm
유효경	0.3~0.45mm	0.45~0.7mm
균등계수	2.0 이하	1.7 이하

③ 운영상 문제점
  ㉠ **머드볼(진흙덩어리) 형성** : 점착성 유기물질의 유입으로 여과사 표면에 머드볼이 형성되었을 때 세척이 충분히 이루어지지 않는 경우 손실수두의 증가를 초래합니다.
  ㉡ **공기결합** : 용존된 공기가 여과 중에 여과사내에서 기포를 형성하는 현상입니다.
  ㉢ **여과지 부수두** : 오염물질이 여층표면에 쌓이게 되어 흐름에 방해가 생기면서 수두가 감소하는 현상을 말합니다. 오염물질의 유입감소와 주 오염물질이 되는 석회를 제거하고 여층의 세정을 통해 관리합니다.
  ㉣ **여재층의 수축** : 여재 위에 덮힌 점액층으로 인해 여층전체가 덮여가면 발생합니다. 따라서 표면세척이 가장 중요한 대책이 됩니다.

> 💡 여과저항에 따른 수두손실에 영향을 주는 인자
> ㉠ 여과지의 깊이 ㉡ 여과재의 공극률 ㉢ 여과사의 공극
> ㉣ 통과유속 ㉤ 유입수의 점도 ㉥ 유입수의 밀도

4 질소제거(생물학적 처리 제외)

① **암모니아 탈기법(공기탈기법)** : 수중에 암모늄(NH_4)으로 존재하는 질소를 수중의 pH를 10 이상으로 유지하여 암모니아(NH_3)로 전환시키고, 폭기를 통해 기체로 물 밖으로 탈기시키는 공정입니다.
  ㉠ 반응식

$$\boxed{식}\ NH_4 + OH \rightleftharpoons NH_3 + H_2O$$

$$\boxed{식}\ NH_3(\%) = \frac{NH_3}{NH_3 + NH_4} \times 100 = \frac{1}{1+(NH_4/NH_3)} \times 100$$

  ㉡ 특징
   • 온도가 낮을수록 제거효율은 떨어짐
   • 고농도 암모늄 함유 폐수에 잘 적용

② **파과점 염소주입법** : 수중에 염소를 주입하면 유리염소와 결합잔류염소가 생성되고, 계속해서 염소를 주입하면 질소성분과 결합한 결합잔류염소가 질소가스로 분해되며 배출되는 것을 이용하여 수중의 질소성분을 제거하는 방법입니다.

㉠ **반응식**

$$2NH_4 + 3Cl_2 \rightleftarrows N_2 + 6HCl + 2H$$

㉡ **특징**
- 반응이 매우 빠르다.
- THM의 생성문제가 존재한다.
- 온도의 변화에 영향이 적다.
- 독성물질의 유입에 대한 영향이 적다.

5 인제거(생물학적 처리 제외)

① **정석탈인법** : 수중에 인광석을 핵으로 하는 정석재를 첨가하여 칼슘과 인을 반응시켜 수산화인회석 형태로 고정하여 인을 제거하는 방법입니다.

㉠ **특징**
- pH 9.0 이상일 때 효율이 가장 높다.
- 잉여슬러지량이 현저히 적다.
- 생물학적 인제거 공정에 비해 유지관리비가 비싸다.

② **금속염 첨가법** : 응집제를 주입하여 인을 침전시켜 제거하는 방법입니다.

㉠ **특징**
- 잉여슬러지량이 증가한다.
- 응집제에 따라 pH에 영향을 많이 받는다.
- 생물학적 인제거 공정에 비해 유지관리비가 비싸다.

6 막분리

막분리는 오염물질은 통과하지 못하고 청정수만 통과할 수 있는 구멍이 있는 막을 조내에 설치하여 오염된 하수 및 폐수를 통과시켜 오염물질을 제거하는 공법입니다. 막분리는 아주 미세한 오염물질까지 제거할 수 있어 콜로이드, 탁도, 박테리아, 세균, 바이러스까지 제거가 가능하여 많이 이용되고 있는 추세입니다.

① 막분리의 종류

공정	Mechanism	추진력	막형식
정밀여과(MF)	• 다공성막을 통과시켜 공경(0.03~10㎛)보다 큰 입자를 분리한다. • 분리입경이 가장 크다.	정수압차 (감압~2 atm)	대칭형 다공성막
한외여과(UF)	다공성막을 통과시켜 공경(0.001~0.02㎛)보다 큰 입자를 분리한다.	정수압차 (1~10 atm)	비대칭형 다공성막
역삼투(RO)	정수압을 이용하여 염용액 쪽에 정삼투압보다 더 큰 압력을 가하여 염용액으로부터 물과 같은 용매를 분리한다.	정수압차 (20~100 atm)	비대칭형 다공성막
나노여과(NF)	역삼투의 변형	정수압차	비대칭형 다공성막
전기투석(ED)	양극과 음극 사이에 선택성 막을 구성하고 이온전하의 크기에 따라 오염물질을 투과시킨다.	전위차	선택성 이온교환막
투석(Dialysis)	농도에 따른 확산계수의 차에 의해 분리한다.	농도차	균질막

② 막공법의 장단점

장점	단점
• 약품의 첨가가 없고, 시설이 간단하여 운영이 간편하다. • 순수 물질의 분리가 가능하다. • 공정설계 및 Scale-up이 단순하다. • 가동부가 적고, 간단하며 부지면적을 줄일 수 있다. • 충격부하에 대응이 좋다.	• 유입수의 온도, pH에 따라 운전이 제한된다. • 농축수에 대한 최종 처리가 필요하다. • 초기 투자비가 기존 처리시설보다 많이 든다.

③ 막의 유출유량

$$\frac{Q_f}{A_f} = K(\Delta P - \Delta \pi)$$

- Q_f : 유출유량
- A_f : 투수면적
- K : 확산계수(L/m² · day as 25℃)
- ΔP : 압력차(유입수 압력 - 유출수 압력)
- $\Delta \pi$: 삼투압차(유입측 - 유출측)

④ 열화와 파울링

㉠ **열화** : 막 자체의 변질로 인한 장애현상으로 막을 더 이상 사용할 수 없어 교체해야 한다.
  - **원인** : 물리적 요인, 화학적 요인, 생물학적 요인
㉡ **파울링** : 막 표면에 생기는 요인으로 인한 장애현상으로 막을 세척함으로 다시 사용할 수 있다.
  - **원인** : 부착물질, 막힘, 유로

> 💡 **MBR**
> 활성슬러지법과 막공법을 결합한 공법으로 폭기조에 막을 설치함으로써 부유물질 및 세균까지 제거가 가능하고, 슬러지체류시간을 길게 유지하여 슬러지반송량 저감 및 슬러지배출량을 줄일 수 있으며, 고부하로 운전이 가능한 공법이다.

7 고도산화처리

> 💡 **대표적인 난분해성 물질**
> 벤젠고리화합물, 할로겐화 유기화합물

① **펜톤산화(Fenton)** : 과산화수소를 철염과 함께 주입했을 때 산화반응성이 좋은 OH라디칼을 생성하여 오염물질을 처리하는 방법입니다. 공정은 pH 조정 → 산화분해 → 중화 → 응집 → 침전 순으로 진행됩니다. 운전의 전문성이 요구되는 방법으로 함께 주입되는 촉매 철염(Fe^{2+})의 농도조절이 필수적입니다. 철염이 필요 이상 높아지면, OH라디칼을 소모하게 되어 효율이 감소되고 약품슬러지발생량이 늘어나게 되고 H_2O_2가 필요 이상 높아지면, 분해속도가 늦어지고, 잔류 OH라디칼에 의해 기포를 발생시켜 슬러지부상(rising)의 문제가 있으므로 주의해야 합니다.

㉠ 특징
- pH 조절, 산화분해, 중화, 응집·침전의 4단계로 나눌 수 있다.
- pH 조정이 필수적이다. (pH 3~5 범위에서 산화 후 본래 pH로 중화하여야 한다.)
- 온도가 높을수록 제거속도가 빨라지나 50℃를 초과하면 안된다.
- H_2O_2농도가 높을 경우, 분해속도 저감 및 슬러지부상의 문제가 있다.
- 철염농도가 높을 경우, OH라디칼을 소모하게 되어 효율이 감소되고, 약품슬러지발생량이 늘어난다.
- 유해한 부산물이 생성된다.
- 침강성이 불량한 경우 응집제를 추가로 주입하기도 한다.

② **오존산화** : 오존의 강력한 산화력을 이용하여 난분해성물질을 분해시킵니다. 분해는 물론 탈색, 탈취, 표백기능까지 할 수 있으며 오염물질을 CO_2와 H_2O로 분해합니다.

㉠ 특징
- 쉽게 발생시킬 수 있다.
- 분해 시간이 짧다.
- 처리 후 pH의 변화가 적다.
- 일부 유기물과의 반응이 매우 선택적이다.
- 단일결합 화합물에 대한 산화반응이 잘 일어나지 않는다.
- 후단의 생물학적 처리와 병용시 효과가 증대될 수 있다.
- 유해한 부산물이 생성된다.

UNIT 04 고도처리시설 운전

01. 아래 그림은 폐수 내 질소와 인 제거를 위한 SBR 공법의 운전과정인 유입, 반응(①, ②, ③은 반응공정에서 질소와 인을 제거하기 위한 반응변화 과정을 순서대로 나열한 것임), 침전, 배출을 나타낸 것이다. 다음 물음에 답하시오.

| 유입 | – | ① 반응 | – | ② 반응 | – | ③ 반응 | – | 침전 | – | 배출 |

(1) ①의 반응 단계와 역할을 쓰시오.

(2) ②의 반응 단계와 역할을 쓰시오.

(3) ③의 반응 단계와 역할을 쓰시오.

> **해설** (1) **혐기조** : 인의 방출
> (2) **호기조** : 인의 과잉 섭취 및 유기물 제거
> (3) **무산소조** : 탈질

02. R.O.(reverse osmosis) Process와 Electrodialysis의 기본 원리를 비교 설명하시오.

> **해설** ⊙ **R.O.(역삼투법)**: 반투막을 사용하여 삼투압이 작용하는 방향의 반대방향으로 삼투압보다 큰 압력을 가하여 물분자만 막을 통해 빠져나가게 함으로써 이온과 물을 분리하는 방법
> ⊙ **Electro dialysis(전기투석법)**: 역삼투법과는 반대로 물은 통과시키지 않고 특별한 이온만을 선택적으로 통과시킬 수 있는 Plastic막을 이용하여 이온과 물을 분리하는 방법

03. 정수장에서 사용하는 입상활성탄(GAC)의 제조 공정을 설명하시오.

> **해설** 원료 – 탄화공정 – 활성공정 – 제품

04. Phostrip(포스트립) 공정 중 다음의 역할을 쓰시오.

(1) 포기조

(2) 탈인조

(3) 화학처리

(4) 탈인조슬러지

해설 (1) **포기조** : 호기성 상태에서 인의 흡수
  (2) **탈인조** : 혐기성 상태에서 인의 방출
  (3) **화학처리** : 방출된 인산염을 응집침전
  (4) **탈인조슬러지** : 포기조로 다시 반송해서 인의 과잉흡수

05. 질산성이온(NO_3^-)을 탈질시키는 반응식은 아래와 같다. 질산성이온(NO_3^-)의 농도가 $33\,mg/\ell$ 포함된 폐수 $1250\,m^3/day$를 탈질화시키는데 필요한 메탄올(CH_3OH)의 양(kg/day)을 계산하시오. (단, 탈질반응식은 다음과 같다.)

반응식 $1/6\,CH_3OH + 1/5\,NO_3^- + 1/5\,H^+ \rightarrow 1/10\,N_2 + 1/6\,CO_2 + 13/30\,H_2O$

해설 $1/6\,CH_3OH + 1/5\,NO_3^- + 1/5\,H^+ \rightarrow 1/10\,N_2 + 1/6\,CO_2 + 13/30\,H_2O$

  $1/6 \times 32g$: $1/5 \times 62g$

  X : $\dfrac{33mg}{L} \times \dfrac{10^3 L}{1m^3} \times \dfrac{1kg}{10^6 mg} \times \dfrac{1250m^3}{day} = 41.25\,kg/day$

  ∴ $X = 17.74\,kg/day$

정답 17.74kg/day

06. 전기투석, 투석, 역삼투의 구동력을 서술하시오.

해설 전기투석 : 전위차
　　　투석 : 농도차
　　　역삼투 : 정수압차

07. 고도산화처리기술 중 하나인 펜톤산화법 처리공정에서 다음의 물음에 답하시오.

(1) 펜톤산화법에서 H_2O_2가 과량으로 첨가되었을 때 발생하는 문제점 두 가지를 기술하시오.

(2) 폐수중에 SO_3^{2-}가 과량 존재시 COD처리 효율은 어떻게 되는가? 그 이유는 무엇인가?

해설 (1) ① 잔존 과산화수소가 기포를 발생시켜 슬러지를 부상시키므로 침전효율을 저하시킨다.
　　　　② 분해속도를 느리게 한다.
　　　(2) SO_3^{2-}는 쉽게 SO_4^{2-}로 산화되는 환원성물질이기에 산화제에 의해 쉽게 산화되어서 COD처리효율을 높인다.

08. 질산화는 질산화를 일으키는 autotrohic bacteria에 의해 NH_4^+가 2단계를 거쳐 NO_3^-로 변한다. 각 단계 반응식을 관련 미생물을 포함하여 서술하시오.

해설 (1) 1단계 질산화 반응식
　　　　반응식 $NH_4^+ + 1.5O_2 \rightarrow NO_2^- + 2H^+ + H_2O$
　　　　관련 미생물 : Nitrosomonas
　　　(2) 2단계 질산화 반응식
　　　　반응식 $NO_2^- + 0.5O_2 \rightarrow NO_3^-$
　　　　관련 미생물 : Nitrobacter

09. 최근 대규모 생물학적 하수처리공정이 활성슬러지 공법에서 유기물, 질소 및 인을 동시에 제거할 수 있는 고도처리 공정으로 변하고 있다. 이중 5단계 Bardenpho 공정에 대해 공정도를 그리고 호기조 반응조의 주된 역할 2가지에 대해 간단히 기술하시오.

(1) 공정도(반응조 명칭, 내부반송, 슬러지 반송 표시)

(2) 호기조의 주된 역할 2가지 (단, 유기물 제거는 정답에서 제외함)

[해설] (1) 공정도(반응조 명칭, 내부반송, 슬러지 반송 표시)
- **공정도**

  유입 – 혐기조 – 무산소조 – 호기조 – 무산소조 – 호기조 – 침전 – 방류
  (내부반송: 무산소조 ~ 호기조)
  (슬러지반송: 전체 구간)

(2) 호기조의 주된 역할 2가지(단, 유기물 제거는 정답에서 제외함)
- 인의 과잉 섭취
- 질산화

---

10. 어느 공장의 수은(Hg)농도가 30mg/L이다. 흡착법으로 3mg/L로 처리시 폐수 100m³당 필요한 흡착제의 양(kg)은?(K = 0.6, n = 3, 등온흡착식 Freundlich 기준)

[해설] **[식]** $\dfrac{X}{M} = K \times C^{\frac{1}{n}}$

- $X = (30-3) mg/L = 27 mg/L$ (흡착된 오염물질의 양)
- $C = 3 mg/L$ (유출농도)

$$\dfrac{27}{M} = 0.6 \times 3^{\frac{1}{3}}$$

$$\therefore M = \dfrac{31.2012 mg}{L} \times \dfrac{1 kg}{10^6 mg} \times \dfrac{10^3 L}{1 m^3} \times 100 m^3 = 3.12 kg$$

[정답] 3.12kg

11. 하수고도처리의 처리방식인 질소제거공정 중 "탈질전자공여체에 의한 구분"을 기준으로 나누는 공법 2가지를 기술하시오.

> **해설**
> - **전 – 무산소 탈질**: 유입기질(BOD)를 탄소원(전자공여체)으로 사용하여 탈질이 진행되는 공정
> - **후 – 무산소 탈질**: 외부탄소원(주로 메탄올) 또는 내생호흡으로 탄소(전자공여체)를 공급하여 탈질이 진행되는 공정

12. 어떤 공장폐수의 COD를 제거하기 위해 흡착제로 활성탄을 사용하였다. COD가 50mg/L인 원수에 활성탄 20mg/L를 흡착제로 주입시켰더니 COD가 15mg/L가 되었고, 활성탄 50mg/L를 주입시켰더니 5mg/L가 되었다. COD를 8mg/L로 하기 위하여 주입하여야 할 활성탄의 양은 몇 mg/L인지 산출하시오. (단, Freundich 등온흡착식을 이용할 것)

> **해설** **식** $\dfrac{X}{M} = kC^{\frac{1}{n}}$
>
> - $X_1 = (50-15)mg/L = 35mg/L$ (흡착된 오염물질의 양)
> - $X_2 = (50-5)mg/L = 45mg/L$ (흡착된 오염물질의 양)
> - $C_1 = 15mg/L$ (유출농도)
> - $C_2 = 5mg/L$ (유출농도)
>
> $\dfrac{35}{20} = k \times 15^{\frac{1}{n}}$, $1.75 = k \times 15^{\frac{1}{n}}$
>
> $\dfrac{45}{50} = k \times 5^{\frac{1}{n}}$, $0.9 = k \times 5^{\frac{1}{n}}$
>
> $\dfrac{1.75 = k \times 15^{\frac{1}{n}}}{0.9 = k \times 5^{\frac{1}{n}}}$
>
> $1.9444 = \left(\dfrac{15}{5}\right)^{\frac{1}{n}} = (3)^{\frac{1}{n}}$
>
> $\dfrac{\log(1.9444)}{\log(3)} = \dfrac{1}{n}$, $n = 1.6521$, $k = 0.3397$
>
> $\dfrac{(50-8)}{X} = 0.3397 \times 8^{\frac{1}{1.6521}}$, $\therefore X = 35.1173 mg/L$
>
> **정답** 35.12mg/L

13. A/O 공정과 Phostrip 공정의 인 제거 원리를 서술하시오.

> 해설
> - A/O : 혐기조, 호기조, 침전조로 구성되며 혐기조에서 인산염인이 방출되고 후속의 호기조에서 방출된 인보다 더 많은 인을 섭취하고 섭취한 미생물은 침전조에서 제거된다.
> - Phostrip : 포기조, 침전지로 구성되며 포기조에서 과잉으로 인을 섭취한 미생물이 침전지에서 제거되고 제거된 슬러지 일부를 탈인조로 보내지고 탈인조에서 탈인시킨 다음 응집조로 유입시키고 응집조에서 석회를 주입하여 화학적으로 인을 침전제거한다.

14. 유입하수에 함유된 질산화 탈질 조합공정의 탈질조의 화학적 조성변화를 단계별로 서술하시오.

(1) 1단계 반응

(2) 2단계 반응

(3) 총괄반응식

> 해설
> (1) $6NO_3^- + 2CH_3OH \rightarrow 6NO_2^- + 2CO_2 + 4H_2O$
> (2) $6NO_2^- + 3CH_3OH \rightarrow 3N_2 + 3CO_2 + 3H_2O + 6OH^-$
> (3) $6NO_3^- + 5CH_3OH \rightarrow 3N_2 + 5CO_2 + 7H_2O + 6OH^-$

15. 유량 $250 m^3/day$를 역삼투장치로 처리하고자 한다. 25℃에서 물질전달계수는 $0.2 L/(m^2 \cdot day \cdot kPa)$이며, 유입수와 유출수 사이의 압력차는 2,000kPa, 유입수와 유출수 사이의 삼투압차는 320kPa, $A_{10℃} = 1.6 A_{25℃}$일 때 10℃에서의 막면적을 구하시오.

> 해설 식 $\dfrac{Q_f}{A_f} = K(\Delta P - \Delta \pi)$
>
> $\dfrac{250000 L/day}{A(m^2)} = \dfrac{0.2 L}{m^2 \cdot day \cdot kPa} \times (2000 - 320) kPa, A(m^2) = 744.0476 m^2$
>
> ∴ $A_{10℃} = 1.6 A_{25℃} = 1.6 \times 744.0476 m^2 = 1190.4761 m^2$
>
> 정답 1190.48m²

16. 탈기법을 이용하여 폐수 중의 암모니아성 질소를 제거하기 위하여 폐수를 조절하고자 한다. 폐수의 pH가 6.8인 경우 $[HOCl]/[OCl^-]$의 비를 구하시오. (단, $k_b = 2.2 \times 10^{-8}$ 임)

해설 반응식 $HOCl \rightleftarrows OCl^- + H^+$

$$k_b = \frac{[OCl^-][H^+]}{[HOCl]} = 2.2 \times 10^{-8}$$

$$\therefore \frac{[HOCl]}{[OCl^-]} = \frac{10^{-6.8}}{2.2 \times 10^{-8}} = 7.2040 = 7.20$$

정답 7.20

17. A_2/O 공법에서 각 조의 역할 및 인 제거 방법을 기술하시오.

(1) 혐기조

(2) 무산소조

(3) 호기조

(4) 내부반송

(5) 인 제거 방법

해설 ① **혐기조** : 인방출, 유기물 섭취
② **무산소조** : 탈질
③ **호기조** : 인의 과잉 섭취, 유기물 산화
④ **내부반송** : 호기조에서 질산화된 질산이온을 무산소조로 반송시켜줌으로써 탈질효율을 증대시킨다.
⑤ **인제거방법** : 혐기조에서 인이 방출되고 다음에 이어지는 호기조에서 방출된 인이 과잉 섭취되므로 인을 과잉으로 섭취한 미생물을 침전지에서 침전 제거함으로 수중에 인을 제거한다.

18. MBR을 이용한 하수처리시 처리원리와 특징 4가지를 서술하시오.

(1) 처리원리

(2) 특징

해설 (1) **처리원리** : 활성슬러지 공정과 분리막(Membrane) 기술의 장점을 결합하여, 기존 활성슬러지 공정의 단점을 해결하고자 중력침전에 의한 고액분리를 막분리로 치환하는 공법이다. 분리막의 세공크기($\sim$㎚ $\sim$ 수십㎛)와 막표면 전하에 따라 원수 및 하·폐수 중에 존재하는 처리대상물질(유기, 무기 오염물질 및 미생물등)을 거의 완벽하게 분리, 제거할 수 있는 고도의 분리공정이다.

(2) 특징
① 부유고형물의 제거효율이 좋다.
② 활성슬러지법에 비해 미생물 농도를 3~4배 높게 유지하는 것이 가능하여 호기조 용량이 감소하고 유기물 분해가 효과적
③ 슬러지체류시간(SRT)의 극대화가 가능하여 질산화를 유도할 수 있으며, 잉여슬러지 발생량이 적어진다.
④ 막 단독으로 제거할 수 없는 저분자 용존 유기물질을 미생물 분해 또는 균체성분으로 전환시켜 처리수질이 향상
⑤ 세균이나 바이러스의 제거가 가능

19. 수정 Bardenpho 공정의 구성과 역할에 대해 서술하시오.

(1) 공정의 구성

(2) 역할

해설 (1) 공정의 구성

유입수	내부반송				유출수
→ 혐기성조 →	무산소조 →	호기성조 →	무산소조 →	호기성조 →	침전조 →

(2) 역할
① **혐기조** : 유입된 유입수 + 반송슬러지의 발효반응을 촉진시켜 인의 방출을 유도한다.
② **1단계 무산소조** : 용해성 유기물을 전자공여체로 하여 내부 반송된 혼합액 중의 질산성 질소를 제거(탈질)시킨다.
③ **1단계 호기조** : 암모니아를 질산성 질소로 질산화시킴과 동시에 BOD 제거 및 인의 과잉흡수를 유도한다.
④ **2단계 무산소조** : 미생물의 내생호흡과 탈질 반응을 유도하여 미처리된 질산성 질소를 제거(탈질)한다.
⑤ **2단계 호기조** : 공기를 주입하므로 DO부족으로 인한 슬러지의 Bulking 현상과 탈질에 의한 Rising 현상을 방지하고, BOD 제거 및 인의 과잉흡수가 이루어진다.
⑥ **침전조** : 유기물과 인을 섭취한 슬러지를 침전시켜 유기물과 인을 제거한다.

20. 정수처리과정 중 모래여과지의 주요 설계 인자로서 여과 저항을 반드시 고려해야 한다. 이러한 여과 저항에 따른 수두 손실(Head loss)에 영향을 주는 설계인자 4가지를 쓰시오.

[해설] ① 여과지의 깊이
② 여과재의 공극률
③ 여과사의 공극
④ 통과유속
⑤ 유입수의 점도
⑥ 유입수의 밀도

21. 아래의 조건에서 탈질에 요구되는 무산소반응조(anoxic basin)의 체류시간(hr)은?

[조건]
- 반응조로의 유입수 질산염농도 = 22mg/L
- 반응조로의 유출수 질산염농도 = 3mg/L
- MLVSS 농도 = 2,000mg/L
- 온도 = 10℃
- DO = 0.1mg/L
- 20℃에서의 탈질율(RDN) = 0.10/day
- K = 1.09
- $R_{DN} = R_{20} \times K^{(T-20)} \times (1-DO)$

[해설] 무산소조의 체류시간 계산식을 이용한다.

[식] 체류시간 $= \dfrac{S_i - S_o}{R_{DN} \times X}$

- $R_{DN} = 0.1 \times 1.09^{(10-20)} \times (1-0.1) = 0.0380/day$

∴ 체류시간 $= \dfrac{(22-3)}{0.0380 \times 2000} = 0.25\,day = 6\,hr$

[정답] 6hr

22. 탈기법에 의해 폐수중의 암모니아성 질소를 제거하기 위하여 폐수의 pH를 조절하고자 한다. 수중 암모니아성 질소 중에 NH_3를 95%로 하기 위한 pH를 산출하여라. (단, $NH_3 + H_2O \leftrightarrows NH_4 + OH^-$, 평형상수 $K = 1.8 \times 10^{-5}$)

해설 **식** $pH = 14 - pOH$

식 $NH_3(\%) = \dfrac{NH_3}{NH_3 + NH_4} \times 100 = \dfrac{100}{1 + (NH_4/NH_3)} = 95\%$

- $NH_4/NH_3 = 0.0526$
- $K = \dfrac{[NH_4][OH]}{[NH_3]} = 0.0526 \times [OH] = 1.8 \times 10^{-5}$

$[OH] = 3.4220 \times 10^{-4} M$

$\therefore pH = 14 - \log\left(\dfrac{1}{3.4220 \times 10^{-4}}\right) = 10.53$

정답 10.53

23. 흡착공정에 이용되고 있는 GAC와 PAC의 특성을 2가지씩 기술하시오.

(1) GAC

(2) PAC

해설 ① GAC : PAC에 비해 흡착속도가 느리다. 재생하기 쉽고 취급하기 용이하다.
② PAC : GAC에 비해 흡착속도가 빠르다. 재생하기 어렵고 취급이 불편하다.

24. 암모니아성질소를 암모니아 탈기법(Air stripping)을 이용하여 제거할 때 다음의 물음에 답하시오.

(1) 암모니아 탈기법의 일반적인 화학반응식을 쓰시오.

(2) 암모니아 탈기법의 원리를 서술하시오.

해설 (1) **반응식** $NH_4 + OH \leftrightarrows NH_3 + H_2O$

(2) 수중의 용존 암모니아와 암모늄이온이 화학적 평형관계를 유지하고 있는 상태에서 알칼리 용액을 주입하여 pH를 증가시키면 화학적 평형이 암모니아측으로 이동되어 분자상태의 암모니아의 비율이 증가하게 된다. 이때 공기를 불어넣으면 수중의 암모니아가 대기 중으로 휘산하며 제거된다.

25. 다음은 Ortho-P와 용해성 BOD의 거동에 관련된 그래프이다. 다음 물음에 답하시오.

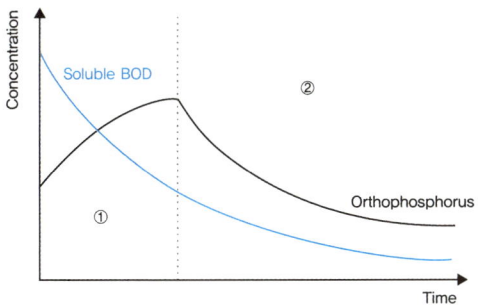

(1) 산소유무와 관련하여 ①은 어떤 상태인가?

(2) ①에서 일어나는 반응은 어떤 반응인가?

(3) 산소유무와 관련하여 ②는 어떤 상태인가?

(4) ②에서 일어나는 반응은 어떤 반응인가?

해설 (1) 혐기성 상태
(2) 인의 방출을 유도하고 발효반응을 촉진한다.
(3) 호기성 상태
(4) 인의 과잉흡수 및 BOD가 제거된다.

UNIT 05 슬러지 처리공정 운전

1 슬러지처리

① **슬러지처리의 목표** : 슬러지는 폐기물에 속하므로 슬러지처리의 목표는 폐기물처리의 목표와 동일합니다. 목표 중 가장 우선시 되는 항목은 감량화입니다.
  ㉠ **감량화** : 부피와 무게의 감소
  ㉡ **안정화** : 생물, 화학적으로 안정적인 상태로의 전환
  ㉢ **안전화** : 위생적으로 무해한 물질로의 전환
  ㉣ **자원화** : 연료화, 퇴비화 등 자원으로의 전환

② **슬러지처리 공정**
  ㉠ **농축** : 슬러지의 밀도를 높이고 슬러지의 부피를 줄이면서 슬러지의 수분을 감소시키는 방법입니다.
  - **중력식 농축** : 중력에 의한 자연침강을 이용한 방법으로 비중차가 큰 슬러지에 적합합니다.
  - **부상식 농축** : 폭기를 통해 공기방울을 입자와 결합시켜 고형물을 표면으로 부상시켜 농축하는 방법으로 비중이 작은 슬러지농축에 효과적입니다.
  - **원심식 농축** : 원심분리기를 이용하여 원심력으로 슬러지를 농축시키는 방법으로 비중에 관계없이 적용가능한 농축방법입니다.
  - **방법별 장단점**

농축방법	장점	단점
중력식 농축	• 구조가 간단하고, 유지관리가 용이하다. • 1차 슬러지에 적합하다. (비중차가 큰 슬러지에 적합) • 저장과 농축이 동시에 가능하다. • 약품과 동력사용이 없어 유지관리비가 적다.	• 악취문제가 발생된다. • 잉여슬러지의 농축에 부적합하다. • 잉여슬러지의 경우 소요면적이 크다.
부상식 농축	• 잉여슬러지(2차 슬러지)에 효과적이다. • 고형물 회수율이 비교적 높다. • 약품주입 없이도 운전가능하다.	• 동력비가 많이 소요된다. • 악취문제가 발생한다. • 다른 방법보다 소요면적이 크다. • 유지관리가 어려우며 건물 내부에 설치시 부식문제가 유발된다.
원심분리 농축	• 소요면적이 적다. • 잉여슬러지(2차 슬러지)에 효과적이다. • 운전조작이 용이하다. • 악취가 적다. • 연속운전이 가능하다. • 고농도로 농축이 가능하다.	• 시설비와 유지관리비가 고가이다. • 유지관리가 어렵다.

ⓒ **소화** : 슬러지를 미생물에 의해 분해시켜 유기물과 수분을 감소시키는 방법입니다.

- **소화방식**
  - **1단소화** : 1개의 소화조에서 가온, 교반, 고액분리가 이루어지는 방식
  - **2단소화** : 1단계 소화조에서 가온 및 교반하고, 2단계 소화조에서 고액분리가 이루어지는 방식
- **소화조 운전상의 문제점 및 대책**

상태	원인	대책
1. 소화가스 발생량 저하	① 저농도 슬러지 유입 ② 소화슬러지 과잉배출 ③ 조내 온도저하 ④ 소화가스 누출 ⑤ 과다한 산생성 ⑥ 스컴 및 토사의 퇴적	① 슬러지 농도를 높인다. ② 배출량 조절 ③ 온도 조절 및 가온 시설점검 ④ 소화조 수리 ⑤ 부하조정 또는 유입슬러지 조사 ⑥ 스컴 및 토사의 준설
2. 상징수의 BOD, SS의 비정상적 농도 증가	① 소화가스발생량 저하와 동일 원인 ② 과다교반 ③ 소화슬러지의 혼입	① 소화가스발생량 저하 대책과 같다. ② 교반회수를 조정한다. ③ 슬러지 배출량을 줄인다.
3. pH 저하 1) 이상발포 2) 가스발생량 저하 3) 악취 4) 스컴 다량 발생	① 유기물의 과부하로 소화의 불균형 ② 온도 급저하 ③ 교반부족 ④ 메탄균 활성을 저해하는 독물 또는 중금속 투입	① 부하량 조절 ② 적정 온도 유지 ③ 교반강도 및 횟수 조절 ④ 유입슬러지 규제 및 대체방법 강구
4. 맥주모양의 이상발포	① 과대배출로 조내 슬러지 부족 ② 유기물의 과부하 ③ 교반부족 ④ 온도저하 ⑤ 스컴 및 토사의 퇴적	① 슬러지의 배출을 일시 중지한다. ② 슬러지의 유입을 줄인다. ③ 교반을 충분히 한다. ④ 소화온도를 높인다. ⑤ 스컴을 파쇄·제거하고 토사는 준설한다.

- **소화효율** : 소화효율식은 소화전 유기물과 소화후의 유기물함량을 변화로 산출합니다.

$$\eta(\%) = \left(1 - \frac{VS_o}{VS_i}\right) \times 100 \rightarrow 유기물만 고려$$

$$\eta(\%) = \left(1 - \frac{VS_o/FS_o}{VS_i/FS_i}\right) \times 100 \rightarrow 유기물과 무기물 모두 고려$$

ⓒ **개량** : 슬러지개량은 슬러지입자와 물의 결합형태를 잘 분리되는 형태로 전환시키는 과정입니다. 따라서 개량의 목적은 슬러지의 탈수성 개선이 되고, 탈수 전에 시행되는 공정입니다.

- **습식산화(열처리법)** : 슬러지를 고온과 고압에 노출시키면 슬러지의 구조변경이 일어나 탈수성이 훨씬 증대된다.
- **응집제 주입** : 응집제를 주입하여 미세입자를 응집침전하여 알칼리도를 감소시킨다.
- **세정법** : 슬러지에 물을 주입하여 슬러지 중의 미세입자를 침전에 의해 제거하는 방법이다.

ㄹ. **탈수 및 건조** : 슬러지의 수분감소를 위한 공정입니다.
  - 진공여과(진공탈수)
  - 가압여과(가압탈수, 필터프레스)
  - 벨트프레스
  - 원심분리(원심탈수)

  식 여과 소요 면적$(A_f) = \dfrac{\text{고형물}(TS)}{\text{여과속도}(V_f)}$

ㅁ. **소각** : 슬러지를 연료로써 소각물로 이용하는 공정입니다. 슬러지의 부피를 상당히 감소시킬 수 있지만, 2차 오염물을 발생시킵니다.

ㅂ. **열분해** : 무산소상태(환원상태)에서 슬러지에 열을 가하여 슬러지의 부피를 감소하고, 유용한 부산물을 얻을 수 있는 공정입니다.

ㅅ. **자원화** : 슬러지를 퇴비화 및 연료화하여 자원으로 활용하는 방법입니다.

③ 슬러지 물질수지식

ㄱ. **슬러지의 구조** : 개론에서 배운 고형물에서 아주 약간만 살을 붙여 보겠습니다. 고형물은 유기성고형물과 무기성고형물로 이루어져 있습니다. 그리고 슬러지는 고형물과 물로 이루어져 있습니다. 우리가 슬러지처리를 통해 제거할 수 있는 부분은 유기물과 물입니다. 즉 물질수지식에서 중요한 것은 무기물(FS)의 함량은 처리전과 후가 동일하다는 것이고, 건조/탈수/농축공정에서는 고형물의 함량이 처리전과 후가 동일하다는 것을 이용하여 물질수지식이 만들어집니다. 만들어진 식은 아래에서 설명하겠습니다.

  식 $SL = TS + W = VS + FS + W$

ㄴ. **건조/탈수/농축 물질수지**

  식 $TS_1 = TS_2$
  식 $SL_1(1 - W_1) = SL_2(1 - W_2)$

  - TS_1 : 처리전 고형물
  - TS_2 : 처리후 고형물
  - SL_1 : 처리전 슬러지
  - SL_2 : 처리후 슬러지
  - W_1 : 처리전 수분함량
  - W_2 : 처리후 수분함량

ⓒ 소화/소각/열처리 물질수지

$$\boxed{식}\ FS_1 = FS_2$$

- FS_1 : 처리전 무기물
- FS_2 : 처리후 무기물

ⓓ 슬러지의 비중

$$\boxed{식}\ \frac{100}{\rho_{SL}} = \frac{TS}{\rho_{TS}} + \frac{W}{\rho_W} = \frac{VS}{\rho_{VS}} + \frac{FS}{\rho_{FS}} + \frac{W}{\rho_W}$$

- 슬러지의 비중 1 = 1000kg/m³
- 슬러지의 수분함량 : X(%) → 슬러지의 고형물함량 : 100-X(%)

❷ 슬러지처리시설 설계

① 소화조의 설계 시 고려사항
ⓐ 소화조는 수밀성, 기밀성 그리고 내식성의 구조로 한다.
ⓑ 소화조는 열손실을 방지할 수 있는 재료로 축조하거나 열손실을 줄이기 위한 방법을 강구한다.
ⓒ 혐기성 소화조에는 소화가스의 포집 및 저장, 보온 그리고 혐기성 상태의 유지 등의 목적을 위하여 지붕을 설치한다.
ⓓ 천정과 슬러지면간의 여유고는 충분히 둔다.

② 소화조의 지붕
ⓐ **고정식 지붕** : 1단계 소화조에 주로 이용된다. 철근콘크리트로 된 돔형, 원추형, 평면슬래브형, 철제 돔형이 있다.
ⓑ **부유식 지붕(가스홀더형)** : 2단계 소화조 및 부하변동이 큰 소화조에 주로 이용되며 슬러지 표면에 바로 얹힌 제한된 형과 둘레서 굽도리닐(skirt)이 있어서 소화가스의 완충력에 의하여 지지되는 가스저장형이 있다. 고정식에 비해 상대적으로 고가이다.

> 💡 고정식 지붕에 비하여 부유식 지붕의 장점
> - 부피가 변하므로 운영상의 융통성이 크다.
> - 소화가스와 산소가 혼합되어 폭발가스가 될 위험을 최소화시킨다.
> - 스컴이 수중에 잠기게 되므로 스컴을 혼합시킬 필요가 없다.
> - 통상 0.6~1.8m의 높이를 이동할 수 있으므로 지붕 아래에 가스저장을 위한 공간이 부여된다.

기출문제로 다지기 — UNIT 05 슬러지 처리공정 운전

01. 폐수처리장에서 발생되는 고형물농도 30,000mg/L의 슬러지를 농축시키기 위한 농축조를 설계하기 위하여 실험실에서 침강농축실험을 하여 다음과 같은 결과를 얻었다. 농축슬러지의 고형물농도가 75,000mg/L가 되기 위하여 소요되는 농축시간을 구하시오. (단, 상등수의 고형물농도는 0이라고 가정하고, 농축 전, 후의 슬러지의 비중은 모두 1이라고 가정한다.)

정치시간 (농축시간)(hr)	0	2	4	6	8	10	12	14
계면높이(cm)	100	60	40	30	25	24	22	20

해설 정치시간에 대한 계면높이의 표를 이용하여 정치시간(농축시간)을 산출한다.

식 $C_1 h_1 = C_2 h_2$

- h_1: 상등수의 고형물농도가 0이므로 정치시간은 0hr → 100cm

$$30,000 \times 100 = 75,000 \times h_2$$

$$h_2 = 40cm$$

∴ 40cm일 때 정치시간은 4시간

02. 혐기성 소화조로 유입 유기물 75%, 무기물 25%이었다. 소화 후 분석한 결과 유기물 60%, 무기물 40%였다면 소화율은 몇 (%)인가?

해설 **식** $\eta(\%) = \left(1 - \dfrac{VS_o/FS_o}{VS_i/FS_i}\right) \times 100$

$$\eta(\%) = \left(1 - \dfrac{0.6/0.4}{0.75/0.25}\right) \times 100 = 50\%$$

03. 인구수 25,000명인 지역에 저율혐기성소화조를 설치하려고 한다. 생슬러지 발생량은 0.11kg/cap-d(건조고형물 기준)이고, 휘발성고형물은 건조고형물의 70%이다. 건조고형물은 생슬러지의 5%이고, 생슬러지의 습윤비중은 1.01이다. 휘발성고형물의 65%가 분해되며, 고정성 고형물은 그대로이다. 소화슬러지의 건조고형물은 7%이고, 습윤비중은 1.03이다. 35℃에서 운전되고 소화기간은 23일, 저장시간은 45일이며, 상부는 가스가 차지하고, 하부는 슬러지로 차있다. 소화조의 용량을 구하시오.
($V_{avg} = V_1 - \frac{2}{3}(V_1 - V_2)$, 용량 : 소화기간, 저장시간을 고려한 소화조 총슬러지의 2배)

해설 **식** $V_{avg} = V_1 - \frac{2}{3}(V_1 - V_2)$

- $V_1 = \frac{0.11kg(TS)}{cap \cdot day} \times 25,000cap \times 45day \times \frac{100SL}{5TS} \times \frac{m^3}{1010kg}$
  $= 2450.4950 m^3$

- $V_2 = VS_2 + FS_2 + W = TS_2 \times \frac{SL}{TS}$
  $= (57846.25 + 37125) \times \frac{100SL}{7TS} \times \frac{1m^3}{1030kg} = 1317.2156 m^3$

- $VS_2 = VS_1 -$ 분해된 $VS = 86,625 - 28,778.75 = 57846.25 kg$

- $VS_1 = \frac{0.11kg(TS)}{cap \cdot day} \times 25000cap \times 45day \times \frac{70VS}{100TS} = 86,625 kg$

- 분해된 $VS = \frac{0.11kg(TS)}{cap \cdot day} \times 25000cap \times 23day \times \frac{70VS}{100TS} \times 0.65$
  $= 28,778.75 kg$

- $FS_2 = \frac{0.11kg(TS)}{cap \cdot day} \times 25000cap \times 45day \times \frac{30FS}{100TS} = 37,125 kg$

∴ $V_{avg} = 2450.4950 - \frac{2}{3}(2450.4950 - 1317.2156) = 1694.98 m^3$

∴ 소화조 부피는 소화조 총 슬러지의 2배이므로
정답 $1694.98 \times 2 = 3389.96 m^3$

04. 생분뇨의 부유물질 농도가 35,000mg/L, 1일 배출량이 100kL이다. 고형물의 침전율이 75%이고, 함수율 98%의 슬러지가 발생한다면 하루 슬러지 발생량(ton/day)은? (단, 발생하는 슬러지의 비중은 1.0 이다)

해설 슬러지발생량(톤/day)
$= \frac{100kL(TS)}{day} \times \frac{35,000mg}{L} \times \frac{75}{100} \times \frac{10^3 L}{1kL} \times \frac{1톤}{10^9 mg} \times \frac{100SL}{2TS}$
$= 131.25$톤$/day$
정답 131.25톤/day

05. 95%의 함수율을 가진 슬러지 120m³/day을 탈수하려고 한다. 염화제1철 및 소석회를 슬러지 고형물의 건조중량 당 각각 5%, 20% 첨가하여 15kg/m²-hr의 여과속도로 탈수하여 수분 75%의 탈수 cake를 얻으려고 한다. 이 때 여과기의 여과면적(m²)과 탈수 cake 용적(m³/day)를 구하시오. (단, 슬러지의 비중은 1.0이다.)

(1) 여과기 여과면적(m²)

(2) 탈수 cake 용적(m³/day)

해설 (1) 여과기 여과면적(m²)

식 여과 소요 면적$(A_f) = \dfrac{\text{고형물}(TS)}{\text{여과속도}(V_f)}$

- $TS = \dfrac{120m^3}{day} \times \dfrac{5\,TS}{100\,SL} \times \dfrac{1000kg}{1m^3} = 6000kg/day$

염화제1철 및 소석회 고형물 건조중량 당 각각 5%, 20% 첨가
→ $6000kg + (6000 \times 0.05 + 6000 \times 0.20) = 7500kg/day$

$\therefore A_f = \dfrac{7500kg}{day} \times \dfrac{m^2 \times hr}{15kg} \times \dfrac{1day}{24hr} = 20.83m^2 ≒ 21m^2$

(2) 탈수 cake 용적(m³/day)

$\therefore cake(m^3/day) = 21m^2 \times \dfrac{15kg}{m^2 \times hr} \times \dfrac{24hr}{1day} \times \dfrac{100 \times SL}{25 \times TS} \times \dfrac{1m^3}{10^3 kg} = 30.24\,m^3/day$

06. 혐기성 분해를 한 경우 고형물량은 2%, 고형물의 비중은 1.4이다. 다음 물음에 답하시오. (단, 물의 비중 : 1.0, 소수점 넷째자리까지 구하시오.)

(1) 슬러지의 비중

(2) 혐기성 분해시 TOC가 10,000mg일 때 발생되는 소화가스 부피(m^3)를 산출하시오.

해설 (1) 슬러지의 비중

식 $\dfrac{SL}{\rho_{SL}} = \dfrac{TS}{\rho_{TS}} + \dfrac{W}{\rho_W}$

$\dfrac{100}{\rho_{SL}} = \dfrac{2}{1.4} + \dfrac{98}{1}$, ∴ $\rho_{SL} = 1.0057$

(2) 식 소화가스 부피(m^3) = $CH_4 + CO_2$

반응식 $C_6H_{12}O_6 \rightarrow 3CO_2 + 3CH_4$

$6 \times 12 kg : 3 \times 22.4 m^3 : 3 \times 22.4 m^3$

$10,000 mg \times \dfrac{1kg}{10^6 mg} : CH_4 : CO_2$,

$CH_4 = 9.3333 \times 10^{-3} m^3$, $CO_4 = 9.3333 \times 10^{-3} m^3$

∴ 소화가스부피(m^3) = $9.3333 \times 10^{-3} \times 2 = 0.0186 = 0.02\, Sm^3$

07. 고정식 지붕에 비해 부유식 지붕의 장점 3가지를 쓰시오.

해설 ① 부피가 변하므로 운영상의 융통성이 크다.
② 소화가스와 산소가 혼합되어 폭발가스가 될 위험을 최소화시킨다.
③ 스컴이 수중에 잠기게 되므로 스컴을 혼합시킬 필요가 없다.
④ 통상 0.6~1.8m의 높이를 이동할 수 있으므로 지붕 아래에 가스저장을 위한 공간이 부여된다.

CHAPTER 03 상하수도 계획

UNIT 01 상하수도 기본계획

1 계획급수인구

계획급수인구는 계획급수구역 내의 인구에 계획급수보급률을 곱하여 결정됩니다. 계획급수보급률은 과거의 실적이나 장래의 수도시설계획 등이 종합적으로 검토되어 결정됩니다.

① **등차급수법** : 발전이 느린 도시

$$\text{식} \quad P_n = P_0 + ax$$

- P_0 : 현재 인구수
- a : 연간 인구증가수
- x : 경과년수

② **등비급수법** : 발전이 진행되는 큰 도시

$$\text{식} \quad P_n = P_0(1+r)^x$$

- r : 인구증가율

③ **로지스틱 곡선** : 인구에 비례하여 산출이 가능

$$\text{식} \quad P_n = \frac{S}{1+e^{a-bx}}$$

- S : 포화인구수
- a, b : 상수

2 하수의 배제방식

하수의 배제방식에는 분류식과 합류식이 있으며 지역의 특성, 방류수역의 여건 등을 고려하여 배제방식을 정합니다.
- **분류식** : 우수관과 하수관을 개별적으로 설치하여 관리하는 방법
- **합류식** : 우수관과 하수관의 구분없이 하나로 설치하여 관리하는 방법
- **분류식과 합류식의 비교**

구분	분류식	합류식
건설면	• 오수배제계획이 합리적 • 2계통을 모두 건설하는 경우에 건설비가 비싸지만, 오수관거만 설치하는 경우 가장 저렴	• 지형조건에 적합한 관거망으로 설치됨 • 대구경관거가 되면 좁은 도로매설에 어려움이 있음
유지관리면	• 관거오접3)의 철저한 감시가 필요 • 관거내의 퇴적이 적음 • 토사유입이 다소 존재 • 오수관거의 경우 폐쇄의 우려가 있으나, 청소는 비교적 용이	• 관거오접의 문제가 없음 • 청천시에 오염물의 퇴적문제가 있고, 우천시에 청소효과가 있음 • 토사유입이 많음 • 폐쇄의 우려가 없으나, 청소가 비교적 어려움
수질보전면	• 월류4)가 없음 • 강우초기의 노면의 오염물질이 포함된 세정수가 직접하천 등으로 유입됨	• 우천시 오수가 월류할 수 있음 • 시설개량을 통해 우천 시 강우초기 노면세정수의 처리가 가능
환경면	• 밀폐되지 않는 우수관거를 통해 쓰레기의 불법투기 문제있음	• 불법투기 문제없음

3 우수배제계획

① **계획우수량**
- **우수유출량의 산정식** : 최대계획우수유출량의 산정은 합리식에 의하는 것을 원칙으로 하되, 필요에 의해서 다양한 우수유출산정방법들이 사용 가능하다.
    - 합리식

$$Q = CIA$$

- Q : 최대계획우수유출량
- C : 유출계수
- I : 강우강도

② **우수유출량의 저감계획**
- **우수유출저감계획** : 우수유출첨두량에 대응하는 것을 원칙으로 하여 지역실태 등을 반영하여 수립

---
3) 관거오접 : 하수관이 우수관으로 잘못 연결되는 것
4) 월류 : 물이 관 밖으로 넘침

- **우수유출저감방법**
  - **우수저류형**
    - ▶ On-site : 강우장소에서 우수를 저류(예 공원, 운동장, 광장, 주차장, 단지, 주택, 공공용지 등)
    - ▶ Off-site : 유출한 우수를 집수하여 별도의 장소에서 저류(예 우수조정지, 다목적유지, 우수저류관 등)
  - **우수침투형** : 우수를 지중에 침투시켜 우수유출총량을 감소시키는 시설(예 침투받이, 침투트렌치, 침투측구, 투수성포장 등)
- **계획우수량 산정방법** : 합리식과 모델링을 통해 산출

UNIT 02 상하수도 시설

💡 상수도의 계통도
취수 – 도수 – 정수 – 송수 – 배수 – 급수
암기TIP 취 – 도 – 정 – 송 – 배 – 급

💡 상수도의 계통도 – 상세도
수원 – 저수(집수) – 취수 – 도수 – 착수정 – 약품처리 – 여과 – 소독 – 정수지 – 송수 – 배수 – 급수 – 소비자

① 유속

자연유하식인 경우에는 허용최대한도를 3.0m/sec로 하고, 관의 평균유속의 최소한도는 0.3m/sec로 합니다. 펌프가압식인 경우에는 경제적인 유속으로 합니다. 유속은 일반적으로 아래의 두 식을 이용하여 산출합니다.

① 하젠 – 윌리암스 식

$$V = 0.84935 \cdot C \cdot R^{0.63} \cdot I^{0.54}$$

- C : 유속계수
- R : 경심 $= \dfrac{D}{4}$
- I : 동수경사 $= h/L$
- h : 수두
- L : 관의 길이

② **매닝(Manning)식**

$$V = \frac{1}{n} \cdot R^{\frac{2}{3}} \cdot I^{\frac{1}{2}}$$

- n : 조도계수
- I : 동수경사 $= h/L$
- R : 경심 $= \dfrac{D}{4}$

※ 경심 $= \dfrac{\text{유수단면적}}{\text{윤변}} = \dfrac{\text{관내에서 물이 접촉하는 단면적}}{\text{물이 접촉하는 관의 둘레}}$

2 관로

① **도수** : 취수시설에서 취수된 원수를 정수장까지 끌어들이는 시설로 도수관 또는 도수거, 펌프설비로 구성된다.

㉠ **관종**
- 관 재질에 의하여 물이 오염될 우려가 없어야 한다.
- 내압과 외압에 대하여 안전해야 한다.
- 매설조건에 적합해야 한다.
- 매설환경에 적합한 시공성을 지녀야 한다.

㉡ **기능이 저하되는 원인**
- 도수관로의 노선이 동수경사선보다 높을 때
- 수평이나 수직방향에 급격한 굴곡이 있을 때
- 펌프의 기능이 저하되었을 때
- 부압이 생기는 장소의 상류측의 관경이 작아지거나 하류측의 관경이 커질 때

② **송수** : 정수장에서 배수지까지 송수하는 시설로 송수관, 송수펌프, 조정지 및 밸브 등의 부속설비로 구성된다.

㉠ **계획송수량** : 계획1일 최대급수량을 기준

㉡ **송수방식**
- 정수장과 배수지와의 표고차, 계획송수량의 규모 및 노선의 입지조건을 비교·검토하여 가장 바람직한 방식을 결정한다.
- 관수로로 하는 것을 원칙으로 하되 개수로로 할 경우에는 터널 또는 수밀성의 암거로 한다.

3 유지관리 설비

① **공기밸브** : 관 내에 공기를 배제하거나 흡인하기 위한 밸브
② **배수설비(이토밸브, 이토관, drain밸브)** : 관 내의 이물질을 제거하기 위한 설비
③ **맨홀과 점검구** : 관의 유지보수를 위해 일정한 간격마다 맨홀 또는 점검구를 두어 관의 막힘과 파손을 용이하게 하는 설비

> 💡 **역사이펀**
> 하천, 수로, 철도 및 이설이 불가능한 지하매설물의 아래에 하수관을 통과시킬 경우에 역사이펀 압력관으로 시공하는 부분을 역사이펀이라고 한다. 역사이펀은 될 수 있으면 피하는 것이 좋으며 부득이하게 설치하여야 할 때만 설치한다.

4 전식 및 부식 방지

① **자연부식**
   ㉠ **마이크로셀 부식** : 금속관의 표면상 미시적인 국부전지작용에 의하여 발생되는 부식
   - 일반토양부식
   - 특수토양부식
   - 박테리아부식

   ㉡ **매크로셀 부식** : 구조물에 있어서 부분적인 환경의 차이나 재질의 차이로부터 금속관 표면의 일부분이 양극부로 되고 다른 부분이 음극부로 되어 양자가 거대한 부식전지를 구성함으로써 생기는 부식
   - 콘크리트 · 토양
   - 산소농담(통기차)
   - 이종금속

② **전식**
   ㉠ 전철의 미주전류
   ㉡ 간섭

③ **전식 및 부식방지방법**
   ㉠ **전식방지대책**
      - **누설전류의 경감** : 레일이음부의 접속을 견고히 함, 전선의 강화증설, 침목 및 도상의 개량
      - **금속관 전식방지** : 외부전원법, 선택배류법, 강제배류법, 유전양극법, 이음부의 절연화, 차단, 양극보호법, 음극보호법
   ㉡ **자연부식방지대책**
      - **매크로셀 부식방지대책** : 철근콘크리트 관통부 부근의 절연조치, 절연조인트 등

④ 관정부식
- ㉠ 부식 메커니즘
  - 하수 또는 저류물질의 체류
  - 혐기성 상태 가속화
  - 황산염 환원 세균에 의한 황화수소 배출
  - 황화수소와 유황산화 세균에 의한 황산 생성

    반응식 $H_2S + 2O_2 \rightarrow H_2SO_4$

  - 황산이 농축되고 pH가 1~2로 저하되면 콘크리트의 주성분인 수산화칼슘이 황산과 반응하여 황산칼슘(석고)이 생성
  - 황산칼슘은 다시 시멘트 경화체중의 알민산 3칼슘과 반응하여 에트린가이트를 생성한다. 에트린가이트는 생성시 결합수를 받아들이고 크게 팽창
  - 팽창에 의한 콘크리트 부식

- ㉡ 황화수소에 의한 부식 대책
  - **황화수소의 생성을 방지** : 공기, 산소, 과산화수소, 초산염 등 약품 주입에 의해 하수의 혐기화를 억제, 황화수소의 발생을 방지
  - **미생물의 생식 장소 제거** : 관거청소와 관내 퇴적물을 제거하여 세균의 생식 장소를 제거
  - **환기** : 환기를 통해 황화수소의 농도를 낮춘다.
  - **기상중으로의 확산을 방지** : 산화제의 첨가에 의한 황화물의 산화, 금속염의 첨가에 의한 황화수소의 고정화 등의 방법에 의해 황화수소의 대기중으로의 확산을 방지한다.
  - **황산염 환원 세균의 활동 억제** : 황산염 환원 세균에 선택적으로 작용하는 약제 주입
  - **유황산화 세균의 활동 억제** : 유황산화 세균에 선택적으로 작용하는 약제를 혼입한 콘크리트로 매설
  - **방식 재료를 사용하여 관을 방호** : 관에 피복(라이닝) 또는 부식억제 자재를 사용하여 콘크리트 표면을 방호

UNIT 03 펌프 및 펌프장

1 펌프의 종류와 특성

① 원심펌프

구조와 원리	구조가 간단하고 기체가 작으며 흡입구의 수에 따라 편흡입, 양흡입으로 구분된다. 날개는 견고하지만 원심실이 크고 반경 및 축방향으로 장소를 차지한다. 수중베어링을 필요로 하지 않는다. 날개의 직경차에 의한 원주속도(원심력) 대부분을 이용하여 유체에 압력에너지를 공급한다.
특징	• 가격이 저렴한 펌프 • 양정과 수량이 많을 때 적합 • 연속적인 양수, 전동기와의 직결 및 운전이 간단하여 효율이 높고 적용범위가 넓다. • 적은 유량을 가감하는 경우 소요동력은 적어도 운전에 지장이 없다. • 흡입성능이 우수하고 공동현상이 잘 발생하지 않는다. • 수중베어링이 없어 보수가 쉽다.

② 축류펌프

구조와 원리	회전차의 날개가 크고 넓으며 선풍기와 같은 형상이며, 날개 형상의 특성상 입구와 출구에서의 원주속도는 같기 때문에 상대속도(양력)에 의하여 유체에 압력에너지 및 속도에너지를 공급하고, 유체는 회전차속을 축방향에서 유입되어 축방향으로 유출한다.
특징	• 고유량 저양정에 적합 • 고속운전에 적합 • 소형은 효율이 나쁘나, 대형은 원심펌프보다 훨씬 효율이 좋고, 운전동력비도 절감된다. • 양정변화에 따른 유량변화가 적고 효율저하도 적다. • 구조가 간단하고 취급이 쉬우며 가격도 싼 편이다. • 전양정이 4m 이하인 경우 사류펌프보다 경제적으로 유리하다. • 규정양정의 130% 이상이 되면 소음 및 진동이 발생하여 축동력이 급속하게 증가한다. • 흡입성능이 낮고 효율폭이 적다.

③ 사류펌프

구조와 원리	원심펌프와 축류펌프의 중간형태로 물이 축방향에서 유입하여 축방향과 경사를 두고 유출되며, 회전차의 작용은 원심력과 양력에 의하여 양수되는 펌프, 축방향으로 길게 되지만 일반적으로 원심펌프보다 소형이다.
특징	• 체절시동이 가능(Q=0) • 양정변화에 대하여 수량의 변동 및 동력의 변동이 적어 수위변동이 큰 곳에 사용하기 좋다. • 흡입성능은 원심펌프보다 떨어지나 축류펌프보다 우수하다. • 안내날개 없이 회전차를 개방형으로 하면 이물질로 인한 폐쇄가 적다. • 횡축형으로 해서 조의 바깥에 설치하면 부식이 적고 유지관리가 쉽다.

④ 수중펌프

구조와 원리	펌프와 전동기가 일체로 되어 있어 펌프흡수정내에 설치되며, 펌프실이 작다.
특징	• 시동이 간단하다. • 유입수량이 적은 경우나 펌프장의 크기에 제한을 받는 소규모 펌프장에 주로 사용한다. • 점검과 정비가 용이하다. • 전원케이블의 손상 등의 방지대책이 필요하다.

⑤ 스크류펌프

구조와 원리	스크류형의 날개를 용접한 속이 빈 축을 상부 및 하부의 수중베어링으로 지지하고 수평에 대해 약 30도 경사인 U자형 드럼통 속에서 회전시켜 하부로부터 양수하는 펌프이다.
특징	• 구조가 간단하고 개방형이어서 운전 및 보수가 쉽다. • 회전수가 낮아 마모가 적다. • 수중의 협잡물이 물과 함께 떠올라 폐쇄가 적다. • 침사지 또는 펌프설치대를 두지 않고도 사용할 수 있다. • 기동에 필요한 물채움장치나 밸브 등 부대시설이 없으므로 자동운전이 쉽다. • 양정에 제한이 있다. • 일반 펌프에 비하여 펌프가 크다. • 토출측의 수로를 압력관으로 할 수 없다. • 오수의 경우 양수시에 개방된 상태이므로 냄새가 발생한다.

2 펌프 동력 및 계획수량 산정

① **펌프의 전양정** : 전양정은 실양정에 부가 설비로 인한 손실수두를 더한 값이다.

$$H = h_a + h_{pv} + h_0$$

- H : 전양정(m)
- h_a : 실양정(m)
- h_{pv} : 흡입 및 토출관의 손실수두의 합
- h_0 : 토출관 말단의 잔류속도수두

㉠ **양정(수두)** : 펌프가 물을 퍼올리는 높이

$$H = \frac{P}{\rho}$$

- H : 양정(수두)
- P : 압력
- ρ : 밀도

㉡ **실양정** : 펌프가 실제로 양수하는 수면간의 높이차

ⓒ **손실수두** : 유체가 이동하는 것을 방해하는 정도

$$h = f \times \frac{L}{D} \times \frac{V^2}{2g}$$

- h : 손실수두(m)
- f : 손실계수
- L : 관 길이
- D : 관 직경
- V : 유속
- g : 중력가속도

※ 역사이펀에서 손실수두식

$$h = i \times L + \beta \times \frac{V^2}{2g} + \alpha$$

- i : 동수경사 = 2.4‰ = 0.0024

② **비교회전도(N_s)** : 양정에 대한 배출되는 유량과 그에 따른 펌프의 회전수를 나타낸 것으로 비교회전도가 작으면 유량이 적고, 양정은 커지고, 비교회전도가 크면 유량은 크고, 양정은 작은 펌프가 된다. 유량과 전양정이 동일하면 비교 회전도(N_s)가 커짐에 따라 회전속도가 커지고 펌프는 소형이 되며, 가격이 저렴해진다.

$$N_s = N \times \frac{Q^{1/2}}{H^{3/4}}$$

- N : 펌프의 규정회전수(회/min)
- Q : 펌프의 규정토출량(m³/min)
- H : 펌프의 규정양정(m)

[펌프의 형식과 비교회전도의 관계]

형식	N_s(비교회전도)
축류펌프	1,100~2,000
사류펌프	700~1,200
원심펌프	100~750

③ **펌프구경** : 펌프의 구경은 유속과 양정 및 비교회전도를 고려하여 정한다.

$$D = 146 \times \left(\frac{Q}{V}\right)^{1/2}$$

- D : 펌프의 흡입구경
- Q : 펌프의 토출량
- V : 흡입구의 유속

④ 펌프의 동력

$$P(kW) = \frac{\rho_w \times Q \times H}{102 \times \eta_a \times \eta_b} \ (\text{마력 기준}: P(HP) = \frac{\rho_w \times Q \times H}{76 \times \eta_a \times \eta_b})$$

- ρ_w : 물의 밀도
- Q : 유량
- H : 전양정
- η_a : 펌프효율
- η_b : 전동기효율

3 펌프장의 구분

① 이송용
- **빗물펌프장(배수펌프장)** : 우수를 방류지역으로 보내주는 펌프장
- **중계펌프장** : 관로가 길어 동력이 필요한 경우에 다음의 펌프장 또는 처리장으로 오수를 이송해주는 펌프장
- **유입펌프장** : 유입한 하수가 수처리시설까지 처리공정별 자연흐름에 의한 중력작용으로 수처리할 수 있도록 양수 또는 압송하기 위해 설치한 펌프장
- **소규모펌프장** : 소규모 하수도 집수시스템에 이용되는 펌프장

② 수처리 공정용
- **내부반송펌프** : 처리장 내에서 반응조처리된 유출수를 다른 반응조로 반송하는 펌프시설, 주로 고도처리공법에 이용된다.
- **외부반송펌프** : 처리장에서 발생한 슬러지를 반응조로 반송시킬 때 사용하는 펌프시설로 활성슬러지공법 또는 고도처리공법에 이용된다.

③ 처리수 방류용
- **방류펌프장** : 처리수의 자연유하가 어려울 경우 강제적 방류를 위해 사용하는 펌프시설

④ 침사지설비

입자가 큰 부유물로 인한 펌프 및 처리시설의 파손이나 폐쇄를 방지하여 처리작업을 원활히 하도록 펌프 및 처리시설의 앞에 설치되는 설비이다.
- ㉠ **중력식침사지** : 중력을 이용하여 입자가 가라앉을 때까지의 체류시간을 주어 입자를 제거하는 방식이다.
- ㉡ **폭기식침사지** : 침사지 하부에 산기관을 설치하여 와류형태의 흐름을 만들어서 원심력에 의해 부유물질을 제거하는 방식이다.
  - 세척작용에 의해 유기물이 일부 제거되어 예비포기의 효과

- 공기량에 따라서 Grit 제거율을 조절할 수 있고, 일반적으로 제거효율이 높음
- 유기물 함유량이 많은 오수침사지에 유효
- 잘 세척된 Grit 입자를 얻을 수 있음
- 유입수에 VOC(휘발성 유기화합물)포함시 VOC가 방출될 우려가 있음

ⓒ **와류식침사지(원형침사지)** : 와류흐름을 만들 수 있는 형식으로 제작된 방식의 침사지이다. 와류는 기계적, 수압으로 형성된다.
- 원형 침사지로 부지면적 최소화
- 침사제거 효율 높음
- 선회류를 이용한 침사 세정효과
- 구동부가 상부에 설치되어 유지보수 편리
- 악취방지를 위한 커버설치가 용이

4 펌프의 장애현상과 대책

① **공동현상(Cavitation)** : 펌프 내 와류발생 또는 액체의 압력저하로 인해 필요유효흡인수두[5]의 증가나 가용유효흡인수두가 저하되면 펌프 회전차나 동체 속에 흐르는 압력이 국소적으로 저하되고 그 액체의 포화증기압 이하로 떨어지면서 발생하는 현상으로 회전차의 침식과 소음을 유발하여 펌프성능을 떨어뜨리고 수명을 저하시킨다. 쉽게 말해 펌프안에 물이 아닌 공기방울이 들어가게 되면서 생기는 현상이다.

> 💡 **대책**
> - 펌프의 회전속도를 낮게 하고 필요한 유효흡입수두를 감소시킨다.
> - 펌프의 설치위치를 낮추어서 가용 유효흡입수두를 증가시킨다.
> - 흡입측 밸브를 완전히 열어 운전한다.
> ※ 필요유효흡인수두와 가용유효흡인수두
> - 필요유효흡인수두 : 현재 물을 이송시키기 위해 요구되는 힘
> - 가용유효흡인수두 : 현재 물을 이송시킬 수 있는 힘

② **서어징** : 토출량과 토출압이 주기적으로 숨이 찬 것처럼 변동하는 상태를 일으키는 현상으로 펌프 특성 곡선이 산형에서 발생하며, 토출관로가 길거나 수조가 존재할 때, 토출되는 공간에 공기가 차 있을 때 발생한다. 큰 진동과 소음을 수반하는 경우가 많다.

> 💡 **대책**
> - 펌프 회전축에 플라이 휠을 설치한다.
> ※ 플라이 휠 : 펌프의 토출속도를 서서히 변하게 만들어주는 설비
> - 펌프 토출구 부근에 공기탱크를 두거나 또는 부압 발생지점에 흡기밸브를 설치한다.

---

[5] 유효흡인수두 : 펌프가 물을 흡인 시 요구되는 힘을 높이로 나타낸 것

③ **수충격 현상**(water hammer, 수격작용) : 만관내에 흐르고 있는 물의 속도가 급격히 변화하여 압력변화가 발생하는 현상이다.

> 💡 **대책**
> - 체크밸브를 설치한다.
>   ※ 체크밸브 : 유입수를 펌프 앞단에서 차단해주는 장치
> - 토출관로에 압력조절수조를 설치하여 부압발생을 방지하고 압력상승도 흡수한다.
> - 토출관로에 한방향형 조압수조를 설치하여 부압발생을 방지한다.
> - 플라이휠을 설치한다.
> - 관내유속 및 관내상황을 조절한다.
> - 펌프 토출구 부근에 공기탱크를 두거나 또는 부압 발생지점에 흡기밸브를 설치한다.

CHAPTER 03 상하수도 계획

01. 하수관에서 H_2S에 의한 관정부식을 방지하는 방법 3가지를 쓰시오. (예 관거를 청소한다, 퇴적물을 제거한다, 예시는 정답에서 제외한다.)

해설 ① 공기, 산소, 과산화수소, 초산염 등 약품 주입에 의해 하수의 혐기화를 억제, 황화수소의 발생을 방지
② 환기를 통해 황화수소의 농도를 낮춘다.
③ 산화제의 첨가에 의한 황화물의 산화, 금속염의 첨가에 의한 황화수소의 고정화 등의 방법에 의해 황화수소의 대기중으로의 확산을 방지한다.
④ 황산염 환원 세균의 활동 억제 : 황산염 환원 세균에 선택적으로 작용하는 약제 주입
⑤ 유황산화 세균에 선택적으로 작용하는 약제를 혼입한 콘크리트로 매설
⑥ 관에 피복(라이닝) 또는 부식억제 자재를 사용하여 콘크리트 표면을 방호

02. 정수장에서 수직고도 30m 위에 있는 배수지로 관의 지름 20cm, 총연장 200m의 배수관을 통해 유량 $0.1 m^3/sec$의 물을 양수하려 한다. 다음 물음에 답하시오.

(1) 관로의 마찰손실수두를 고려할 때 펌프의 총양정(m)을 계산하시오. (f = 0.03)

(2) 펌프의 효율을 70%라고 할 때 펌프의 소요동력(kW)을 계산하시오.

해설 (1) 식 총양정 = 마찰손실수두 + 수직고도(실양정)

- 마찰손실수두(m) $= f \times \dfrac{L}{D} \times \dfrac{V^2}{2g}$

$= 0.03 \times \dfrac{200m}{0.2m} \times \dfrac{(3.1830 m/\sec)^2}{2 \times 9.8 m/\sec^2} = 15.5073m$

- $V = \dfrac{Q}{A} = \dfrac{0.1 m^3}{\sec} \times \dfrac{4}{\pi \times (0.2m)^2} = 3.1830 m/\sec$

∴ 총양정 = 15.5073m + 30m = 45.5073m = 45.51m

(2) 식 $P(동력) = \dfrac{\gamma \times H \times Q}{102 \times \eta} = \dfrac{1000 kg/m^3 \times 45.51 \times 0.1}{102 \times 0.7}$
$= 63.74 kW$

03. 폭기식과 와류식 침사지의 장점에 대하여 각각 3가지를 기술하시오.

(1) 폭기식

(2) 와류식

해설 (1) 폭기식
- 세척작용에 의해 유기물이 일부 제거되어 예비포기의 효과도 있을 수 있다.
- 공기량에 따라서 Grit 제거율을 조절할 수 있다.
- 유기물 함유량이 많은 오수침사지에 유효하다.
- 잘 세척된 Grit 입자를 얻을 수 있다.

(2) 와류식(원형)
- 원형 침사지로 부지면적 최소화
- 침사제거 효율 높음
- 선회류를 이용한 침사 세정효과
- 구동부가 상부에 설치되어 유지보수 편리
- 악취방지를 위한 커버설치가 용이

04. 지름이 200mm, 길이 50m인 주철관으로 유량 1.2m³/min을 30m 높이까지 펌프로 양수하려고 한다. 관로 중 흡입관의 밸브의 손실계수(f_v)가 1.7, 마찰손실계수(f)가 0.04, 유입(f_i) 및 유출(f_o) 손실계수가 각각 0.5, 1.0일 때 다음 물음에 답하시오.

(1) 손실수두(m)를 계산하시오.

(2) 펌프의 효율을 70%, 원동기의 여유율을 15%라 할 경우 펌프의 소요동력(HP)을 계산하시오.
(단, 물의 비중을 1.0이라고 하며, 속도수두 $\dfrac{V^2}{2g}$도 고려하여 산정한다.)

[해설] (1) [식] 손실수두 $= \left(f \times \dfrac{L}{D} + f_v + f_i + f_o\right) \times \dfrac{V^2}{2g}$

- $V = \dfrac{Q}{A} = \dfrac{1.2m^3}{\min} \times \dfrac{4}{\pi \times (0.2m)^2} \times \dfrac{1\min}{60\sec} = 0.6366 m/\sec$

∴ 손실수두 $= \left(0.04 \times \dfrac{50}{0.2} + 1.7 + 0.5 + 1\right) \times \dfrac{0.6366^2}{2 \times 9.8} = 0.27m$

(2) [식] 소요동력(HP) $= \dfrac{r \times Q \times H}{76 \times \eta}$

- H(총양정) = 손실수두 + 실양정 + 속도수두

  $= 0.27 + 30 + \left(\dfrac{0.6366^2}{2 \times 9.8}\right) = 30.2906m$

∴ 소요동력(HP) $= \dfrac{1000 \times (1.2/60) \times 30.2906}{76 \times 0.7} \times 1.15 = 13.10 HP$

05. 펌프의 공동 현상(cavitation)이란 무엇이며 그것이 발생하면 펌프에 어떤 영향을 미치는가?

[해설] ① **정의**: 액체의 압력저하로 인해 필요유효흡인수두는 증가하고, 가용유효흡인수두는 감소할 때, 임펠러에 공기방울이 형성되며 충격이 발생하여 임펠러가 파손되거나 소음·진동이 일어나게 되는데, 이러한 현상을 공동 현상이라 한다.

② **영향**
- 소음·진동의 발생
- 양정 곡선과 효율 곡선의 저하(펌프의 성능 저하)
- 펌프의 손상과 Impeller의 파손 및 재료의 침식 등

06. 수심 0.5m, 폭 1.2m인 직사각형 단면수로(구배 $\frac{1}{800}$)가 있다. Bazin의 유속공식을 이용하여 유량($m^3/\min$)을 계산하시오. (단, 소수 첫째자리까지 계산하고, 조도상수(r)는 0.3이며 $V = \frac{87}{1+\frac{r}{\sqrt{R}}}\sqrt{RI}(m/\sec)$이다.)

해설 **식** 유량(Q) = 단면적(A) × 유속(V)

- $V = \dfrac{87}{1+\dfrac{r}{\sqrt{R}}}\sqrt{RI}\,(m/\sec)$

- 경심(R) = $\dfrac{A(단면적)}{S(윤변길이)} = \dfrac{B \times H}{B+2H} = \dfrac{1.2m \times 0.5m}{1.2m + 2 \times 0.5m}$
  $= 0.2727m$

- 구배(I) = $\dfrac{1}{800}$

- $V = \dfrac{87}{1+\dfrac{0.3}{\sqrt{0.2727m}}} \times \sqrt{0.2727m \times \dfrac{1}{800}}$
  $= 1.0201\,m/\sec$

- $A = B \times H = 1.2m \times 0.5m = 0.6m^2$

∴ 유량(Q) = $0.6m^2 \times 1.0201m/\sec \times 60\sec/\min = 36.72m^3/\min$

07. 정수장에서 25m 수직고도 위에 있는 배수지에 관경이 200mm, 총길이 300m의 배수관을 이용해 유량 $2.0\text{m}^3/\min$의 물을 양수하려할 때 다음에 주어지는 문제에 답하시오.

① 펌프의 총양정(m)을 계산하시오. (단, 속도수두를 고려하고 f = 0.03)

② 펌프의 소요동력(kw)을 계산하시오. (단, 펌프의 효율은 75%, 물의 밀도는 $1g/cm^3$이다.)

해설 ① [식] 총양정(m) = 실양정 + 각종손실수두 + 속도수두

[식] 마찰손실수두 $= f \times \dfrac{\ell}{D} \times \dfrac{V^2}{2g}$

- $V(유속) = \dfrac{Q(유량)}{A(단면적)} = \dfrac{Q(m^3/\sec)}{\dfrac{\pi D^2}{4}(m^2)}$

$= \dfrac{2.0 m^3/\min \times 1\min/60\sec}{\dfrac{\pi \times (0.2m)^2}{4}} = 1.06 m/\sec$

- 마찰손실수두 $= 0.03 \times \dfrac{300m}{0.2m} \times \dfrac{(1.06 m/\sec)^2}{2 \times 9.8 m/\sec^2} = 2.58 m$

- 속도수두 $= \dfrac{V^2}{2g} = \dfrac{(1.06 m/\sec)^2}{2 \times 9.8 m/\sec^2} = 0.057 m$

- 실양정 = 25m

∴ 총양정 $= 25m + 2.58m + 0.057m = 27.64 m$

② [식] 소요동력(kw) $= \dfrac{\rho_w \times Q \times H}{102 \times \eta}$

$= \dfrac{1000 kg/m^3 \times 2.0 m^3/\min \times 1\min/60\sec \times 27.64 m}{102 \times 0.75}$

$= 12.04 \, kw$

08. 상수관로에서 조도계수 0.014, 동수경사 $\dfrac{1}{100}$ 이고, 관경이 400mm일 때 속도수두(m)를 계산하시오. (단, Manning 공식을 이용하고 만관기준)

해설 [식] $V = \dfrac{1}{n} \times R^{\frac{2}{3}} \times I^{\frac{1}{2}} (m/\sec)$

[식] 속도수두(m) $= \dfrac{V^2}{2g}$

- $R(경심) = \dfrac{D}{4} (m)$

- $V = \dfrac{1}{0.014} \times \left(\dfrac{0.4m}{4}\right)^{\frac{2}{3}} \times \left(\dfrac{1}{100}\right)^{\frac{1}{2}} = 1.5388 m/\sec$

∴ 속도수두(m) $= \dfrac{(1.5388 m/\sec)^2}{2 \times 9.8 m/\sec^2} = 0.12 m$

09. 폭이 3m인 어떤 사각 개수로에 수심 1m, 유량이 27.8m³/sec인 하수가 흐른다면 수로의 경사는? (단, 맨닝 공식을 적용하며 n = 0.016이라 가정함)

해설 식 $V = \dfrac{1}{n} \times R^{2/3} \times I^{1/2}$

- $V = \dfrac{Q}{A} = \dfrac{27.8m^3}{\sec} \times \dfrac{1}{3m \times 1m} = 9.2666 m/\sec$
- $R = \dfrac{유수단면적}{윤변의 길이} = \dfrac{3m \times 1m}{3m + (2 \times 1m)} = 0.6m$

$9.2666 = \dfrac{1}{0.016} \times (0.6)^{2/3} \times I^{1/2}$

∴ $I = 0.0434 = 0.04$

10. A도시의 인구가 10년간 3.25배 증가했다. A도시의 등비급수법에 따른 인구증가율(%)을 구하시오.

해설 식 $P_n = P_0(1+r)^x$

- r : 인구증가율
- x : 경과년수
- $P_{10} = 3.25 P_0$

$P_{10} = P_0(1+r)^{10}$
$3.25 P_0 = P_0(1+r)^{10}$
$3.25 = (1+r)^{10}$
$3.25^{\frac{1}{10}} = (1+r)^{10 \times \frac{1}{10}}$

∴ $r = 0.1250 = 12.5\%$

04 CHAPTER 수질오염측정 및 수질관리

UNIT 01 수질오염물질 등 분석하기

1 대장균

대장균은 장 속에 있는 세균입니다. 그래서 분변에는 대장균이 많이 존재합니다. 대장균이 병원성 세균은 아니지만, 대장균이 존재한다는 것은 다른 수인성 전염병균이 존재할 가능성을 내포하고 있기에 분변오염의 지표로써 대장균을 활용합니다.

① **대장균의 특성**
  ㉠ 소독에 대한 저항력은 세균보다 강하고, Virus보다 약하다.
  ㉡ 그람 음성-무아포성 간균으로 포자가 없다.
  ㉢ 젖당과 포도당을 분해시켜서 산과 가스를 생성한다.
  ㉣ 60℃에서 20분 동안 가열하면 멸균된다.

② **지표미생물의 조건**
  ㉠ 병원균이 있는 곳에 어디나 존재해야 한다.
  ㉡ 사람의 대변에 많은 수로 존재해야 하며 자연환경에는 없거나 적은 수로 존재해야 한다.
  ㉢ 병원균보다 많은 수로 존재하고 자연환경에서 병원균보다 생존력이 강해야 한다.
  ㉣ 비병원성으로 검출과정이 비교적 간단해야 한다.

③ **장내세균** : 장내에서 생활하는 세균으로 분변에 존재할 확률이 높습니다.
  (예) *Escherichia coli*(대장균), *Shigella*(이질균), *Salmonella*(살모넬라균), *Citrobacter*, *Klebsiella*, *Hafnia*, 장티푸스균, 파라티푸스 등)

④ **측정방법(총대장균군 대상)**
  ㉠ 막여과법
    • 측정원리 : 물속에 존재하는 총대장균군을 측정하기 위하여 페트리접시에 배지를 올려놓은 다음 배양 후 금속성 광택을 띠는 적색이나 진한 적색 계통의 집락을 계수하는 방법이다.

ⓒ 시험관법

추정시험	다람시험관을 이용하고 배지(락토스 또는 라우릴트립토스)에 접종하여 배양하고, 가스발생이 있을 때 양성으로 판정하며 추정시험 양성 시험관은 확정시험을 수행한다.
확정시험	백금이를 사용하여 추정시험 양성 시험관으로부터 확정시험용 배지(BGLB 배지)로 배양한다. 이 때, 가스가 발생한 시료는 총대장균군 양성으로 판정하고, 가스가 발생하지 않는 시료는 총대장균군 음성으로 판정한다.
완전시험	확정시험에서 가스가 발생한 BGLB배지의 검체를 Endo배지 또는 EMB평판배지를 이용하여 수행한다.

2 생물화학적 산소요구량(BOD)

① **측정원리** : 물속에 존재하는 생물화학적 산소요구량을 측정하기 위하여 시료를 20℃에서 5일간 저장하여 두었을 때 시료중의 호기성 미생물의 증식과 호흡작용에 의하여 소비되는 용존산소의 양으로부터 측정하는 방법이다.

② **간섭물질**
　㉠ 시료가 산성 또는 알칼리성을 나타내거나 잔류염소 등 산화성 물질을 함유하였거나 용존산소가 과포화되어 있을 때에는 BOD 측정이 간섭 받을 수 있으므로 전처리를 행한다.
　㉡ 탄소 BOD를 측정할 때, 시료 중 질산화 미생물이 충분히 존재할 경우 유기 및 암모니아성 질소 등의 환원상태 질소화합물질이 BOD 결과를 높게 만든다. 적절한 질산화 억제 시약을 사용하여 질소에 의한 산소 소비를 방지한다.
　㉢ 시료는 시험하기 바로 전에 온도를 (20 ± 1)℃로 조정한다.
　㉣ 질산화억제시약
　　• TCMP(권장)
　　• ATU
　　※ 질산화 억제 시약을 첨가 후에는 반드시 식종을 해야 한다.

③ **BOD계산**
　㉠ 식종하지 않은 시료

$$BOD = (D_1 - D_2) \times P$$

　　• D_1 : 15분간 방치된 후의 희석(조제)한 시료의 DO(mg/L)
　　• D_2 : 5일간 배양한 다음의 희석(조제)한 시료의 DO(mg/L)
　　• P : 희석시료 중 시료의 희석배수(희석시료량/시료량)

ⓒ 식종희석수를 사용한 시료

$$\boxed{식}\ BOD = [(D_1 - D_2) - (B_1 - B_2) \times f] \times P$$

- D_1 : 15분간 방치된 후의 희석(조제)한 시료의 DO(mg/L)
- D_2 : 5일간 배양한 다음의 희석(조제)한 시료의 DO(mg/L)
- B_1 : 식종액의 BOD를 측정할 때 희석된 식종액의 배양전 DO(mg/L)
- B_2 : 식종액의 BOD를 측정할 때 희석된 식종액의 배양후 DO(mg/L)
- f : 희석시료 중의 식종액 함유율(x %)과 희석한 식종액 중의 식종액 함유율(y %)의 비(x/y)
- P : 희석시료 중 시료의 희석배수(희석시료량/시료량)

④ DO 계산
  ㉠ 용존산소 농도 산정

$$\boxed{식}\ 용존산소(mg/L) = a \times f \times \frac{V_1}{V_2} \times \frac{1{,}000}{V_1 - R} \times 0.2$$

- a : 적정에 소비된 티오황산나트륨용액(0.025M)의 양(mL)
- f : 티오황산나트륨(0.025M)의 인자(factor)
- V_1 : 전체 시료의 양(mL)
- V_2 : 적정에 사용한 시료의 양(mL)
- R : 황산망간 용액과 알칼리성 요오드화칼륨-아자이드화나트륨 용액 첨가량(mL)

  ㉡ 용존산소 포화율 산정

$$\boxed{식}\ 용존산소포화율(\%) = \frac{DO}{DO_t \times B/760} \times 100$$

- DO : 시료의 용존산소량(mg/L)
- DO_t : 수중의 용존산소 포화량(mg/L)
- B : 시료채취시의 대기압(mmHg)

3 화학적 산소요구량(COD) 적정법

① 화학적 산소요구량-적정법-산성 과망간산칼륨법(CODMn)
  ㉠ 측정원리 : 물속에 존재하는 화학적 산소요구량을 측정하기 위하여 시료를 황산산성으로 하여 과망간산칼륨 일정과량을 넣고 30분간 수욕상에서 가열반응시킨 다음 소비된 과망간산칼륨량으로부터 이에 상당하는 산소의 양을 측정하는 방법이다.
  - 적용범위 : 염소이온이 2,000mg/L 이하인 시료(100mg)에 적용한다.

ⓒ 적정용액과 종말점
- **적정액** : 과망간산칼륨용액(0.005M)
- **종말점 색깔** : 엷은 홍색

ⓒ 농도계산

$$COD = (b-a) \times f \times \frac{1,000}{V} \times 0.2$$

- a : 바탕시험 적정에 소비된 과망간산칼륨용액(0.005M)의 양
- b : 시료의 적정에 소비된 과망간산칼륨용액(0.005M)의 양
- f : 과망간산칼륨용액(0.005M)의 농도계수(factor)
- V : 시료의 양(mL)

② 화학적 산소요구량-적정법-알칼리성 과망간산칼륨법(CODMn)
ⓐ **측정원리** : 물속에 존재하는 화학적 산소요구량을 측정하기 위하여 시료를 알칼리성으로 하여 과망간산칼륨 일정과량을 넣고 60분간 수욕상에서 가열반응시키고 요오드화칼륨 및 황산을 넣어 남아있는 과망간산칼륨에 의하여 유리된 요오드의 양으로부터 산소의 양을 측정하는 방법이다.
- **적용범위** : 염소이온(2,000mg/L 이상)이 높은 하수 및 해수 시료에 적용한다.

ⓒ 적정용액과 종말점
- **적정액** : 티오황산나트륨용액(0.025M)
- **종말점색깔** : 무색
- 시료의 양은 가열반응하고 남은 과망간산칼륨용액(0.005M)이 처음 첨가한 양의 50% ~ 70%가 남도록 채취한다. 보다 정확한 COD값이 요구될 경우에는 과망간산칼륨용액(0.005M)의 소모량이 처음 가한 양의 50%에 접근하도록 시료량을 취한다.
  → 일정한 유기물의 산화율을 유지하기 위해서

ⓒ 농도계산

$$COD = (b-a) \times f \times \frac{1,000}{V} \times 0.2$$

- a : 바탕시험 적정에 소비된 티오황산나트륨용액(0.025M)의 양
- b : 시료의 적정에 소비된 티오황산나트륨용액(0.025M)의 양
- f : 티오황산나트륨용액의 농도계수(factor)
- V : 시료의 양(mL)

③ 화학적 산소요구량-적정법-다이크롬산칼륨법(CODCr)
ⓐ **측정원리** : 화학적 산소요구량을 측정하기 위하여 시료를 황산산성으로 하여 다이크롬산칼륨 일정과량을 넣고 2시간 가열반응시킨 다음 소비된 다이크롬산칼륨의 양을 구하기 위해 환원되지 않고 남아 있는 다이크롬산칼륨을 황산제일철암모늄용액으로 적정하여 시료에 의해 소비된 다이크롬산칼륨을 계산하고 이에 상당하는 산소의 양을 측정하는 방법이다.

- **적용범위**
  - COD 5mg/L ~ 50mg/L의 낮은 농도범위를 갖는 시료에 적용한다.
  - 염소이온의 농도가 1,000mg/L 이상의 농도일 때에는 COD값이 최소한 250mg/L 이상의 농도이어야 한다. 따라서 해수 중에서 COD 측정은 이 방법으로 부적절하다.

ⓒ **적정용액과 종말점**
- **적정액** : 황산제일철암모늄용액(0.025N)
- **종말점색깔** : 청록색 → 적갈색

ⓒ **농도계산**

$$\boxed{식}\ COD = (b-a) \times f \times \frac{1,000}{V} \times 0.2$$

- a : 바탕시험 적정에 소비된 황산제일철암모늄용액(0.025N)의 양
- b : 시료의 적정에 소비된 황산제일철암모늄용액(0.025N)의 양
- f : 황산제일철암모늄용액의 농도계수(factor)
- V : 시료의 양(mL)

④ 공장폐수 및 하수유량측정

① 관수로 유량측정 장치

장치	공장폐수 원수(raw wastewater)	1차 처리수 (primary effluent)	2차 처리수 (secondary effluent)	1차 슬러지 (primary sludge)	반송슬러지 (return sludge)	농축슬러지 (thickened sludge)	포기액 (mixed liquor)	공정수 (process water)
벤튜리미터 (venturi meter)	○	○	○	○	○	○	○	
유량측정용 노즐 (nozzle)	○	○	○	○	○	○	○	○
오리피스 (orifice)								○
피토(pitot)관								○
자기식 유량측정기 (magnetic flow meter)	○	○	○	○	○	○		○

② 개수로 유량측정 장치

장치	공장폐수 원수(raw wastewater)	1차처리수 (primary effluent)	2차처리수 (secondary effluent)	1차슬러지 (primary sludge)	반송슬러지 (return sludge)	농축슬러지 (thickened sludge)	포기액 (mixed liquor)	공정수 (process water)
웨어(weir)		○	○					○
플룸(flume)	○	○	○					○

UNIT 02 하천의 수질관리

1 하천의 정화단계

① **Wipple의 4지대** : Wipple의 4지대는 하천의 정화단계를 4단계로 분류하여 오염이 시작되었을 때를 분해지대, 정화가 완료되는 시점을 정수지대하여 분류하여 정리하였습니다.
  ㉠ **분해지대** : 오염이 시작, DO 감소, CO_2 증가, 균류 증식, 큰 하천보다는 작은 하천에서 뚜렷하게 발생
  ㉡ **활발한 분해지대** : DO가 거의 없음, 혐기성 세균 출현, CH_4, H_2S, CO_2, NH_3 가스발생, 물이 회색 또는 흑색으로 변함
  ㉢ **회복지대** : 유기물 감소로 인한 DO농도의 증가, 조류 출현, 원생동물과 미소후생동물의 출현
  ㉣ **정수지대** : DO농도 정상, 호기성 세균 번식, 물고기류 번식

② **Marson-Kolkwitz의 하천오염정화 4단계** : Marson-Kolkwitz도 Wipple과 마찬가지로 4단계로 분류하였습니다. Wipple에 비해 오염이 가장 심화되었을 때부터 단계가 시작되며, 단계를 색깔로 분류한 특징을 가지고 있습니다.
  ㉠ **강부수성(빨강)** : DO가 거의 없음, H_2S, CH_4, NH_3 가스발생, 미생물 종류는 적고 수는 많은 상태, 활발한 분해지대와 비슷
  ㉡ **α-중부수성(노랑)** : DO 약간 존재, 황세균 출현, 규조류·남조류의 서식으로 인한 가스제거
  ㉢ **β-중부수성(초록)** : 유기물감소로 인한 DO 농도의 증가, 철세균과 원생동물, 남조류, 녹조류의 출현으로 인한 수질개선
  ㉣ **빈부수성(파랑)** : DO 농도 크게 증가, BOD 농도 크게 감소, 수질 및 생태계회복
  ※ Marson-Kolkwitz 오염된 크기 순서 : 빨 > 노 > 초 > 파

2 하상계수 및 자정계수

① 하상계수

$$\text{하상계수} = \frac{\text{최대하천유량}}{\text{최소하천유량}}$$

우리나라는 여름에 집중적으로 비가 많이 오므로, 하상계수가 큽니다.

② 자정계수 : 자정계수는 재폭기계수를 탈산소계수로 나누어 산출합니다. 탈산소와 재폭기에 관여하는 가장 중요한 인자는 온도이고, 온도가 낮을수록 재폭기는 증가, 탈산소는 감소하므로 온도와 자정계수는 반비례합니다.

$$f(\text{자정계수}) = \frac{K_2}{K_1}$$

㉠ K_1 : 탈산소계수(수중에 있는 산소가 공기 중으로 **빠져나가는** 정도)
- 온도보정공식

$$K_T(\text{탈산소계수}) = K_{20} \times 1.047^{(T-20)}$$

㉡ K_2 : 재폭기계수(공기 중의 산소가 물 속으로 녹아 들어가는 정도)
- 온도보정공식

$$K_T(\text{재폭기계수}) = K_{20} \times 1.024^{(T-20)}$$

㉢ 온도가 증가하면, 자정계수는 감소

3 하천의 BOD, DO 변화

① 용존산소부족공식(D_t)

$$D_t = \left(\frac{K_1 \cdot L_0}{K_2 - K_1}\right)\left(10^{-K_1 \cdot t} - 10^{-K_2 \cdot t}\right) + (D_0)(10^{-K_2 \cdot t})$$

- L_0 : 최종 BOD(BODu)
- D_0 : 초기부족농도($C_s - C$)

② 임계시간 : 물속에서 DO의 소비와 공급이 평형을 이루는 DO의 임계점에 도달하는 유하시간

$$t_c = \left(\frac{1}{K_2 - K_1}\right) \log\left(\frac{K_2}{K_1}\left(1 - \left(\frac{(K_2 - K_1)(D_0)}{K_1 \cdot L_0}\right)\right)\right)$$

$$t_c = \frac{1}{K_1(f-1)} \log\left(f\left(1 - (f-1)\frac{D_0}{L_0}\right)\right)$$

③ **혼합농도** : 서로 다른 농도의 물질을 혼합했을 때 농도 (예 하천수와 공장폐수)

$$C_m = \frac{C_1 Q_1 + C_2 Q_2}{Q_1 + Q_2}$$

④ **최대 DO 소비량(mg/L)**

$$D_c = \frac{L_0}{f} \times 10^{-K_1 \cdot t_c}$$

UNIT 03 호·저수지의 수질관리

1 성층 및 전도현상

① **성층현상(Stratification)** – 여름과 겨울에 발생

성층현상은 물이 수온에 의한 밀도 차이로 층을 형성하는 현상입니다. 물은 4℃에서 밀도가 최대가 되므로 4℃의 물은 가장 밑으로 가고, 맨 위의 표수층이 4℃보다 높거나 낮을 때 표수층, 그 아래에는 수온의 변동이 있는 수온약층, 가장 아래 4℃ 온도를 가지는 심수층, 이렇게 세 층으로 분리되는 현상을 성층현상이라고 합니다. 성층현상은 표수층의 온도가 4℃가 되지 않는 여름과 겨울에 이루어지고 특히 겨울에는 표수층의 온도가 낮아 성층이 이루어지므로 역성층이라고도 합니다.

㉠ **표수층(표층, epilimnion)** : 가장 상부에 있는 층으로, 바람과 마찰에 의해 혼합이 잘 이루어집니다. 대기로부터의 산소공급과 조류의 산소공급으로 DO과포화상태가 유지됩니다.

㉡ **수온약층(변온층, thermocline)** : 이름대로 수온의 변동이 가장 활발한 층입니다. 수심 1m당 ±0.9℃로 변합니다.

㉢ **심수층(정체층, Hypolimnion)** : 가장 하부에 있는 층으로, 수질의 이동이 거의 없으며, 용존산소의 공급이 부족하여 혐기성상태에 가깝고, 혐기성미생물의 증식으로 인한 가스(H_2S, CH_4, CO_2, H_2)의 발생과 수중미생물의 사체가 쌓여서 영양염류(N, P)의 함량이 높습니다.

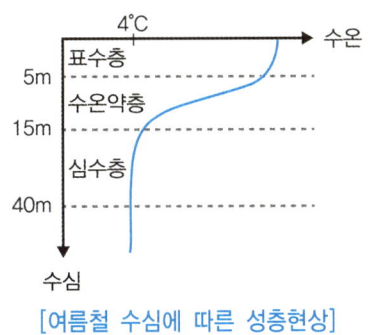

[여름철 수심에 따른 성층현상]

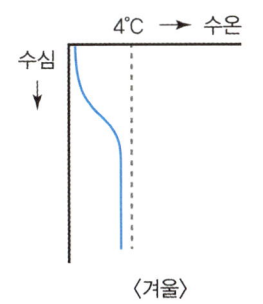

[겨울철 수심에 따른 성층현상]

▶ 호소의 성층현상과 전도현상

② **전도현상(turn over)** : 수 표면의 온도가 4℃가 되는 계절(봄, 가을)에는 표층의 물이 심수층까지 내려가면서 물이 뒤집어지는 전도현상이 일어납니다. 전도현상이 일어나면 심수층에 있던 오염물질이 혼합되어 수질이 악화되어 수생생물의 사멸과 영양염류의 공급으로 인한 조류의 증식이 일어납니다. 호소수로 물 공급이 이루어지고 있다면, 전도현상발생 시에 물을 취수해서는 안 되겠죠?

2 부영양화(Eutrophication)

① 부영양화 현상
부영양화란 물에 질소와 인 등 영양염류가 과다유입되었을 때 조류의 이상증식으로 물이 늪지대로 변해가는 과정입니다. 부영양화는 물의 순환이 적어 영양염류의 축적이 일어날 수 있는 호수 및 저수지에서 잘 발생합니다. 영양염류의 발생원은 주로 농경지의 비료, 합성세제, 분뇨입니다.

② 부영양화의 특징
  ㉠ **영양염류** : 질소농도 0.2~0.3mg/L 이상, 인농도 0.01~0.02mg/L 이상
  ㉡ **DO** : 부영양화 초기에는 조류의 증식으로 DO 농도는 증가하지만, 계속된 조류의 증식은 조류의 사멸과 분해로 DO 농도의 감소를 초래하고 혐기성으로 변해가게 됩니다.
  ㉢ **조류독성** : 조류는 자체적으로 독성을 가지고 있어 수생생물들을 폐사시켜, 생물종을 감소시키고, 물의 이취미를 유발하여 취수를 곤란하게 만듭니다.

③ 부영양화의 평가방법 : 부영양화 평가방법에는 여러 가지 방법이 있고, 여러 방법들은 주로 N, P, 투명도, 엽록소를 평가합니다.
  ㉠ Vollenweider는 N, P의 농도를 통해 부영양화의 정도를 판단합니다.
  ㉡ Carlson의 TSI는 클로로필-a(엽록소), T-P, 투명도(SD)를 가지고 부영양화를 판단합니다. 경험식을 가지고 산출된 TSI는 20 미만은 빈영양, 50 이상은 부영양으로 판단합니다.

3 호소수 수질오염 대책

호소수에서 일어나는 수질오염에 대한 대책들입니다. 호소수 수질오염 대책은 크게 유입저감대책과 유입 후 제거대책으로 나누어 지는데요. 유입저감대책에 해당하는 것이 발생원 대책 유입 후 제거대책이 나머지 대책이 되겠습니다.

① 발생원 대책
  ㉠ 영양염류의 유입방지를 위한 비점오염원 저감시설 설치
  ㉡ 배출허용기준의 강화
  ㉢ 하·폐수의 고도처리
  ㉣ 수변구역의 설정 및 유입배수의 우회

② 녹조제거
    ㉠ 황산구리($CuSO_4$) 살포
    ㉡ 활성탄소 살포

③ 성층현상 방지
    ㉠ 양수법
    ㉡ 증기확산법

UNIT 04 연안의 수질관리

1 연안의 오염특성

① 발생원
  ㉠ **육상배출**
- 생활하수, 폐기물, 비료, 농약, 산업폐수의 유출은 하천으로 방류되고 하천에서 바다로 흘러가게 됩니다.
- 산업활동으로 인한 대기오염은 해양에도 영향을 미치면 주로 오염된 물질이 비로 내리면서 오염을 유발합니다.
- 오염된 지하수 또는 침출수가 해양으로 흘러가는 경우가 있습니다.

  ㉡ **해양 내 배출**
- 선박의 해난사고
- 선박에서 배출되는 오염물질
- 해저자원 개발에 따른 오염
- 해안 매립에 따른 오염
- 양식업에 의한 오염

② 영향 및 피해
  ㉠ **적조** : 영양염류의 유입으로 인한 조류(플랑크톤)의 과다증식으로 적조가 발생합니다. 적조는 특히나 조류 중 붉은색을 띠는 조류(편모조류, 규조류)가 이상증식하면서 해수의 색이 빨강 또는 갈색으로 변합니다.
- 피해
  - 조류독성으로 인한 어패류의 폐사
  - 어패류에 농축되어 식중독 유발

  ㉡ **중금속 오염** : 산업폐수의 유입으로 해양의 중금속오염
- **피해** : 해양생태계 파괴 및 수중생물 섭취 시 피해

ⓒ **유류오염** : 해양사고로 인한 유류오염
- 피해
  - 플랑크톤의 광합성 저해
  - 가스교환의 억제로 용존산소 결핍유발
  - 수생생물의 피해
  - 선박항해 피해

2 적조현상과 그 대책

① **적조현상 발생원인** : 적조는 여러 가지 인자로 인한 복합적인 작용으로 발생됩니다. 밝혀지지 않는 부분도 많지만, 검증된 인자로는 특히나 영양염류의 유입 그리고 해수의 수온 증가, 해수의 염도 감소 시에 해수의 플랑크톤이 이상증식하여 발생됩니다. 영양염류의 유입과 해수의 염도 감소는 주로 담수의 유입으로 이루어지고 담수의 유입은 홍수 시에 발생하므로 홍수 시에 적조가 발생될 확률이 높습니다. 또한 심해에서부터 풍부한 영양염류를 가지고 해수 표면으로 올라오는 용승류의 발생 시에도 적조가 발생할 우려가 있습니다.

- 영양염류의 유입
- 연직안정도가 큰 정체수역
- 수온증가
- 염도감소
- 홍수 시
- 용승류(upwelling) 발생 시

> 💡 **영양염류와 탄소**
> 적조현상은 조류의 이상증식 때문에 생기고, 이상증식의 원인에는 풍부한 탄소, 질소, 인이 필요합니다. 적조원인에 탄소를 빼고 영양염류가 주요 인자가 되는 이유는 조류역시 탄소원을 필요로 합니다만, 탄소원은 수중에 거의 충분한 경우가 많기 때문에 수중 미생물의 증식속도는 영양염류에 따라 결정되는 경우가 대부분입니다. 그렇기에 영양염류의 과다유입은 증식속도의 비약적인 상승을 만들고 결국, 바다 또는 호수에서 적조 및 녹조현상을 유발합니다.

② **적조현상 대책**
ⓐ **황토살포** : 황토를 이용하여 영양염류를 흡착함과 동시에 플랑크톤을 응집하여 침전시킵니다.
ⓑ **약품살포** : 황산구리, 차아염소산나트륨
ⓒ **응집제살포** : 응집제를 이용하여 플랑크톤을 응집하여 Floc을 형성하여 침전·제거합니다.
ⓓ **점토(Clay) 살포** : 점토의 알루미늄 성분은 플랑크톤을 잘 흡착합니다.

3 유류오염과 그 대책

① **유류오염의 발생원** : 해양사고
② **유류오염 방지대책**
   ㉠ **오일펜스** : 기름의 폐쇄
   ㉡ **회수장치** : 회수하여 에멀션 연료로 사용
   ㉢ **유처리제** : 응집 또는 분산시켜 처리
   ㉣ **유흡착제** : 기름의 확산방지(그래핀 스펀지 등)
   ㉤ **오일 분산제** : 분산시켜 처리
   ㉥ **황토 및 점토** : 황토 및 점토를 살포하여 유류 내 유기오염물을 흡착하여 처리

4 해수담수화

① **개요** : 바닷물로부터 염분을 포함한 용해물질을 제거하여 순도 높은 음용수 및 생활용수, 공업용수 등을 얻어내는 일련의 수처리 과정을 말합니다.

② **특징**
   ㉠ 다량의 수자원을 확보할 수 있는 기술
   ㉡ 공사기간이 짧음
   ㉢ 기상조건에 좌우되지 않고 물의 확보 가능
   ㉣ 시설면적을 적게 소요

③ **해수담수화방법**
   ㉠ **증발법** : 해수를 증발시키면 물은 증발하고 용질인 소금은 잔류하는 성질을 이용하여 해수와 담수를 분리하는 방법입니다.

다중효용방식(MED)	단순 증류기를 시리즈로 배열한 형태로 첫 번째 증발기 보일러에서 발생된 증기가 다음 효용 증발기의 가열원으로 작용하고 냉각 응축되어 담수가 되고, 이 과정이 다음 증발기로 반복해서 일어나는 과정입니다.
다단 플래시 방식(MSF)	순간적으로 증기를 방출하는 플래싱 현상을 이용해 해수를 증기로 만들어 준 후에 응축시켜서 담수를 생산하는 방법입니다.
증기 압축식(MVC)	증발조에서 발생한 증기를 압축기에 넣은 후 단열압축에 의해 온도를 상승시켜 이것을 같은 조 내에 있는 액체의 가열용 증기로 공급하여 담수를 얻는 방법입니다.
태양열 담수 플랜트	태양열을 이용하여 집열판에 모인 열기를 이용하여 담수를 얻는 방법입니다.

ⓒ **삼투법** : 압력에너지를 이용한 방법으로 물은 통과시키고 용질은 통과시키지 않는 막을 이용하여 해수와 담수를 분리해내는 공법입니다. 처리된 물은 이온성 물질이 거의 배제됩니다.

역삼투법	바닷물쪽에 압력을 가하면 삼투압과 반대로 고농도의 바닷물이 저농도의 수돗물쪽으로 이동하면서 용질은 막에 의해 통과되지 못하고, 순수한 물만 저농도의 수돗물쪽으로 이동하게 하여 담수화하는 공법입니다.
정삼투법	반투막을 사이에 두고 고농도의 유도용질을 해수와 접하게 하여 해수중의 담수를 유도용질로 흡수시킨 후 유도용질에서 담수를 분리시키는 방식입니다. 정삼투법은 해수 뿐아니라 폐수처리, 농축공정 등 다양한 시스템에서 적용이 가능합니다.

※ 삼투압 : 고농도용액과 저농도용액이 함께 존재할 때, 저농도 용액이 고농도 용액쪽으로 이동하여 평형상태를 이루려고 할 때 가해지는 압력

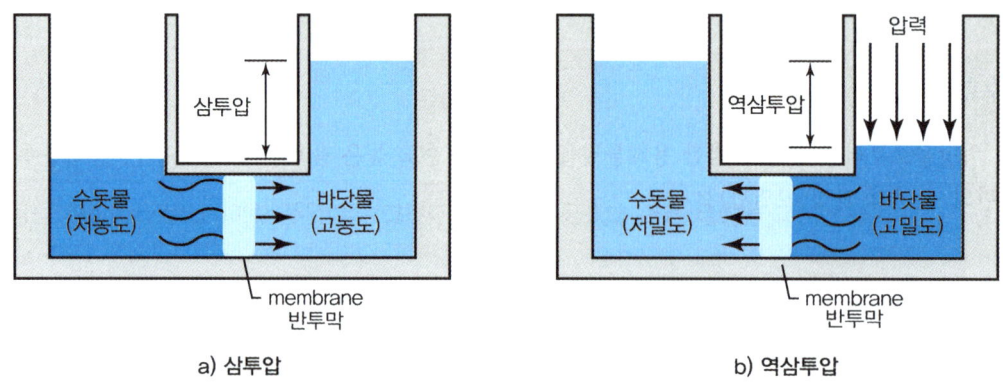

a) 삼투압   b) 역삼투압

ⓒ **그 외 방법**

전기투석법	전기투석조내에 전기장을 형성하고 이온교환막을 이용하여 이온성 물질을 분리하여 담수화하는 공법입니다.
전기흡착법	활성탄소에 전기를 가하여 염분을 탄소표면으로 이동시켜 흡착제거하는 기술로 에너지 소비량이 가장 적은 방법으로 알려져 있습니다.
냉동법	해수가 얼음이 될 때 염분이 배제되는 원리를 기초하여 담수화하는 방법입니다.
막증발	가운데 막을 두고 한쪽은 고온의 유입수, 한쪽은 저온의 유입수를 주입하여 증기압의 차이로 고온유입수에서 생성된 증기가 저온의 유입수쪽으로 이동 응축되는 것을 이용하여 담수화하는 방법입니다.

UNIT 05 지하수관리

1 지하수 오염의 특징

① **발생원**
　㉠ **매립지** : 매립지 침출수의 유입
　㉡ **농경지** : 비료 및 살충제의 유입
　㉢ **유류저장탱크** : 탱크 또는 송유관의 파손으로 인한 유류의 유입
　㉣ **폐광산** : 광산폐기물에서 유출된 오염물질의 유입

② **특징**
　㉠ 처리가 어려움
　㉡ 오염물질의 유입경로가 다양
　㉢ 미생물에 의한 자연분해가 어려움
　㉣ 광범위한 오염으로 진행될 가능성이 높음

2 지하수오염대책

① **발생원대책**
　㉠ **차수막 설치** : 차수막을 설치하여 침출수 등 오염물질의 토양층 통과를 억제하고 모여진 오염물질은 하수관으로 배출하여 하수처리장으로 유입시켜 처리하는 방법
　㉡ **토양오염 방지기술** : 토양오염을 정화하여 지하수까지의 오염피해를 차단하는 방법
　　• in-situ : 지중처리, 굴착 X(예 토양증기추출법, 생물학적 분해법 등)
　　• ex-situ : 지상처리, 굴착 O(예 토양세척법, 토양경작법 등)

② **제거대책**
　㉠ **양수처리방법** : 오염된 지하수를 양수하여 지상에서 수처리를 통해 오염물질을 제거하는 방법
　㉡ **미생물처리방법(생물학적 분해법)** : 영양물질과 산소의 공급을 통해 미생물의 활성을 증대시켜 오염물질을 제거하는 방법
　㉢ **투과성 반응벽체** : 오염원이 구간에 반응벽체를 설치하여 지하수의 수리지질학적 흐름을 이용하여 오염물질을 제거하는 방법
　㉣ **동전기법** : 이온상태의 오염물을 양극과 음극의 전기장에 의하여 이동시켜 제거하는 방법

UNIT 06 수질모델링

1 모델링의 절차와 주요내용

① **절차** : 모형의 개발 또는 선정 → 모델링 프로그램 선택 → 보정 → 검증 → 감응도 분석 → 수질예측 → 평가
② **가정조건** : 정상상태, 일정한 방향으로 흘러야 한다.
③ **동적모델과 정적모델**
   ㉠ **동적모델** : 오염물질의 시간변화에 따른 수질을 예측하는 모델로 정적모델에 비해 계산이 복잡하고 단기적인 수질관리에 이용됩니다.
   ㉡ **정적모델** : 시간변화에 관계없이 일정한 양의 오염물질 유입에 따른 수질을 예측하는 모델로 장기적인 수질관리대책 수립에 이용됩니다.

2 모델의 종류와 특징

① **Streeter-Phelps** : 최초의 하천수 모델로 오염원을 점오염원으로 가정하고, 유기물의 DO소비로 인한 탈산소와 재폭기만을 고려한 모델로 단순하고도 수질모델링에 기초가 되는 모델입니다. 이 모델은 탈산소와 재폭기 이외의 다른 조건들은 고려하지 않기에 오차의 우려가 존재합니다. 다른 조건으로는 하상퇴적물의 유기물분해와 조류의 광합성이 있습니다. 하천의 유기물 분해는 1차반응에 따르는 PFR반응으로 가정하였습니다.
   ※ SOD : 하상퇴적미생물의 유기물분해에 따른 산소요구량
② **DO SAG - Ⅰ·Ⅱ·Ⅲ** : Streeter-Phelps Model을 기본으로 하는 1차원 정상상태 모델로 점오염원과 비점오염원의 영향까지 고려한 모델입니다. DO SAG모델 역시 SOD와 조류의 광합성작용은 무시합니다.
③ **WASP5** : Streeter-Phelps식을 수정하여 만들어진 모델로, 1, 2, 3차원까지 고려할 수 있으며 SOD의 영향을 고려하여 좀 더 정확한 농도산출이 가능해졌습니다.
④ **WQRRS** : 하천 및 호수의 부영양화를 고려한 생태계 모델로 정적 및 동적인 하천의 수질 및 수문학적 특성을 광범위하게 고려하였으며, 수심별 1차원 모델이 적용되었습니다.
⑤ **QUAL - Ⅰ·Ⅱ** : EPA(미국환경보호청)에서 개발하여 사용하고 있는 모델로, 음해법으로 산출되며, 하천과 대기의 열복사 및 열교환이 고려되는 것이 특징입니다. 또한 확산계수를 유속, 수심, 조도계수를 통해 결정합니다.
   ※ 모의 수질항목 : 용존산소(DO), 생물화학적 산소요구량(BOD), 온도, 조류(클로로필-a), 유기질소, 암모니아성 질소, 아질산성 질소, 질산성 질소, 유기인, 용존인, 대장균, 임의의 비보존성 물질, 3개의 보존성 물질
⑥ **Vollenweider** : 호·저수지의 영양물질 유입에 따른 부영양화 그리고 녹조현상을 예측하는데 이용되는 모델로, 정상상태의 완전혼합을 가정합니다. 질소와 인만 고려하는 모델로 계절과 온도, 광량은 무시합니다.

UNIT 07 환경영향평가

1 환경영향평가 방법

① **환경영향평가(Environmental Impact Assessment)** : 사업계획과 시행 전에 환경에 미치는 전반적인 영향을 미리 조사, 예측 및 평가를 실시하여 환경오염을 사전에 예방함으로써 해로운 영향을 최소화하게 하는 방안(대안)을 마련하는 것을 말합니다.
  ㉠ **전략환경영향평가** : 환경에 영향을 미치는 계획을 수립할 때에 환경보전계획과의 부합 여부 확인 및 대안의 설정·분석 등을 통하여 환경적 측면에서 해당 계획의 적정성 및 입지의 타당성 등을 검토하여 국토의 지속가능한 발전을 도모하는 것을 말합니다.
  ㉡ **소규모 환경영향평가** : 환경보전이 필요한 지역이나 난개발(亂開發)이 우려되어 계획적 개발이 필요한 지역에서 개발사업을 시행할 때에 입지의 타당성과 환경에 미치는 영향을 미리 조사·예측·평가하여 환경보전방안을 마련하는 것을 말합니다.

② **환경영향평가의 역할**
  ㉠ **사전예방성** : 사업의 시행이 주변환경에 어떠한 영향을 미치는가를 사전에 예측하고, 미리 그 저감방안을 마련
  ㉡ **합목적성** : 환경을 고려하지 않은 사업은 공공재의 가치를 저하하므로 반드시 고려하여서 사업계획을 수립하여야 함
  ㉢ **절차의 민주성** : 환경영향평가 과정에서 평가서를 공개하고, 주민참여를 필수적으로 함으로 사업계획수립에 절차적 민주성을 기함
  ㉣ **의사결정도구로서의 조정성** : 사업계획과정에서 환경적 고려사항과 여러 부정적 검토사항이 수록되어 기관의 의사결정에 도움을 줌
  ㉤ **정보성** : 지역에 환경관련 자료의 종합적인 정보자료가 됨

③ **절차**

> 평가협의회 구성 및 운영 → 평가서 초안 작성 → 주민의견수렴(설명회, 공청회) → 평가서 작성 및 협의 → 협의의견 통보 → 협의내용 관리

> 💡 **오염물질관리를 기준한 환경영향평가 절차** (시험에서는 아래 절차가 더 중요)
> 평가범위 설정(스코핑) → 중점평가항목 선정 → 현황조사 → 예측 및 평가 → 저감방안 설정 → 대안평가 → 사후관리

> 💡 **환경영향평가서 작성 시 주요고려사항**
> • **스코핑제도** : 환경영향평가서 작성 시 반드시 평가해야하는 항목과 범위를 미리 정하는 것을 말합니다. 사업자가 평가준비서를 제출하면, 환경영향평가협의회가 이를 심의하여 평가항목과 평가범위 등을 결정합니다.

- **스크리닝** : 환경영향평가 대상여부를 결정하는 절차로, 행정계획 및 개발사업의 내용, 지역환경을 고려한 환경영향정도 등을 간이적으로 추정하여 대상여부를 판단하는 것을 말합니다.
- **티어링** : 일련의 계획수립 과정별, 상위계획에서 검토되지 않은 새로운(필요한) 이슈만 집중 평가하여 계획수립하는 것을 말합니다.
- **매트릭스 분석** : 환경영향평가의 대안평가에 대한 이해를 시각적으로 쉽게 하여 개괄적인 검토가 용이하게 하는 분석방법을 말합니다.

💡 환경영향평가 기법

① **중점인자 선정기법** : 환경영향평가 시 대상사업이 매우 다양하고 각각의 영향정도도 상이하기에 모든 항목을 조사, 예측, 저감방안을 수립하는 것은 과도한 시간과 비용이 요구된다. 따라서 사업시행에 따라 실제 필요한 항목만을 선정하는 것이 필요하다.

　㉠ **체크리스트법(checklist method)** : 대조표 방식으로 사업 시 예측되는 결과에 대해 전형적인 영향인자들의 종류를 제시하여 분석하는 방법이다. 대조표에 있지 않는 항목들은 무시할 수 있기에 이 부분이 장점이 될 수도 있고 단점이 될 수도 있다.
　　(대조표 방식 : 단순 대조표, 기술적 대조표, 비례 대조표, 비례-가중 대조표)

　㉡ **매트릭스 분석방법(matrix method)** : 환경영향인자에 영향을 주는 지표와 인간활동의 목록을 이용한다. 이 기법은 영향을 일으키는 행위와 영향을 받게 되는 항목과의 관계를 시각적으로 나타낸다.
- **상호작용 매트릭스** : 체크리스트 방식 외에 인간활동을 통합하여 영향의 관계를 나타낸다.
- **무어영향 매트릭스** : 4개의 범주(제조 및 관련행위, 잠재적 환경변화, 주요 환경영향, 인간 이용에 미치는 영향)로 나누고 이로 인한 잠재적 손상과 재해의 일반적인 정도를 4단계로 구분하여 제시한다.

　㉢ **네트워크법(network method)** : 원인·조건·결과의 관계를 도입함으로써 매트릭스 개념을 확대시킨 것인데 매트릭스 분석방법에서 제시되는 간단한 인과관계를 통해서는 적절하게 설명될 수 없는 누적적 혹은 간접적 영향을 파악할 수 있게 하는 방법이다.

　㉣ **지도중첩법(overlay technique)** : 계획분야나 조경분야에서 주로 이용하고 있는 접근방법으로 환경요소나 토지의 특징을 서술하는 일련의 지도를 결합하는 방법으로 대안을 선택하거나 영향을 파악하는데는 효과적이나 영향을 계량화하거나 2차적, 3차적 상호관계를 파악하는 데는 미흡하다. GIS기법이 이 방법에 해당한다.

② **대안평가기법** : 환경영향평가는 개발사업에 따른 생태적, 환경적 영향을 저감하기 위해 여러 가지 대안을 제시하고 있다. 최적의 대안을 선정하기 위해 다양한 평가기법이 존재하며, 적절한 평가기법을 적용하여야 한다.

　㉠ **비용편익분석(B/C)** : 사업에 투입된 비용 대비 편익을 분석하여 사업별로 비교하여 비용 대비 편익을 최대화할 수 있는 대안을 선정하는 방식이다. 분석항목이 화폐로 환산 가능하지 않을 경우 어려움이 있다.

　㉡ **목표달성 매트릭스** : 기존의 매트릭스 기법에 논리성을 더하여 목표별 가중치를 두어서 목표를 달성하는 방법이다.

　㉢ **확대비용편익분석** : 비용편익분석을 환경영향평가기법으로 통합하는데 방향을 두고 있다. 비용 대비 편익을 최대한 고려하면서 개발활동에 있어서 환경생태학적인 측면에서 영향을 이해하고 측정하는 방법이다.

　㉣ **다목적 계획기법** : 각 전문분야(경제, 생태, 환경, 자원 등)의 종합조정 및 통합에 입각하여 계획을 수립하는 방법이다.

④ **한계**
   ㉠ 변화 예측이 어려움
   ㉡ 대안이 한정적
   ㉢ 환경가치의 객관화 및 계량화가 어려워 대안간의 경제성 비교가 어려움
   ㉣ 개발과 보전의 조화수준 정도와 이에 대한 판단기준이 모호

기출문제로 다지기 — CHAPTER 04 수질오염측정 및 수질관리

01. 총 대장균군이 생물학적 지표로 이용되는 이유 3가지를 쓰시오.

> 해설
> - 인축의 내장에 서식하므로 소화기계 전염병원균의 존재 추정이 가능하기 때문이다.
> - 다른 병원균보다 검출이 용이하고 신속하게 할 수 있다.
> - 소독에 대한 저항력이 소화기계 병원균보다 강하다.

02. 다음 보기 중 QUAL-II 모델 13종의 대상 수질인자 중 누락된 항목 5가지를 쓰시오.

> [보기]
> 조류(클로로필-a), 유기질소, 유기인, 암모니아성질소, 아질산성질소, 질산성질소, 3개의 보존성 물질, 임의의 비보존성 물질

> 해설 대장균, BOD, DO, 온도, 용존총인

03. 바다의 적조 현상의 원인이 되는 환경조건 2개와 영양조건(원소명) 3가지를 쓰시오.

> 해설
> - **환경조건**
>   - 영양염류의 유입
>   - 연직안정도가 큰 정체수역
>   - 수온증가
>   - 염도감소
>   - 홍수 시
>   - 용승류(upwelling) 발생 시
> - **영양조건** : 질소(N), 인(P), 탄소(C) 등의 필수원소

04. 적조 현상이란 무엇이며 어떠한 해역에서 잘 일어나는가?

해설 ① 정의: 영양염류의 유입 그리고 해수의 수온증가, 해수의 염도감소 시에 해수의 플랑크톤이 이상증식하여 물이 붉은 색을 띠게 되는 현상
② 발생영역
- 일사량의 증가와 수온이 높은 해역으로서 정체수역
- 담수의 유입이나 강우 등으로 염분 농도가 낮게 유지되는 해역
- 육지로부터 영양 염류(질소, 인 등)가 대량 유입되거나 용승류(upwelling)로 인해 해저퇴적물(PO_4^{3-} 등)의 부상으로 상부에 영양 공급이 이루어지는 해역
- 플랑크톤의 성장에 필요한 기타 영양소인 Si, Ca, Mg 등과 비타민, 미량 금속 등의 촉진물질이 존재하는 해역

05. 해양의 유류 오염 시 대책 3가지를 기술하시오.

해설 ① 오일펜스 : 기름의 폐쇄
② 회수장치 : 회수하여 에멀션 연료로 사용
③ 유처리제 : 응집 또는 분산시켜 처리
④ 유흡착제 : 기름의 확산방지(그래핀 스펀지 등)
⑤ 오일 분산제 : 분산시켜 처리
⑥ 황토 및 점토 : 황토 및 점토를 살포하여 유류 내 유기오염물을 흡착하여 처리

06. 수질예측모형분류의 한 방법으로 동적모델(Dynamic Model)과 정적모델(Steady State Model)을 비교 서술하시오.

해설 (1) **동적모델** : 시스템을 구성하는 수식의 변수가 시간에 따라 변화하는 모델
(2) **정적모델** : 시스템을 구성하는 수식의 변수가 시간의 변화에 관계없이 항상 일정하게 적용하는 모델

07. 관수로(관내에 압력이 존재하는 흐름)에서 유량 측정방법(기구) 3가지를 쓰시오.

해설 ① 벤츄리미터(Venturi meter)
② 오리피스(Orifice)
③ 피토관(Pitot tube)

08. 대장균군의 정성시험의 3단계 시험명과 이에 필요한 배지명을 쓰시오.

해설 ① **추정시험** : 유당부이온(lactose broth) 또는 라우릴트리프토스(lauryl tryptose broth) 배지
② **확정시험** : BGLB 배지
③ **완전시험** : 엔도 또는 EMB 배지

09. 호소의 부영양화 방지대책은 호소의 대책과 호소내 대책으로 구분할 수 있고, 또한 호소 내 대책에서 물리적, 화학적, 생물학적 대책으로 각각 나눌 수 있다. 이들 중 물리적 대책 4가지를 쓰시오.

해설 퇴적물의 준설, 저니의 건조 및 봉합, 수초의 제거, 희석수 및 세류 용수 도입

10. 어느 하천에서 축산폐수가 유입되고 있고, 축산폐수 방류지점에서의 혼합은 이상적으로 이루어지고 있다면 혼합수의 수질 및 조건이 다음과 같을 때 물음에 답하시오.

> **조건**
> - DO 포화농도 : 9.5mg/L
> - DO 농도 : 3.5mg/L
> - 탈산소 계수 : 0.1/day
> - 재포기 계수 : 0.24/day
> - 최종 BOD 농도 : 20mg/L
>
> (상용 대수 기준)

(1) 2일 후 DO 농도(mg/L)

(2) 혼합 후 최저 DO 농도가 나타나는 임계 시간(day)

(3) 최저 DO 농도(mg/L)

해설 (1) 2일 후 DO 농도(mg/L)

식 2일 후 DO $= C_s - D_t$

식 $D_t = \left(\dfrac{K_1 \cdot L_0}{K_2 - K_1}\right)(10^{-K_1 \cdot t} - 10^{-K_2 \cdot t}) + (D_0)(10^{-K_2 \cdot t})$

- $D_0 = 9.5 - 3.5 = 6 mg/L$

$D_t = \left(\dfrac{0.1 \times 20}{0.24 - 0.1}\right) \times (10^{-0.1 \times 2} - 10^{-0.24 \times 2}) + (6 \times 10^{-0.24 \times 2}) = 6.27 mg/L$

∴ 2일 후 DO $= 9.5 - 6.27 = 3.23 mg/L$

정답 3.23mg/L

(2) 혼합 후 최저 DO 농도가 나타나는 임계 시간(day)

[식] $t_c = \dfrac{1}{K_1(f-1)} \log\left(f\left(1-(f-1)\dfrac{D_0}{L_0}\right)\right)$

· $f = \dfrac{K_2}{K_1} = \dfrac{0.24}{0.1} = 2.4$

$t_c = \dfrac{1}{0.1 \times (2.4-1)} \times \log\left(2.4\left(1-(2.4-1)\times\dfrac{6}{20}\right)\right) = 1.0259 = 1.03\,day$

[정답] 1.03day

(3) 최저 DO 농도(mg/L)

[식] 최저 DO 농도 $= C_s - D_c$

[식] $D_c = \dfrac{L_0}{f} \times 10^{-K_1 \cdot t_c} = \dfrac{20}{2.4} \times 10^{-0.1 \times 1.03} = 6.5738\,mg/L$

∴ 최저 DO 농도 $= 9.5 - 6.5738 = 2.92\,mg/L$

[정답] 2.92mg/L

11. 하천에 오염물이 유입된 후의 탈산소와 재폭기현상은 Streeter-Phelps 식으로 설명할 수 있다. 하천의 초기용존산소 부족량과 최종 BOD가 각각 $2.6\,mg/L$와 $21\,mg/L$이며 탈산소계수는 0.4/day이고 대상하천의 자정계수는 2.25라면 임계시간(hr)과 임계점의 산소부족량(mg/L)은 얼마인지 계산하시오. (단, 상용대수 기준)

(가) 임계시간(hr)

(나) 임계점의 산소부족량(mg/L)

해설 (가) 임계시간(hr)

식 $t_c = \dfrac{1}{K_1(f-1)} \log\left(f\left(1-(f-1)\dfrac{D_0}{L_0}\right)\right)$

$t_c = \dfrac{1}{0.4(2.25-1)} \log\left(2.25\left(1-(2.25-1)\dfrac{2.6}{21}\right)\right)$

$= 0.5583\,day = 13.3997\,hr$

정답 13.40hr

(나) 임계점의 산소부족량(mg/L)

식 $D_t = \dfrac{K_1 \times L_0}{K_2 - K_1} \times (10^{-K_1 \times t} - 10^{-K_2 \times t}) + D_0 \times 10^{-K_2 \times t}$

- $f = \dfrac{K_2}{K_1}$

$2.25 = \dfrac{K_2}{0.4}, \quad K_2 = 0.9$

$\therefore D_t = \dfrac{0.4 \times 21}{0.9 - 0.4} \times (10^{-0.4 \times 0.5583} - 10^{-0.9 \times 0.5583}) + 2.6 \times 10^{-0.9 \times 0.5583} = 5.5809\,mg/L$

정답 5.58mg/L

12. 다음 조건을 이용하여 36시간 후의 용존산소량(DO)을 구하시오.

조건
- 포화 DO 농도 : 9mg/L
- K_2 = 0.2.day
- 유하시간 = 36hr
- K_1 = 0.1/day
- BODu = 10mg/L
- 현재 용존산소농도 = 5mg/L, 상용로그 기준

해설 식 36시간 후의 DO = $C_s - D_t$

식 $D_t = \dfrac{K_1 \times L_0}{K_2 - K_1} \times (10^{-K_1 \times t} - 10^{-K_2 \times t}) + D_0 \times 10^{-K_2 \times t}$

- $D_0 = 9 - 5 = 4\,mg/L$

$D_t = \dfrac{0.1 \times 10}{0.2 - 0.1} \times (10^{-0.1 \times 1.5} - 10^{-0.2 \times 1.5}) + 4 \times 10^{-0.2 \times 1.5}$

$= 4.0723\,mg/L$

$\therefore$ 36시간 후의 DO = $C_s - D_t = 9 - 4.0723 = 4.93\,mg/L$

13. 다음 주어진 식의 알맞은 파라미터를 작성하시오. (단, 단위 포함)

$$\boxed{\text{식} \left(\frac{K_1 L_0}{K_2 - K_1}\right) \times \left[10^{-K_1 \times t} - 10^{-K_2 \times t}\right] + D_0 \times 10^{-K_2 \times t}}$$

해설
- K_1 : 탈산소계수(day^{-1})
- K_2 : 재폭기계수(day^{-1})
- L_0 : 최종 BOD(mg/L)
- D_0 : 초기 산소부족농도(mg/L)

14. 호소의 수온분포를 봄, 여름, 가을, 겨울에 따라 그래프로 그리고, 전도현상에 대하여 서술하시오.

해설
- 호소의 수온분포

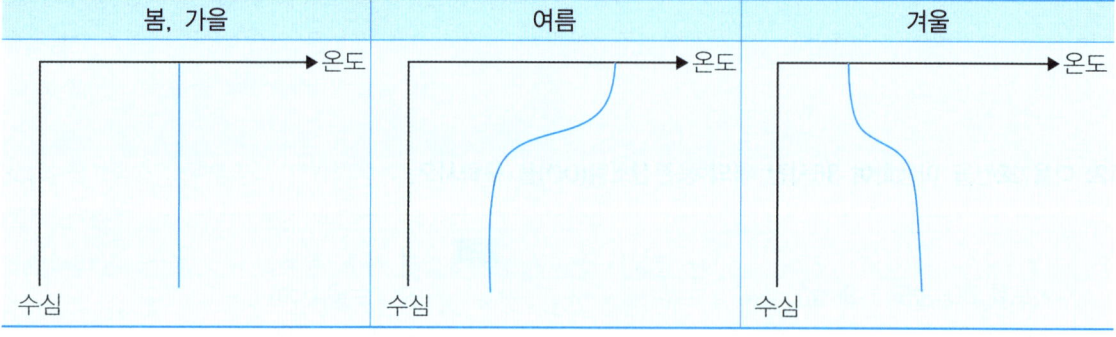

- **전도현상** : 수 표면의 온도가 4℃가 되는 계절(봄, 가을)에는 표층의 물이 심수층까지 내려가면서 물이 뒤집어지는 전도현상이 일어납니다. 전도현상이 일어나면 심수층에 있던 오염물질이 혼합되어 수질이 악화되어 수생생물의 사멸과 영양염류의 공급으로 인한 조류의 증식이 일어납니다.

15. 해수를 담수화 시 상불변방법 3가지, 상변화방법 2가지를 쓰시오.

해설
- **상불변방법(삼투법)** : 역삼투법, 정삼투법, 전기투석법, 전기흡착법
- **상변화방법** : 다중효용방식, 다단 플래시 방식, 증기 압축식, 태양열 담수 플랜트

16. 부영양화 방지대책 4가지를 서술하시오.

> **해설** ① 호수나 저수지에 유입되는 P(인), N(질소)의 농도를 감소시킨다.
> ② P(인)을 함유하고 있는 세제의 사용을 금지한다.
> ③ 폐수를 고도처리하여 P(인)과 N(질소)를 제거한다.
> ④ 조류가 번식할 경우 황산동이나 활성탄을 주입한다.

17. 호소의 부영양화을 방지하는 대책에는 호소내와 호소외 두 가지 방법이 있으며 그중 호소외의 방법에는 물리적, 화학적, 생물학적 대책이 있다. 그중 물리적 대책 4가지에 대해 서술하시오.

> **해설** ① 하수처리장의 증설로 유역으로부터 영양염 유입의 차단
> ② 비점오염원을 감소시킨다.
> ③ 하수의 분리 처리
> ④ 인이 포함된 세제사용을 금지한다.
> ⑤ 대량증식된 조류를 걸러낸다.
> ⑥ 황토를 살포한다.

18. 한 실험자가 BOD 측정을 하기 위해서 온도를 20℃일 때 측정하고 2일 후에 다른 목적으로 인하여 25℃로 조정되었다. 측정된 BOD_5는 얼마인가? (단, $\theta = 1.047$, $K_{20℃} = 0.13/day$, $BOD_u = 330mg/L$)

> **해설** 2일 동안의 온도는 20℃이고, 3일 동안의 온도는 25℃이므로 각각의 BOD를 계산 후 합산하여 5일 동안 소모된 BOD를 산출한다.
> [식] $BOD_5 = 2$일동안 소모 $BOD + 3$일 동안 소모 BOD
> [식] $BOD_t = BOD_u \times 10^{-Kt}$
> [식] $BOD_t = BOD_u \times (1 - 10^{-Kt})$
> - $BOD_2 = 330 \times 10^{-0.13 \times 2} = 181.3484 mg/L$ (2일 후 잔류 BOD)
> - $BOD_2 = 330 \times (1 - 10^{-0.13 \times 2}) = 148.6515 mg/L$ (2일 동안 소모 BOD)
> - $K_{25℃} = K_{20℃} \times 1.047^{T-20} = 0.13/day \times 1.047^{25-20} = 0.1635/day$
> - $BOD_3 = 2$일 후 잔존 $BOD \times (1 - 10^{-K_{25℃} \times 3}) = 181.3484 \times (1 - 10^{-0.1635 \times 3}) = 122.7327 mg/L$
> ∴ $BOD_5 = 2$일동안 소모 $BOD + 3$일 동안 소모 BOD
> $= 148.6515 + 122.7327 = 271.38 mg/L$
>
> **정답** 271.38mg/L

19. 환경영향평가 기법 중 대안평가 기법의 종류 3가지를 쓰시오.

> [해설] ① 비용편익분석(B/C)
> ② 목표달성 매트릭스
> ③ 확대비용편익분석
> ④ 다목적계획기법

20. 환경영향평가의 절차를 서술하시오.

> [해설] 평가협의회 구성 및 운영 → 평가항목 범위확정(스코핑) → 평가서 초안 작성 → 주민의견수렴(설명회, 공청회) → 평가서 작성 및 협의 → 협의의견 통보 → 협의내용 관리
>
> ※ 오염물질관리를 기준한 환경영향평가 절차
> 　평가범위 설정(스코핑) → 중점평가항목 선정 → 현황조사 → 예측 및 평가 → 저감방안 설정 → 대안평가 → 사후관리

21. 환경영향평가 7단계에서 다음 빈칸의 과정을 쓰시오.

| 평가범위 설정 → (　　　) → (　　　) → (　　　) → (　　　) → 대안평가 → (　　　) |

> [해설] 평가범위 설정 → (중점평가항목 선정) → (현황조사) → (예측 및 평가) → (저감방안 설정) → 대안평가 → (사후관리)

PART 2

제 2 편
과년도 필답형 기출문제

CHAPTER 01 2018년 수질환경산업기사 2회 필답형

01. 활성오니법과 회전원판법을 비교 시 회전원판법의 장점 4가지를 쓰시오.

02. BOD 측정에서 희석수의 역할에 대하여 3가지만 기술하시오.

03. 콜로이드 입자를 제거하기 위해 응집제를 주입한다. 응집 메커니즘에 해당하는 설명 중 빈칸에 알맞은 말을 쓰시오.

> (가) 콜로이드 입자는 수중에서 (①), (②), (③)에 의한 3가지 힘에 의해 매우 안정된 상태로 존재한다.
> (나) 콜로이드 입자의 응집을 위해서는 (④)를 감소시켜야 한다.

04. 상수도관의 부식방지방법 3가지를 쓰시오.

05. μ(세포 비증가율)가 μmax의 80%일 때 기질농도(S_{80})와 μmax의 30%일 때의 기질농도(S_{30})와의 (S_{80}/S_{30})비를 구하시오. (단, 배양기 내의 세포 비증가율은 Monod식 적용)

06. 비중 1.5, 직경 0.06mm의 입자가 수중에서 자연침강할 때의 속도가 0.2m/min였다. 입자의 침전속도가 Stokes법칙에 따른다면 동일조건에서 비중 2.5, 직경 0.03mm인 입자의 침전속도(cm/sec)를 계산하시오.

07. 응집침전 시 급속교반과 완속교반을 하는 이유에 대해 서술하시오.

(1) 급속교반

(2) 완속교반

08. CFSTR 반응조에서 1차반응을 따른다고 가정할 때, 효율 95%, 1차반응, 속도상수 0.05/hr, 유입유량 300L/hr, 유입농도 150mg/L이다. 반응조의 부피(m^3)는?

09. 정수장에서 수직고도 30m 위에 있는 배수지로 유량 20m³/sec의 물을 양수하려 한다. 펌프의 효율이 60%, 총양정이 45m일 때 펌프의 전기사용료를 계산하시오. (단, 전기료는 kW당 120원)

10. 유량 20,000m³/day, BOD 2mg/L인 하천에 유량 500m³/day, BOD 500mg/L인 공장 폐수를 폐수처리시설로 유입하여 처리 후 하천으로 방류시키고자 한다. 완전히 혼합된 후 합류지점의 BOD를 3mg/L 이하로 하고자 할 때, 폐수처리시설의 BOD 제거율(%)을 구하시오. (단, 혼합 후의 기타변화는 없다고 가정한다.)

11. 활성슬러지공법의 어느 폭기조의 체류시간은 8hr, 유입하수 유량은 $4000\,m^3/day$, MLVSS 농도는 $2{,}250\,mg/\ell$이고 MLVSS 농도는 MLSS 농도의 75%이다. 유입 BOD 농도는 300mg/L일 때 아래 물음에 답하시오.

가) V

나) MLSS

다) F/M

2018년 수질환경산업기사 3회 필답형

01. 교차연결에 관한 아래의 질문에 답하시오.

(1) 정의

(2) 방지대책

02. 알칼리염소법으로 시안의 산화분해는 다음과 같이 1차, 2차 반응을 시킴으로써 해결된다.

> • 1차반응
>   : $NaCN + NaClO \rightarrow NaCNO + NaCl$
> • 2차반응
>   : $2NaCNO + 3NaClO + H_2O \rightarrow 2CO_2 + H_2 + 2NaOH + 3NaCl$

아래의 물음에 답하시오.

(1) 1차, 2차 반응시 적정 pH와 ORP는 얼마이며, 반응시간은?

(2) 쉽게 산화·분해되는 금속착염 2가지는 어떤 금속인가?

(3) 상기반응에 의해 산화 분해가 어려운 시안착염을 형성하는 금속 2가지는?

03. Al$_2$(SO$_4$)$_3$ · 14H$_2$O를 이용하여 폐수를 응집처리하려고 한다. 반응식을 완성하시오.

> ( )Al$_2$(SO$_4$)$_3$ · 14H$_2$O + ( )Ca(HCO$_3$)$_2$ → ( )CaSO$_4$ + ( )Al(OH)$_3$ + ( )CO$_2$ + ( )H$_2$O

04. 유량 20,000m^3/day, BOD 2mg/L인 하천에 인구 20,000명인 도시로부터 하수 2,000m^3/day가 유입된다. 완전히 혼합된 후 합류지점의 BOD를 3mg/L 이하로 하고자 할 때, 하수처리시설의 BOD 제거율(%)을 구하시오. (단, 혼합 후의 기타변화는 없다고 가정하고 1인당 BOD 배출은 50g/day이다.)

05. 호기성 산화지에서 조류와 박테리아의 공생관계를 설명하시오.

06. 펌프효율이 80%이며, 전양정(H)이 16m, 유량 12L/sec일 때, 펌프의 축동력을 계산하시오. (단, 여유율은 20%이다.)

07. 역사이펀 관로의 길이 500m, 관경은 500mm이고, 경사는 0.3%라고 할 때 유량(m^3/sec)과 손실수두(m)를 계산하시오. (단, Manning 조도 계수 n값 = 0.013, 역사이펀 관로의 미소손실 = 총 5cm 수두, 역사이펀 손실수두 $(h) = i \times L + 1.5 \times \dfrac{V^2}{2g} + \alpha$, 만관이라 가정한다.)

08. H강의 유량이 30m³/sec, BOD농도가 4.0mg/L이고, J하천의 유량은 2.5m³/sec, BOD농도가 3mg/L, C하천의 유량은 1.5m³/sec, BOD농도가 2mg/L이다. J하천과 C하천이 만나서 혼합되고 혼합하천이 다시 H강과 합류한다. H강과 합류된 지점의 BOD농도(mg/L)를 계산하시오.

09. 800m³/day의 유량을 처리하기 위해 장방형 침사지를 설계하려고 한다. 침사지의 폭은 4m, 길이는 8m, 깊이는 2.5m일 때, 침사지의 체류시간(hr)을 구하시오.

10. 회분식 반응조를 일차반응의 조건으로 설계하고 A오염물질의 제거 또는 전환율이 99%가 되게 하고자 한다. 이 회분식 반응조의 체류시간을 구하시오. (단, K = 0.35/hr)

11. 글루코스 2g/L을 호기성 분해시키고자 할 때, 필요한 질소(N)와 인(P)의 농도(mg/L)를 구하시오. (단, 탈산소계수(k) = 0.1/day)

CHAPTER 03 2020년 수질환경산업기사 1회 필답형

01. 침전의 4가지 형태를 쓰고 간단히 서술하시오.

02. 수분함량 97%의 슬러지 14.7m³를 수분함량 70%로 농축했을 때의 용적은 얼마인가?

03. SBR 공법의 계통도를 순서대로 나열하시오.

| ① 혐기조 | ② 침전 | ③ 배출 | ④ 유출 |
| ⑤ 유입 | ⑥ 무산소조 | ⑦ 호기조 | |

04. 응집제로 $FeCl_3$를 사용 시 주어진 반응식을 완성하고, $FeCl_3$ 15mg/L을 넣었을 때 소요되는 알칼리도를 계산하시오.(Fe : 56, Cl : 35.5)

(1) 반응식 완성

반응식 $FeCl_3 + Ca(HCO_3)_2 \rightarrow$

(2) 소요되는 알칼리도(mg/L as $CaCO_3$)

05. 급속여과와 비교하여 완속여과의 장점 2가지를 쓰시오.

06. BOD실험과정에서 질산화 미생물이 존재할 때 생기는 현상과 질산화 억제시약를 쓰시오.

07. 완전혼합흐름 반응조(CFSTR)의 정상흐름상태의 물질수지식에서 체류시간을 유도하시오. (단, 1차반응)

08. Wipple의 4지대 중 다음 설명에 해당하는 지대를 쓰시오.

- 유기물 감소로 인한 DO농도의 증가
- 조류 출현, 원생동물과 미소후생동물의 출현

09. 어떤 생물의 물질 A에 대한 농축계수가 10^4인 경우 그 생물이 물질 A의 농도가 0.02mg/L인 수중에서 생활하고 있다면 물질 A의 체내 농도(g/kg)는 얼마인가?

10. BOD 400mg/L, 폐수량 1,500m³/day의 공장폐수를 활성슬러지법으로 처리하고자 한다. BOD-MLSS 부하를 0.25kg/kg·day, MLSS 2,500mg/L로 운전 중인 폭기조의 크기를 구하시오.

11. 다음의 수질분석결과표 내 경도 유발물질로 인한 총 경도(mg/L as $CaCO_3$)는? (단, 원자량 : Ca 40, Mg 24, Na 23, Sr 88)

mg/L	mg/L
Na^+ : 25	Mg^{2+} : 9
Ca^{2+} : 16	Sr^{2+} : 1

12. 폭이 3m인 어떤 사각 개수로에 수심 1m, 유량 5m³/sec 하수가 흐른다면 수로의 경사(‰)는? (단, 맨닝 공식을 적용하며 n = 0.016이라 가정한다.)

13. 혐기성 생물학적 처리공정에서 글루코오스를 시료로 사용했을 때 최종 BOD 70 kg당 발생가능한 메탄(CH_4)가스의 부피는 50℃에서 몇 m^3인지 구하시오.

14. 일반적인 자연수의 pH와 부영양화된 수계의 pH를 비교설명하시오.

15. 부상조의 최적 A/S비는 0.08, 처리할 폐수의 부유물질 농도는 375mg/L, 20℃에서 5.1atm으로 가압할 때 반송률(%)을 구하시오. (단, $f=0.8$, 공기용해도 $S_a=18.7$mL/L, 20℃ 기준, 순환방식 기준)

16. 유량 20,000m³/sec, BOD 180mg/L, BOD 제거효율 85%, 공기 3m³/kg BOD으로 운영되는 폐수처리장에서 2시간 운전 시 소비된 산소량(ton)을 구하시오. (단, 산소는 공기부피의 20%를 차지한다.)

17. 고도산화처리기술 중 하나인 펜톤산화법 처리공정에서 아래의 물음에 답하시오.

(1) 펜톤산화법에서 H_2O_2가 과량으로 첨가되었을 때 발생하는 문제점 3가지를 기술하시오.

(2) 폐수중에 SO_3^{2-}가 과량 존재시 COD처리 효율은 어떻게 되는가? 그 이유는 무엇인가?

18. SAR에 대하여 설명하고, 식을 쓰시오.

2024년 수질환경산업기사 1회 필답형

01. 각 시료의 pH를 구하시오. (단, H의 원자량은 1.008이다.)

1) A 시료의 수소이온농도 : 1.008g/L
2) B 시료의 수소이온농도 : 0.1008g/L

02. 직경이 500mm인 하수관의 경사가 0.001로 매설되어 있다. 유속(m/s)을 구하시오. (Manning 공식 적용, n = 0.012)

03. 침전효율은 아래의 식으로 산출된다. 공식을 참고하여 침전효율을 높이는 방법 3가지를 쓰시오.

$$\eta = \frac{V_s}{(Q/A)}$$

04. 단위공정으로 정수장에서 화학적 응집 침전과정에 대해 아래 물음에 답하시오.

(가) 유입 > 스크린 > (①) > (②) > (③) > 유출

(나) ①, ②, ③ 공정이 동일장소에서 이루어지도록 개발된 장치를 쓰시오. (단, ①, ② 반응은 응집반응이다.)

05. 활성슬러지공법의 어느 폭기조의 체류시간은 6hr, 유입하수 유량은 2,000 m^3/day, F/M비는 0.3/day, 유입 BOD농도는 150mg/L일 때 아래 물음에 답하시오.

(1) 폭기조의 부피(m^3)를 구하시오.

(2) MLVSS의 농도(mg/L)를 구하시오.

06. 함수율이 90%인 슬러지를 농축시키면 슬러지 감소율은 50%이다. 농축 후 슬러지의 함수율(%)은 얼마인가?

07. 인구 5,000명을 위한 산화구를 만들었다. 유량이 350L/인·day, 유입 BOD_5는 200mg/L, 90% BOD_5 제거, 반송비 0.5, 반응시간(t)은 24시간일 때, 산화구의 부피(m^3)와 1일 BOD제거량(kg/day)을 구하시오.

08. E.coli 10^6/100mL가 99.8%로 제거될 때, 아래 살균반응식을 참고하여 반응조의 부피(m^3)를 구하시오. (단, 유입유량 200m^3/day, K=2/day)

09. SAR이 10이고, Ca^{2+} 80mg/L, Mg^{2+} 48mg/L이다. Na^+(mg/L as $CaCO_3$)을 구하시오. (단, Ca^{2+}, Mg^{2+}의 원자량은 각각 40, 24)

10. NH_4^+-N: $180mg/\ell$를 함유하는 폐수 $4,000m^3/day$를 이온교환하여 처리하고자 한다. 이온교환수지 능력을 100,000 $g\, CaCO_3/m^3$로 하여 10일 주기로 교환한다고 했을 때 필요로 하는 이온교환수지량($m^3/cycle$)을 구하시오.

11. 유량 720,000L/day를 역삼투장치로 처리하고자 한다. 25℃에서 물질전달계수는 $0.2\, L/(m^2 \cdot day \cdot kPa)$이며, 유입수와 유출수 사이의 압력차는 2,500kPa, 유입수와 유출수 사이의 삼투압차는 310kPa, $A_{10℃} = 1.58 A_{25℃}$일 때 10℃에서의 막면적을 구하시오.

12. NH_3–N(암모니아성 질소) 1mg/L의 표준원액을 만들려고 한다. NH_4Cl 몇 mg을 증류수에 녹여 1L로 제조하여야 하는가? (단, NH_4Cl 분자량 = 53.5)

13. 미복원

14. 미복원

15. 미복원

　　※ 정보를 아시는 분의 제보를 기다립니다. (강사 메일 : getupgreen@naver.com)

16. 처리유량이 3,000m³/day이고 염소주입량이 50kg/day, 잔류염소농도가 0.2mg/L일 때 염소요구농도(mg/L)를 구하시오.

17. 아래 내용은 잔류염소를 함유한 시료에 대한 BOD의 전처리에 대한 내용이다. ① ~ ⑤에 알맞은 말을 쓰시오.

> **분석과정**
>
> 가능한 한 염소소독 전에 시료를 채취한다. 그러나 잔류염소를 함유한 시료는 시료 (①)mL에 (②) 0.1g과 요오드화칼륨 1g을 넣고 흔들어 섞은 다음 염산을 넣어 산성으로 한다(약 pH 1). 유리된 요오드를 전분지시약을 사용하여 아황산나트륨용액(0.025N)으로 액의 색깔이 (③)에서 (④)으로 변화될 때까지 적정하여 얻은 아황산나트륨용액(0.025N)의 소비된 부피(mL)를 남아 있는 시료의 양에 대응하여 넣어 준다. 일반적으로 잔류염소를 함유한 시료는 반드시 (⑤)을 실시한다.

18. 정수압차를 추진력으로 이용하는 막공법(membrane)의 종류 3가지를 쓰시오.

2016년도 수질환경기사 1회 필답형

01. 어느 활성슬러지 공법의 SVI를 측정한 결과 100이었다. MLSS의 농도가 3,000mg/L이라면 리터당 침전된 슬러지의 부피(cm^3)를 구하시오.

02. 수질예측모형분류의 한 방법으로 동적모델(Dynamic Model)과 정적모델(Steady State Model)을 비교 서술하시오.

03. 공기 응집기를 설계하고자 한다. G값을 $100s^{-1}$로 했을 때 응집조 $10m^3$에 필요한 공기량(m^3/min)을 아래의 식을 이용하여 구하시오. (단, 응집조의 깊이는 2.5m, 압력은 1atm이고 하수의 온도는 10℃이며 μ = 0.00131N·s/m^2이다. 1atm = 10.33mH_2O = 101,325N/m^2)

$$P = P_a \times Q_a \times \ln\left(\frac{10.3 + h}{10.3}\right)$$

04. 혐기성 공정에서 메탄의 최대 수율은 제거 1kg의 COD당 0.35m³의 CH_4를 증명하라. 또한 유량이 675m³/day이고 COD 3,000mg/L인 폐수의 COD 제거효율이 80%일 때 CH_4의 발생량(m³/day)은?

(1) 증명

(2) 메탄발생량(m³/day)

05. 하수관에서 H_2S에 의한 관정부식을 방지하는 방법을 3가지 쓰시오. (예 관거를 청소한다. 퇴적물을 제거한다. 예시는 정답에서 제외한다.)

06. 정수장에서 수직고도 30m 위에 있는 배수지로 관의 지름 20cm, 총연장 200m의 배수관을 통해 유량 0.1m³/sec의 물을 양수하려 한다. 다음 물음에 답하시오.

(1) 관로의 마찰손실수두를 고려할 때 펌프의 총양정(m)을 계산하시오. (f = 0.03)

(2) 펌프의 효율을 70%라고 할 때 펌프의 소요동력(kW)을 계산하시오.

07. 아래 그림은 폐수 내 질소와 인 제거를 위한 SBR 공법의 운전과정인 유입, 반응(①, ②, ③은 반응공정에서 질소와 인을 제거하기 위한 반응변화 과정을 순서대로 나열한 것임), 침전, 배출을 나타낸 것이다. 다음 물음에 답하시오.

| 유입 | – | ① 반응 | – | ② 반응 | – | ③ 반응 | – | 침전 | – | 배출 |

(1) ①의 반응 단계와 역할을 쓰시오.

(2) ②의 반응 단계와 역할을 쓰시오.

(3) ③의 반응 단계와 역할을 쓰시오.

08. 화합물($C_5H_7O_2N$, 박테리아)에 대한 이론적인 BOD_5/COD, BOD_5/TOC, TOC/COD의 비를 구하시오. (단, 반응은 1차 반응, 속도상수는 $0.1day^{-1}$, base는 상용대수, 화합물을 100% 산화, 박테리아는 분해되어 이산화탄소, 암모니아, 물로 된다. $BOD_u=COD$)

(1) BOD_5/COD

(2) BOD_5/TOC

(3) TOC/COD

09. 도시에서의 폐수량 변동은 다음과 같다. 만약 평균유량 조건하에서 저류지의 체류시간이 6시간이라면 오전 8시에서 오후 8시까지의 저류지의 평균 체류시간을 구하시오.

일중시간(오전)	0시	2시	4시	6시	8시	10시	12시
평균유량의 백분율(%)	88	77	69	66	91	106	129
일중시간(오후)	2시	4시	6시	8시	10시	12시	
평균유량의 백분율(%)	141	149	153	165	101	103	

10. 회분식 반응조를 일차반응의 조건으로 설계하고 A오염물질의 제거 또는 전환율이 99%가 되게 하고자 한다. 이 회분식 반응조의 체류시간을 구하시오. (단, K=0.35/hr)

11. 폐수처리장에서 발생되는 고형물농도 30,000mg/L의 슬러지를 농축시키기 위한 농축조를 설계하기 위하여 실험실에서 침강농축실험을 하여 다음과 같은 결과를 얻었다. 농축슬러지의 고형물농도가 75,000mg/L가 되기 위하여 소요되는 농축시간을 구하시오. (단, 상등수의 고형물농도는 0이라고 가정하고, 농축 전, 후의 슬러지의 비중은 모두 1이라고 가정한다.)

정치시간(농축시간)(hr)	0	2	4	6	8	10	12	14
계면높이(cm)	100	60	40	30	25	24	22	20

12. CSTR에서 물질을 분해하여 95%의 효율로 처리하고자 한다. 이 물질은 0.5차 반응으로 분해되며, 속도상수는 0.05(mg/L)0.5/hr 이다. 유입유량은 300L/hr이고, 유입농도는 150mg/L로 일정하다면 필요한 CSTR의 부피(m^3)는 얼마인가? (단, 반응은 정상상태이다.)

CHAPTER 06 2016년도 수질환경기사 2회 필답형

01. 아래의 조건에서 탈질에 요구되는 무산소반응조(anoxic basin)의 체류시간(hr)은?

> **조건**
> - 반응조로의 유입수 질산염농도 = 22mg/L
> - 반응조로의 유출수 질산염농도 = 3mg/L
> - MLVSS 농도 = 2,000mg/L
> - 온도 = 10℃
> - DO = 0.1mg/L
> - 20℃에서의 탈질율(RDN) = 0.10/day
> - K = 1.09
> - $R_{DN} = R_{20} \times K^{(T-20)} \times (1-DO)$

02. 호소의 부영양화 방지대책은 호소외 대책과 호소내 대책으로 구분할 수 있고, 또한 호소내 대책에서 물리적, 화학적, 생물학적 대책으로 각각 나눌 수 있다. 이들 중 물리적 대책 4가지를 쓰시오.

03. HOCl과 OCl⁻을 이용한 살균소독공정에서 pH가 6.8이고 온도가 20℃일 때, 평형상수가 2.2×10^{-8}이라면 이 때 HOCl과 ClO⁻의 비율([HOCl]/[OCl⁻])을 결정하시오.

04. 수심 3.7m, 폭 12m인 수로의 유속이 0.05m/sec일 때 레이놀드수(N_{Re})는 얼마인가? (단, 동점성계수가 1.31×10^{-6}(m²/sec)이다.)

05. 다음 보기 중 QUAL-II 모델 13종의 대상 수질인자 중 누락된 항목 5가지를 쓰시오.

> **보기**
> 조류(클로로필-a), 유기질소, 유기인, 암모니아성질소, 아질산성질소, 질산성질소, 3개의 보존성 물질, 임의의 비보존성 물질

06. 하수의 배제 방식인 분류식과 합류식에서 적합한 단어를 찾아 아래의 빈칸을 완성하시오.

구분	분류식	합류식	특징
시설비	( )	( )	저렴, 고가
토사유입	( )	( )	적음, 많음
관거오접의 감시	( )	( )	필요, 해당없음
슬러지 함량 내 중금속	( )	( )	적음, 많음
관거 폐쇄 우려	( )	( )	적음, 많음

07. 탈기법에 의해 폐수중의 암모니아성 질소를 제거하기 위하여 폐수의 pH를 조절하고자 한다. 수중 암모니아성 질소 중에 NH_3를 95%로 하기 위한 pH를 산출하여라. (단, $NH_3 + H_2O \rightleftharpoons NH_4 + OH^-$, 평형상수 $K=1.8 \times 10^{-5}$)

08. 흡착공정에 이용되고 있는 GAC와 PAC의 특성을 2가지씩 기술하시오.

1) GAC

2) PAC

09. 유입수 BOD_5가 250mg/L, 유출수의 BOD_5가 20mg/L, 유입하수량 $0.25m^3$/sec인 활성슬러지법에 의한 하수처리장의 폭기조에 대하여 다음 물음에 답하시오. (단, BOD_5/BOD_u = 0.7, 잉여슬러지량 1,700kg/day, 공기밀도 $1.2kg/m^3$, 산소와 공기의 무게비는 0.23, 산소전달효율 0.08, 안전율은 2로 하고, 산소의 소요량은 다음 식을 이용한다.)

$$\boxed{식}\ O_2(kg/day) = \frac{Q(BOD_i - BOD_o)}{f} - 1.42 \times P$$

(1) 산소의 필요량(kg/day)

(2) 설계 시 공기의 필요량(m^3/day)

10. 막 공법은 용질의 물질전달을 유발시키는 추진력을 필요로 한다. 주요 막공법인 투석, 전기투석, 역삼투법의 추진력을 쓰시오.

(1) 투석

(2) 전기투석

(3) 역삼투법

11. 중온(37℃) 혐기소화조에서 유기성분이 75%, 무기성분이 25%인 슬러지를 소화한 후 분석한 결과 유기성분이 60%, 무기성분이 40%가 되었다. 투입한 슬러지의 초기 TOC 농도를 측정한 결과 10,000mg/L이었다면 이 소화조의 소화율(%)과 슬러지 1m³당 발생하는 가스량(m³)을 구하시오. (단, 슬러지의 유기성분은 포도당(Glucose)인 탄수화물로 구성되어 있으며, 0℃, 1atm 기준)

(1) 소화율(%)

(2) 가스량(m³)

12. 표면부하율이 $28.8 m^3/m^2 \cdot day$인 한 침전지로 유입되는 부유물(SS)의 침전속도 분포가 다음 표와 같다면 이 침전지에서 기대되는 전체 부유물 제거율은?

침전속도(cm/min)	3	2	1	0.5	0.3	0.1
SS분율(%)	20	20	25	20	10	5

2018년도 수질환경기사 1회 필답형

01. 수정 Bardenpho 공정에서 각 반응조의 역할에 대해 서술하시오. (단, 침전조의 역할은 제외)

02. 하수 내 인(PO_4^{3-})을 소석회($Ca(OH)_2$)를 이용하여 제거하고자 한다. 하수의 유량이 1,000m³/day, 유입수 중 PO_4^{3-} 농도가 20mg/L as P, 유출수 중 PO_4^{3-} 농도가 1mg/L as P일 때 아래 물음에 답하시오. (단, P : 31, $Ca_5(PO_4)_3OH$: 502)

(1) 제거되는 인(P)의 양(kg/day)을 계산하시오.

(2) 소요되는 소석회($Ca(OH)_2$)의 양(kg/day)을 계산하시오.

(3) 발생되는 슬러지 수산화인회석($Ca_5(PO_4)_3OH$)의 양(m³/day)을 계산하시오.
(단, 함수율은 95%, 비중은 1.2이고 재용해지지 않는 것으로 간주함)

03. 800m³/day의 유량을 처리하기 위해 정방형 급속 혼합조를 설계하려고 한다. 체류시간이 40초라고 할 때 급속 혼합조의 너비(m)와 수심(m)을 계산하시오. (단, 수심 : 너비 = 1.25 : 1)

04. 취수시설의 설치 시 고려해야 할 기본사항 5가지를 쓰시오.

05. 고정식 지붕에 비해 부유식 지붕의 장점 3가지를 쓰시오.

06. 다음의 조건을 이용하여 아래 물음에 답하시오.

조건
• TS = 325mg/L   • FS = 200mg/L   • VSS = 55mg/L   • TSS = 100mg/L

(1) TDS(mg/L)

(2) VS(mg/L)

(3) FSS(mg/L)

(4) VDS(mg/L)

(5) FDS(mg/L)

07. 내경이 150mm인 관에 0.1m³/sec의 유량이 흐를 때 발생되는 관의 마찰손실수두가 10m가 되기 위한 관의 길이(m)를 계산하시오. (단, 마찰손실계수는 0.015이다.)

08. A도시의 인구가 10년간 3.25배 증가했다. A도시의 등비급수법에 따른 인구증가율(%)을 구하시오.

09. CFSTR 반응조에서 1차반응을 따른다고 가정할 때, 효율 95%, 1차반응, 속도상수 0.05/hr, 유입유량 300L/hr, 유입농도 150mg/L이다. 이 반응조의 부피(m³)는?

10. 연속회분식 반응조(SBR)의 장점을 연속흐름반응조와 비교하여 5가지를 기술하시오.

11. 산기식 폭기장치 설계 시 필요한 기초자료 5가지를 쓰시오.

2018년도 수질환경기사 2회 필답형

01. 폭기조 설계 중 아래의 조건에서 DO가 감소되는 원인을 쓰시오.

> **DO 감소 원인**
> - 산소전달속도가 일정하고, 온도도 일정하며 잉여슬러지량이 많다. (1)
> - 산기관이 막힌다. (2)
> - 산소소비량이 많고, BOD량이 높다. (3)

(1)

(2)

(3)

02. 염소소독에 있어 중요인자 5가지를 쓰시오.

03. 저수량이 50만톤이고 유역면적이 50ha인 저수지에서 페놀이 사고로 유입되어 그 농도는 30,000mg/L가 되었다. 페놀의 농도가 3mg/L가 되는데 걸리는 시간(년)을 계산하시오.

> **가정조건**
> - 저수지는 완전혼합 상태이다.
> - 오염물질의 반응은 1차 반응이다.
> - 유입, 유출유량은 강우량만 고려한다.
> - 투입 전 저수지 내 오염물질 농도는 0이다.
> - 강수량은 1,200mm/year이다.

04. 급속여과지 운영 시 발생할 수 있는 문제점 5가지를 쓰시오.

05. 농축조를 설치하기 위해 회분 침강 농축실험 결과 다음과 같은 특성곡선을 얻었다. 슬러지의 초기농도가 $10 g/L$ 이었다면 6시간 정치 후 슬러지의 평균 농도는?

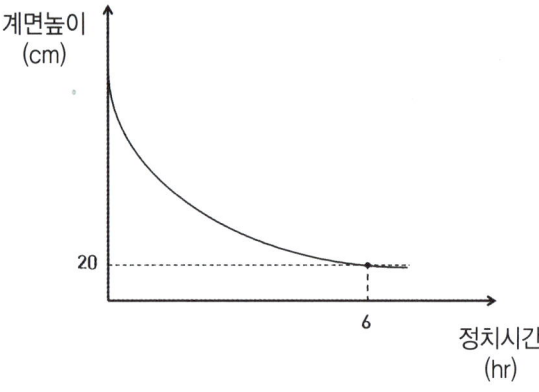

06. 막분리공법에서 사용되는 모듈형식 3가지를 쓰시오.

07. 유량 55,000m³/day의 물을 처리하는 처리장의 여과지를 설계하려고 한다. 아래의 조건을 이용하여 물음에 답하시오.

조건
- 설계여과속도 : 5.5m³/m² · hr
- 1회 역세척 시간 : 25분
- 1일 역세척 횟수 : 5회
- 여과지 수 : 6
- 여과지 운영 : 24시간 기준
- 여과지 규격 길이 : 폭 = 2 : 1(1개 기준)

(1) 실제 여과 시간(hr)을 계산하시오. (1일 기준)

(2) 소요되는 여과 면적(m²)을 계산하시오. (1일 1지 기준)

(3) 여과지의 길이(m)와 폭(m)을 계산하시오. (1지 기준)

08. 지하수가 대수층을 통과할 때 수직방향(y)와 수평방향(x)의 평균투수계수 k_y, k_x 를 계산하시오.

조건

$K_1 = 10 cm/day,\ K_2 = 50 cm/day,\ K_3 = 1 cm/day,\ K_4 = 5 cm/day$
$h_1 = 20 cm,\ h_2 = 5 cm,\ h_3 = 10 cm,\ h_4 = 10 cm$

09. 수심 0.5m, 폭 1.2m인 직사각형 단면수로(구배 $\frac{1}{800}$)가 있다. Bazin의 유속공식을 이용하여 유량($m^3/\min$)을 계산하시오. (단, 소수첫째자리까지 계산하고, 조도상수(r)는 0.30이며 $V = \dfrac{87}{1 + \dfrac{r}{\sqrt{R}}} \sqrt{RI} \, (m/\sec)$)

10. 평균 유량이 20,000m³/day인 도시하수처리장의 1차 침전지를 설계하고자 한다. 최대유량/평균유량 = 2.75이라면 침전조의 직경(m)은? (단, 1차 침전지에 대한 권장 설계기준 : 최대 표면부하율 = 50m³/m²·day, 평균 표면부하율 = 20m³/m²·day)

11. 최근 대규모 생물학적 하수처리공정이 활성슬러지 공법에서 유기물, 질소 및 인을 동시에 제거할 수 있는 고도처리 공정으로 변하고 있다. 이중 5단계 Bardenpho 공정에 대해 공정도를 그리고 호기조 반응조의 주된 역할 2가지에 대해 간단히 기술하시오.

(1) 공정도(반응조 명칭, 내부 반송, 슬러지 반송 표시)

(2) 호기조의 주된 역할 2가지(단, 유기물 제거는 정답에서 제외함)

CHAPTER 09 2018년도 수질환경기사 3회 필답형

01. 야콥의 직선해석법에서 도출된 아래의 식을 이용하여 T(투수량계수), S(저류계수)를 구하시오.

$$T = \frac{0.183\, Q}{\Delta s}$$

$$S = \frac{2.25 \cdot T \cdot t_o}{r^2}$$

- $Q = 0.018\, m^3/\sec$
- $\Delta s = 0.21\, m$
- $t_o = 0.12\, \sec$
- 양수정의 중심에서 관측정의 중심까지의 거리 $= 3m$

02. 유량 $500\, m^3/day$를 역삼투장치로 처리하고자 한다. 25℃에서 물질전달계수는 $0.2\, L/(m^2 \cdot day \cdot kPa)$이며, 유입수와 유출수 사이의 압력차는 2,000kPa, 유입수와 유출수 사이의 삼투압차는 320kPa, $A_{10℃} = 1.6 A_{25℃}$일 때 10℃에서의 막면적을 구하시오.

03. 표면 부하율이 $43.2\,m^3/m^2\cdot day$인 한 침전지로 유입되는 부유물(SS)의 침전속도 분포가 다음 표와 같다면 이 침전지에서 기대되는 전체 부유물 제거율은?

침전속도(cm/min)	4	3	1.5	0.75	0.75	0.3
SS제거율(%)	30	20	20	20	20	10

04. 다음 물음에 답하시오.

(1) 유기탄소를 탄소원으로 이용하는 미생물의 종류를 쓰시오.

(2) 빛을 에너지원으로 이용하는 미생물의 종류를 쓰시오.

(3) 전자수용체로 질산염과 아질산성 이온을 사용하는 미생물이 생장하는 조건을 쓰시오.

05. 폐수처리시설의 계통도를 순서대로 쓰시오.

06. 하수의 배제 방식인 분류식과 합류식에서 적합한 단어를 찾아 아래의 빈칸을 완성하시오.

구분	분류식	합류식	특징
시설비	( )	( )	저렴, 고가
토사유입	( )	( )	적음, 많음
관거오접의 감시	( )	( )	필요, 해당없음
슬러지 함량 내 중금속	( )	( )	적음, 많음
관거 폐쇄 우려	( )	( )	적음, 많음

07. 전기투석, 투석, 역삼투의 구동력을 서술하시오.

08. 저수량이 30,000m³이고 유역면적이 1.2ha인 저수지에서 페놀이 사고로 유입되어 그 농도는 50mg/L가 되었다. 페놀의 농도가 1mg/L가 되는데 걸리는 시간(년)을 계산하시오.

가정조건
• 저수지는 완전혼합 상태이다. • 투입 전 저수지 내 오염물질 농도는 0이다.   • 오염물질의 반응은 1차 반응이다. • 강수량은 1,200mm/year이다.   • 유입, 유출유량은 강우량만 고려한다.

09. 조류가 기인하는 이취미(맛, 냄새)를 제거할 수 있는 화학약품 2가지를 쓰고 각 약품의 상(고체, 액체, 기체)을 쓰시오.

10. 물에 가수분해되었을 때 CO_2의 g당량을 계산하시오. (단, C : 12, O : 16)

11. 환경영향평가의 절차를 서술하시오.

CHAPTER 10 2019년도 수질환경기사 1회 필답형

01. 폐수 30mL를 이용하여 100℃에 있어서의 $KMnO_4$에 의한 COD를 측정했을 때, $0.025N-KMnO_4$ 용액의 역적정량은 4mL이었다. $KMnO_4$의 역가와 폐수의 COD는 몇 mg/L인가? (단, 0.025N-옥살산나트륨 용액의 10mL 적정하는데 9.8mL가 사용(공시험치는 0.15mL), 옥살산나트륨의 역가는 1이고, COD 실험 공시험치는 1mL이었다.)

(1) 역가(소수점 셋째자리까지 기입)

(2) COD

02. 다음 구동력에 따른 막공법의 방법을 서술하시오.

가) 농도차

나) 전위차

다) 정수압차

03. 포도당 250mg/L의 호기성 반응 시 필요한 산소량(mg/L)과 혐기성 반응 시 배출되는 메탄의 양(mL/L)을 산출하시오.

① 호기성 반응 시 필요한 산소량(mg/L)

② 혐기성 반응 시 배출되는 메탄의 양(mL/L)

04. 호소의 부영양화 방지대책 중 물리적 대책 4가지를 쓰시오.

05. 약품 침전법에서의 일반적인 공정을 3단계로 도시하고 각 공정의 역할을 간단히 설명하시오.

06. 해수담수화 방법을 상변화 방식과 상불변 방식 각각 2개씩 쓰시오.

07. 호기성소화에 비해 혐기성소화의 장점과 단점을 각각 3가지씩 쓰시오.

08. COD 측정값이 BOD 측정값보다 작을 때 그 원인과 대책을 서술하시오.

09. 유량이 80,000m³/day이고, 여과속도가 120m/day, 표면세척속도가 30cm/min, 역세척속도가 50cm/min인 급속여과지를 10지로 운전하고 있다. 다음 물음에 답하시오.

(1) 1지당 여과면적(m²)

(2) 표면세척은 3분간, 역세척은 6분간 세척 시 1지 당 세척수량(m³)

10. 침전의 4가지 형태를 쓰고 간단히 서술하시오.

11. 상수의 연수화 시 제거대상 주 물질 2가지와 연수화 방법 3가지를 서술하시오.

CHAPTER 11 2019년도 수질환경기사 2회 필답형

01. 20℃의 하천수에 있어서 바람 등에 의한 DO공급량이 0.02mgO₂/L · day이고, 이 강이 항상 DO 농도가 7mg/L 이상 유지되어야 한다면 이 강의 산소전달계수(hr^{-1})는? (단, α와 β는 무시, 20℃ 포화 DO = 9.17mg/L)

02. 공장폐수의 BOD를 측정하였을 때 초기 DO는 8.4mg/L이고, 20℃에서 5일간 보관 후 측정한 DO는 3.6mg/L이었다. BOD 제거율이 90%가 되는 활성슬러지 처리시설에서 처리하였을 경우 방류수의 BOD(mg/L)는? (단, BOD 측정 시 희석배율 = 50배)

03. PCB의 농도가 300mg/L인 토양에 강우강도가 2mm/min, 면적 1.0km², 유출계수가 0.65인 경우 우수 중의 PCB량(ton/yr)을 구하시오. (단, 합리식 적용)

04. MBR에 대해 설명하고, 특징 4가지를 기술하시오.

05. 수돗물 맛 냄새가 존재하는 경우 제거하는 방법 3가지를 쓰시오.

06. PAC가 Alum보다 좋은 점 5가지를 서술하시오.

07. 침전조 수심을 3.0m라 가정하고, 침전조에서 다음 입자를 제거하는 데 필요한 이론 체류시간(hr)은? (단, 독립입자 침강 기준(스토크식 적용), 응집 후 침전조에서 제거하려는 상대밀도 1.002g/cm³, 지름 1.0mm인 명반플록, 유체밀도 $\rho = 1.0$g/cm³, 점성계수 $\mu = 1.307 \times 10^{-3}$kg/m·sec)

08. 펌프특성곡선과 필요유효흡입수두(NPSH)에 대해 설명하시오.

09. 처리용량이 10,000 m^3/day인 하수처리장이 있다. 이 처리장의 폭기조 용량은 2,500 m^3이며, 포기조 내의 MLVSS 농도는 3,000mg/L이다. 이 처리장에서는 매일 50 m^3의 슬러지를 폐기시키려 한다. 폐기되는 슬러지의 MLVSS 농도는 15,000mg/L이고 처리된 유출수의 MLVSS 농도는 20mg/L라면 미생물 평균 체류시간(day)는 얼마인가?

10. 오존접촉(용해)방식 2가지를 서술하시오.

11. 폐수 처리장을 설계할 때 흐름도를 설정하고 해당 물리적 시설과 연결 배관을 결정한 다음에 평균 및 첨두 유량에 관한 수력학적 종단면도(hydraulic profile)를 모두 작성한다. 수력학적 종단면도를 작성하는 이유를 3가지 쓰시오.

2019년도 수질환경기사 3회 필답형

01. 다음 표를 이용하여 A도시의 강우유출수(m³/sec)를 구하시오.

조건

- 전체면적 : 120ha
- A도시 1구역 : 전체면적의 1/2, 유출계수 0.6
- A도시 2구역 : 전체면적의 1/3, 유출계수 0.5
- A도시 3구역 : 전체면적의 1/6, 유출계수 0.1
- $I(mm/hr) = \dfrac{5,000}{t+40}$
- 유입시간 : 5분
- 유하거리 1500m, 유속 1.2m/sec

02. 반송을 고려하지 않은 폭기조에서 완전 혼합이라고 가정할 때, 유입 COD = 960mg/L, 유출 COD = 120mg/L, 유기물 분해에 생물학적 일차반응이 관여하는 MLSS 농도는 3000mg/L(MLSS의 70% = MLVSS), MLVSS 기준 k = 0.548L/g·hr, 생분해되지 않는 COD = 95mg/L, Q = 18.9MLD일 때 폭기조의 체류시간을 구하시오.

03. MLSS의 농도가 200mg/L인 슬러지를 부상법(Flotation)에 의해 농축시키고자 한다. 공기의 밀도를 1.3g/L, 공기의 용해량이 18.7mL/L이고 Air/Solid(A/S)비가 0.06일 때, 압축탱크의 유효전달 압력을 구하시오. (단, 유량 = 3,000m³/day, f = 0.5, 처리수의 반송은 없다.)

04. 부영양화 방지대책 중 호소 내 물리적 대책 4가지를 쓰시오.

05. 어떤 Mg(OH)$_2$ 용액 100mL에 대해 0.01N H$_2$SO$_4$ 40.4ml로 중화시켰다고 할 때, 이 용액의 경도(mg/L as CaCO$_3$)를 구하시오.

06. 어떤 도시의 하수 관거 계획을 세울 때, 계획 1인 1일 BOD부하량 = 70g(분뇨 18g, 오수 52g), 1인 1일 오수량은 350L, 수세변기희석수를 50L 이용하였을 때, 정화조에서 BOD 제거 효율이 50%라고 한다. 정화조에서 나온 유출수 및 오수가 합류되어 하수관으로 유입될 때, 이 하수의 BOD 농도(mg/L)를 구하시오.

07. 폐수의 최종방류수가 물환경에 영향을 최소화하기 위한 방법 3가지를 쓰시오.

08. 유입 SCOD가 500mg/L, 유량 1,000m³/day, 유출수의 VSS 200mg/L, 유출수의 SCOD 10mg/L일 때, 수율(g VSS / 제거된 gSCOD)을 구하시오.

09. 이상적 PFR, CSTR의 아래 빈칸을 완성하시오.

구분	이상적 PFR	이상적 CFSTR
분산		
분산수		
체류시간		
모릴지수		

10. 활성슬러지공법 중 질산화 미생물 양 변화에 가장 큰 영향을 미치는 인자 2가지를 쓰시오.

11. 혐기성 소화조 소화가스 발생량 저하원인과 대책 4가지를 쓰시오.

CHAPTER 13 2020년도 수질환경기사 1회 필답형

01. 트리클로로에틸렌 33㎍/L을 최대오염기준까지 감소시키는데 필요한 분말활성탄(PAC)의 최소 주입량(mg/L)을 계산하시오. (단, Freundlich의 등온흡착식을 이용하고 k=2, n=1.61, 트리클로로에틸렌의 최대오염기준은 0.005mg/L이다.)

02. 정수장의 수돗물의 부식성이 강한 경우에 부식을 방지(랑겔리어 포화지수를 개선하는 측면)하기 위해서 사용하는 약품 2가지의 종류와 상(고체, 액체, 기체)을 쓰시오.

03. 다음 빈칸에 알맞은 말을 쓰시오.

> 침전지의 정류설비는 다음 각 항에 따른다.
> 가. 정류공의 직경은 (㉠) 전후로 한다.
> 나. 정류벽은 유입단에서 (㉡) 이상 떨어진 위치에 설치한다.
> 다. 정류벽에서 정류공의 총면적은 유수단면적의 (㉢) 정도를 표준으로 한다.
> 라. 정류벽의 개구면적이 너무 (㉣) 정류효과가 떨어지고 너무 (㉤) 정류공 통과부에서 유속이 과대하게 된다.

04. 표면 부하율이 $28.8 m^3/m^2 \cdot day$인 한 침전지로 유입되는 부유물(SS)의 침전속도 분포가 다음 표와 같다면 이 침전지에서 기대되는 전체 부유물 제거율은?

침전속도(cm/min)	3	2	1	0.5	0.3	0.1
SS제거율(%)	30	20	15	15	15	5

05. 입상활성탄(GAC)와 분말활성탄의 특징을 2가지씩 쓰시오.

06. 수처리에 있어서 염소소독과 비교하여 오존(O_3)소독의 장점 6가지를 쓰시오.

07. BOD 측정시 시료에 중금속 등의 독성물질이 존재할 때 미치는 영향을 설명하시오.

　(1) 중금속이 환원성물질일 경우

　(2) 중금속이 독성물질일 경우

08. 일반적으로 수처리를 위한 약품 응집에는 알칼리도가 중요한 의미를 가진다. 다음 무기응집제에 대해 각각 응집에 필요한 칼슘염 형태의 알칼리도를 반응시켜 Floc을 형성하는 완전반응식을 쓰시오.

09. QUAL모델을 이용하여 농도를 계산할 때 고려해야 하는 인자 4가지를 쓰시오.

10. BOD 소비식을 유도하시오.

11. 환경영향평가 기법 중 대안평가 기법의 종류 3가지를 쓰시오.

12. 정유공장에서 유량이 30,000 m^3/day이고, 최소입경이 0.03cm인 기름방울을 제거하려고 한다. 부상조의 폭은 6m이고 부상조의 수심은 3.5m일 때 다음 물음에 답하시오. (단, 물의 밀도는 $1 g/cm^3$, 기름의 밀도는 $0.95 g/cm^3$, 점도는 1cp이다.)

(1) 기름 분리시간(min)

(2) 부상조의 길이(m)

13. 정수장에서 수직고도 30m 위에 있는 배수지로 유량 0.1m³/sec의 물을 양수하려 한다. 펌프의 효율이 60%, 총양정이 45m일 때 펌프의 소요동력(kW)을 계산하시오.

14. 다음 아래의 공정은 도금공장에서 발생하는 크롬폐수를 처리하는 공정도이다. 번호에 해당하는 반응조의 명칭과 역할을 쓰고 ②와 ③의 반응조에서 반응 pH와 사용되는 약품을 2가지만 쓰시오.

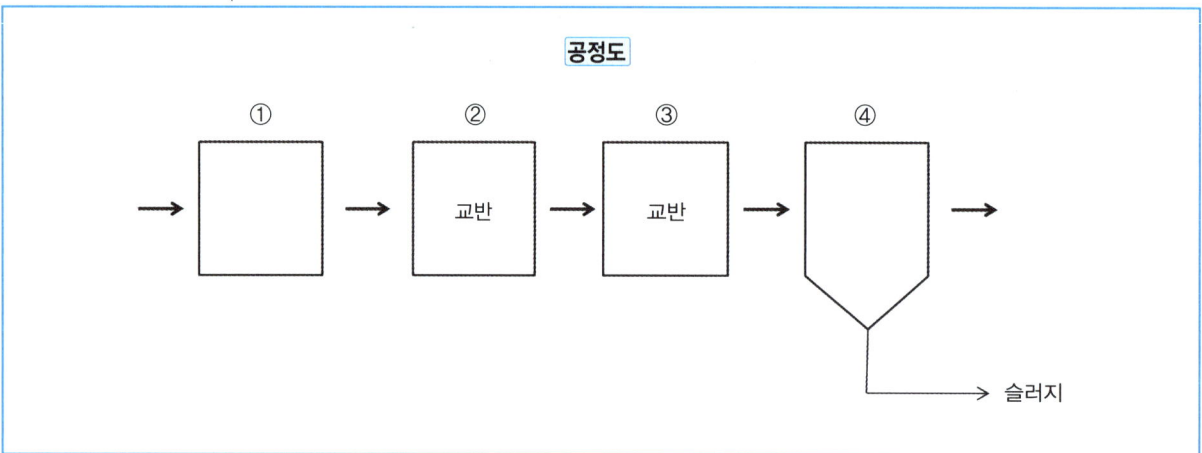

(1) ① :
(2) ② :
  • pH :
  • 약품 :
(3) ③ :
  • pH :
  • 약품 :
(4) ④ :

15. 활성슬러지공법으로 하수를 처리하는 처리장에서 배출되는 슬러지를 가압탈수하고자 한다. 다음에 주어진 조건을 이용하여 물음에 답하시오.

- 슬러지의 발생량 : $16 m^3/day$
- 탈수 Cake 중 고형물 농도 : 40%
- 슬러지의 발생량 중 고형물의 양 : 600kg/day
- 슬러지 내의 고형물 밀도 : 2.4kg/L
- 탈수 여액 중의 고형물 농도 : 0.5%

(1) 탈수 Cake의 밀도(kg/L)를 계산하시오.

(2) 탈수 여액의 밀도(kg/L)를 계산하시오.

(3) 1일 여액의 발생량(m^3/day)을 계산하시오.

(4) 1일 탈수 Cake 발생량(kg/day)을 계산하시오.

16. 회분식 반송조를 1차 반응의 조건으로 설계하고 어떠한 구성물 A의 제거 또는 전환율이 90%가 되게 하고자 한다. 반응상수 k가 0.35/hr이면 이 회분식 반응조의 체류시간은?

17. 폐수 1L에 2.4(g)의 CH_3COOH와 0.73(g)의 CH_3COONa를 용해시켰을 때 용액의 pH를 구하시오. (단, CH_3COOH의 Ka는 1.8×10^{-5}이다)

18. 이온크로마토그래피법에서 제거장치(써프레서)의 역할 2가지를 쓰시오.

2020년도 수질환경기사 2회 필답형

01. 활성슬러지 공법으로 오염물질을 처리하고 있는 하수처리장에서 SS농도가 기준치를 초과할 때, 기준치 이하로 배출하기 위해 추가할 수 있는 고도처리공정 3가지를 쓰시오.

02. 공동하수처리장으로 폐수 A와 폐수 B가 혼입된다. 혼합액의 pH를 구하시오.

- 폐수 A : pH 3, 유량 1,000m³/sec
- 폐수 B : pH 5, 유량 2,000m³/sec

03. Jar test(응집 교반실험)의 목적 3가지를 쓰시오.

04. 도수관로에서 기능이 저하되는 이유 4가지를 쓰시오.

05. 상수처리시 적용되는 전염소처리와 중간염소처리의 염소제 주입지점은?

(1) 전염소처리 염소제 주입지점

(2) 중간염소처리 염소제 주입지점

06. 수중의 암모니아성질소(NH_3-N) 제거의 화학적 처리방법인 공기탈기법과 파과점염소주입법의 제거원리(화학식포함)를 설명하시오.

(1) 공기탈기법

(2) 파과점염소주입법

07. 우리나라의 하천은 여름에만 비가 집중적으로 많이 오는 하상계수가 큰 특징을 가진다. 최소유량이 30m³/sec, 평균유량은 2,000m³/sec, 최대유량이 6,000m³/sec인 하천의 하상계수를 구하라.

08. Streeter-Phelps식의 알맞은 파라미터를 작성하시오. (단, 단위 포함)

$$\boxed{\text{식} \quad D_t = \left(\frac{K_1 L_0}{K_2 - K_1}\right) \times \left[10^{-K_1 \times t} - 10^{-K_2 \times t}\right] + D_0 \times 10^{-K_2 \times t}}$$

(1) K_1

(2) K_2

(3) L_0

(4) D_0

09. 급속여과법과 완속여과법을 건설비, 유지관리비, 세균제거 면에서 비교하여 장단점을 서술하시오.

10. SBR 공법의 계통도 ①, ②, ③ 명칭과 각 반응조 역할을 서술하시오.

유입 → ① → ② → ③ → 침전 → 배출 → 유출

11. 여름철 호수의 깊이에 따른 수온변화를 그래프로 그리고 각 층의 명칭을 쓰시오. 층에 따른 깊이는 적절히 설정해서 기입하시오.

12. 오염물질의 비중이 2.67이고 침전속도가 0.6cm/sec인 경우, 직경(cm)을 계산하시오. (단, 점성계수는 0.0101g/cm·sec)

13. 저수량이 50만톤이고 유역면적이 50ha인 저수지에서 페놀이 사고로 유입되어 그 농도는 30,000mg/L가 되었다. 페놀의 농도가 3mg/L가 되는데 걸리는 시간(년)을 계산하시오.

> **가정조건**
> - 저수지는 완전혼합 상태이다.
> - 오염물질의 반응은 1차 반응이다.
> - 유입, 유출유량은 강우량만 고려한다.
> - 투입 전 저수지 내 오염물질 농도는 0이다.
> - 강수량은 1,200mm/year이다.

14. A/O 공정과 Phostrip 공정의 인 제거 원리를 서술하시오.

15. 트리클로로에틸렌 50μg/L을 최대오염기준까지 감소시키는데 필요한 분말활성탄(PAC)의 최소 주입량(mg/L)을 계산하시오. (단, Freundlich의 등온흡착식을 이용하고 k=2, n=1.6, 트리클로로에틸렌의 최대오염기준은 0.005mg/L이다.)

16. 폭기조 설계 중 아래의 조건에서 DO가 감소되는 원인을 쓰시오.

> **DO 감소 원인**
> - 산소전달속도가 일정하고, 온도도 일정하며 잉여슬러지량이 많다. (1)
> - 산기관이 막힌다. (2)
> - 산소소비량이 많고, BOD량이 높다. (3)

(1)

(2)

(3)

17. 800m³/day의 유량을 처리하기 위해 정방형 급속 혼합조를 설계하려고 한다. 체류시간이 40초라고 할 때 급속 혼합조의 너비(m)와 수심(m)을 계산하시오. (단, 수심 : 너비 = 1.25 : 1)

18. 일반적인 슬러지의 탈수처리 방법 4가지를 쓰시오.

2020년도 수질환경기사 3회 필답형

01. 접촉산화법의 단점 5가지를 서술하시오.

02. 최근 대규모 생물학적 하수처리공정이 활성슬러지 공법에서 유기물, 질소 및 인을 동시에 제거할 수 있는 고도처리 공정으로 변하고 있다. 이중 5단계 Bardenpho 공정에 대해 공정도를 그리고 호기조 반응조의 주된 역할 2가지에 대해 간단히 기술하시오.

(1) 공정도(반응조 명칭, 내부반송, 슬러지 반송 표시)

(2) 호기조의 주된 역할 2가지 (단, 유기물 제거는 정답에서 제외함)

03. 5단계 Bardenpho 공정의 각 반응조의 주된 역할에 대해 간단히 기술하시오.

04. 1차 침전지의 BOD제거율이 40%이고, BOD 중 용해성 BOD는 20%이다. 비용해성 BOD만 침전하고, 비용해성 BOD에 비례하여 SS가 제거된다고 할 때 SS제거율을 구하시오.

05. 인구 20,000명인 도시의 하수발생량이 450L/인·일이다. 이 도시의 하수를 처리하는 1차침전지를 설계할 때 필요한 침전지의 직경과 수심을 구하시오. (단, 1차침전지의 체류시간은 2.5hr, 표면부하율(Q/A)은 40m/day이다.)

(1) 직경(m)

(2) 수심(m)

06. 관수로(관내에 압력이 존재하는 흐름)에서 유량 측정방법(기구) 3가지를 쓰시오. (단, 피토우관 제외)

07. 생물학적 탈질산화공정에 이용되는 탈질산화세균은 에너지원 및 세포합성을 위한 탄소원으로서 용존유기물질을 필요로 한다. 그러한 유기물질을 얻을 수 있는 형태(방법)를 3가지 쓰시오.

08. pH가 2인 H_2SO_4를 하루 200m^3씩 배출시키는 공장에서 중화법으로 폐수를 처리하고자 한다. 중화제로 NaOH를 사용할 때, 하루에 소모되는 NaOH의 양(kg)을 구하시오. (단, 두 약품의 용해도는 같다고 보고 사용하려는 NaOH의 순도는 90%이다. Na는 23이다.)

09. A공장에서 시안(CN)이 200mg/L의 농도로 500m^3/day씩 배출되고 있다. 시안(CN)을 염소를 이용하여 처리하고자 할 때 투입되어야 할 염소량(ton/day)을 구하시오.

> **반응식** $2CN + 5Cl_2 + 4H_2O \rightarrow 2CO_2 + N_2 + 6HCl + 2Cl_2$

10. 회분식 반응조를 일차반응의 조건으로 설계하고 A오염물질의 제거 또는 전환율이 99%가 되게 하고자 한다. 이 회분식 반응조의 체류시간을 구하시오. (단, K = 0.35/hr)

11. 질산화는 질산화를 일으키는 autotrohic bacteria에 의해 NH_4^+가 2단계를 거쳐 NO_3^-로 변한다. 각 단계 반응식을 관련 미생물을 포함하여 서술하고 전체반응식을 완성하시오.

(1) 1단계 질산화 반응식

(2) 2단계 질산화 반응식

(3) 전체 반응식

12. 하수관에서 H_2S에 의한 관정부식을 방지하는 방법을 3가지 쓰시오. (예 관거를 청소한다, 퇴적물을 제거한다, 예시는 정답에서 제외한다.)

13. 지하수가 대수층을 통과할 때 수직방향(y)와 수평방향(x)의 평균투수계수 k_y, k_x를 계산하시오.

> **조건**
> - $K_1 = 10cm/day$, $K_2 = 50cm/day$, $K_3 = 1cm/day$, $K_4 = 5cm/day$
> - $h_1 = 20cm$, $h_2 = 5cm$, $h_3 = 10cm$, $h_4 = 10cm$

14. 고정식 지붕에 비해 부유식 지붕의 장점 3가지를 쓰시오.

15. 한 달동안 심층수의 총 인 농도는 20㎍/L에서 100㎍/L으로 증가했다. 하루에 발생한 총 인 농도(mg/m² · day)는 얼마인가? (단, 심층수의 깊이는 5m, 바닥면적은 1km², 1달은 30일로 계산)

16. A도시의 인구가 10년간 3.25배 증가했다. A도시의 등비급수법에 따른 인구증가율(%)을 구하시오.

17. 30cm × 30cm × 30cm의 상자에 물이 차 있다. 증발산량(cm/day)를 구하라.

| 1일차 박스 무게 : 20kg |
| 3일차 박스 무게 : 19.2kg |

18. 수심 0.5m, 폭 1.2m인 직사각형 단면수로(구배 $\frac{1}{800}$)가 있다. Bazin의 유속공식을 이용하여 유량($m^3/\min$)을 계산하시오. (단, 소수첫째자리까지 계산하고, 조도상수(r)는 0.30이며 $V = \dfrac{87}{1+\dfrac{r}{\sqrt{R}}}\sqrt{RI}\,(m/\sec)$이다.)

2020년도 수질환경기사 4회 필답형

01. 5단계 Bardenpho 공정을 순서대로 나열하고 각 반응조의 역할을 서술하시오.

02. 염소소독에 있어 중요인자 5가지를 쓰시오.

03. 저수량이 30만톤이고 유역면적이 20ha인 저수지에서 페놀이 사고로 유입되어 그 농도는 500mg/L가 되었다. 페놀의 농도가 0.2mg/L가 되는데 걸리는 시간(년)을 계산하시오.

> **가정조건**
> - 저수지는 완전혼합 상태이다.
> - 오염물질의 반응은 1차 반응이다.
> - 유입, 유출유량은 강우량만 고려한다.
> - 투입 전 저수지 내 오염물질 농도는 0이다.
> - 강수량은 1,200mm/year이다.

04. 폐수 1L에 3(g)의 CH_3COOH와 0.7(g)의 CH_3COONa를 용해시켰을 때 용액의 pH를 구하시오 (단, CH_3COOH의 Ka는 1.8×10^{-5}이다)

05. 활성슬러지공법 중 발생한 농축 슬러지(함수량 97%) 50m³을 탈수시켜 함수량 80%의 슬러지로 만들고자 한다. 발생되는 슬러지의 부피는 몇 m³인가?

06. μ(세포 비증가율)가 μ_{max}의 80%일 때 기질농도(S_{80})와 μ_{max}의 20%일 때의 기질농도(S_{20})와의 (S_{80}/S_{20})비를 구하시오. (단, 배양기 내의 세포 비증가율은 Monod식 적용)

07. 후 – 무산소 탈질공정에서 외부탄소원(CH_3OH)을 탈질을 진행할 때의 탈질반응을 반응식으로 나타내시오.

(1) 1단계 반응

(2) 2단계 반응

(3) 총괄반응식

08. A도시에서 배출되는 하수는 A하수처리장에서 처리되고 있다. 활성슬러지법을 적용하는 경우 아래의 조건을 이용하여 물음에 답하시오.

> **조건**
> - 유입유량 : 30,000m³/day
> - 유출수 BOD_5 : 25mg/L
> - 산소/공기(무게비) : 23.2w/w%
> - BOD_5 = BOD_u × 0.8
> - 산소전달율 : 7%
> - 유입수 BOD_5 : 250mg/L
> - 잉여슬러지량 : 1,800kg/day
> - 안전율 : 1.5
> - 공기밀도 : 1.2kg/m³
> - O_2(kg/day) = $\dfrac{Q(BOD_i - BOD_o)}{f} - 1.42 \times P$

(1) 포기조의 1일 필요산소량(kg/day)을 구하시오.

(2) 포기조의 1일 공급공기량(m³/day)을 구하시오.

09. 다음의 펜턴산화법에 대한 물음에 답하시오.

(1) 목적

(2) 시약 2가지

(3) 반응 최적 pH

10. $Zn^{2+}: 20mg/\ell$, $Cu^{2+}: 35mg/\ell$, $Ni^{2+}: 25mg/\ell$를 함유하는 폐수 $4,000m^3/day$를 이온교환하여 처리하고자 한다. 이온교환수지 능력을 $100,000g\, CaCO_3/m^3$로 하여 10일 주기로 교환한다고 했을 때 필요로 하는 이온교환수지량(m^3/cycle)을 구하시오. (단, Zn^{2+} : 64.5, Cu^{2+} : 63.5, Ni^{2+} : 58.7)

11. 내경이 100mm인 관에 0.03m³/sec의 유량이 흐를 때 발생되는 관의 마찰손실수두가 10m가 되기 위한 관의 길이(m)를 계산하시오. (단, 마찰손실계수는 0.05이다.)

12. 다음의 조건을 이용하여 하수처리장 유출수의 BOD농도(mg/L)를 계산하시오.

> 조건
> - 급수 인구수 : 60,000명
> - COD 배출량 : 50g/인·day
> - BOD/COD = 0.75
> - 급수 보급률 : 80%
> - 평균 급수량 : 500L/인·day
> - COD 처리효율 : 95%
> - 하수도 보급률 : 60%
> - 하수량은 급수량의 85%

13. 전기투석, 투석, 역삼투의 구동력을 서술하시오.

14. 소화조에서 발생하는 스컴(scum)의 문제점과 제거방법을 서술하시오.

   (1) 문제점

   (2) 제거방법

15. 진한황산(비중 1.84, 농도 96%)을 0.1N-500mL로 만들려고 할 때, 필요한 진한황산(H_2SO_4)의 양(mL)을 계산하시오.

16. 물에 가수분해되었을 때 CO_2의 g당량을 계산하시오. (단, C : 12, O : 16)

17. 혐기성 생물학적 처리공정에서 글루코오스를 시료로 사용했을 때 최종 BOD 1kg당 발생가능한 메탄(CH_4)가스의 부피는 30℃에서 몇 m^3인지 구하시오.

18. 하수의 배제 방식인 분류식과 합류식에서 적합한 단어를 찾아 아래의 빈칸을 완성하시오.

구분	분류식	합류식	특징
시설비	( )	( )	저렴, 고가
토사유입	( )	( )	적음, 많음
관거오접의 감시	( )	( )	필요, 해당없음
슬러지 함량 내 중금속	( )	( )	적음, 많음
관거 폐쇄 우려	( )	( )	적음, 많음

2021년도 수질환경기사 1회 필답형

01. 박테리아의 호기성 분해 시 필요한 산소요구량(BOD)과 암모니아의 산화 시 필요한 산소요구량(NOD)의 비는 얼마인가?

02. 상수관로에서 조도계수 0.014, 동수경사 $\frac{1}{100}$ 이고, 관경이 1,200mm일 때 속도수두(m)를 계산하시오. (단, Manning 공식 이용하고 만관기준)

03. 수질시료를 보존할 때 반드시 유리용기에 넣어 보존해야 하는 측정항목 4가지를 쓰시오.

04. 다음 조건을 이용하여 36시간 후의 용존산소량(DO)을 구하시오.

조건
- 포화 DO 농도 = 9mg/L
- K_2 = 0.2day
- 유하시간 = 36hr
- K_1 = 0.1/day
- BOD_u = 10mg/L
- 현재 용존산소농도 = 5mg/L, 상용로그 기준

05. 폐수처리공정 선정 시 고려사항 5가지를 쓰시오.

06. 95%의 함수율을 가진 슬러지 120m³/day을 탈수하려고 한다. 염화제1철 및 소석회를 슬러지 고형물의 건조중량 당 각각 5%, 20% 첨가하여 15kg/m²-hr의 여과속도로 탈수하여 수분 75%의 탈수 cake를 얻으려고 한다. 이 때 여과기의 여과면적(m²)과 탈수 cake 용적(m³/day)를 구하시오. (단, 슬러지의 비중은 1.0이다.)

(1) 여과기 여과면적(m²)

(2) 탈수 cake 용적(m³/day)

07. 현재 침전조에서 직경 0.2mm, 비중 1.01인 입자가 100% 제거된다. 이 침전조에 직경 0.1mm, 비중 1.03인 입자가 유입될 경우의 제거효율(%)을 산출하시오. (단, 동점성계수는 $1.003 \times 10^{-6} m^2/sec$)

08. 산기식 폭기장치 설계 시 필요한 기초자료 5가지를 쓰시오.

09. 탈기법에 의해 폐수중의 암모니아성 질소를 제거하기 위하여 폐수의 pH를 조절하고자 한다. 수중 암모니아성 질소 중에 NH_3를 95%로 하기 위한 pH를 산출하여라. (단, $NH_3 + H_2O \rightleftharpoons NH_4 + OH^-$, 평형상수 K=$1.8 \times 10^{-5}$)

10. Phostrip(포스트립) 공정 중 다음의 역할을 쓰시오.

　(1) 포기조

　(2) 탈인조

　(3) 화학처리

　(4) 탈인조슬러지

11. 수심 4m, 폭 12m인 수로의 유속이 0.1m/sec일 때 레이놀드수(N_{Re})는 얼마인가? (단, 동점성계수가 1.81×10^{-6}(m^2/sec)이다.)

12. 정수처리과정에서 무기물질 제거 시 적절한 공법 3가지와 고려사항 3가지를 쓰시오.

(1) 적절한 공법

(2) 공법 선택 시 고려사항

13. 정수장에서 수돗물의 맛과 냄새를 제어하기 위해 사용하는 물질 3가지를 쓰고 물질의 성상(고체, 액체, 기체)를 쓰시오.

14. 수질예측모형분류의 한 방법으로 동적모델(Dynamic Model)과 정적모델(Steady State Model)을 비교 서술하시오.

15. 야콥의 직선해석법에서 도출된 아래의 식을 이용하여 T(투수량계수), S(저류계수)를 구하시오.

식 $T = \dfrac{2.3\,Q}{4\pi\,\Delta S}$

식 $S = \dfrac{2.25 \cdot T \cdot t_o}{r^2}$

- $Q = 1{,}200\,m^3/day$
- $\Delta S = 4m$
- $t_o = 100\,min$
- 양수정의 중심에서 관측정의 중심까지의 거리 $= 1{,}000\,m$

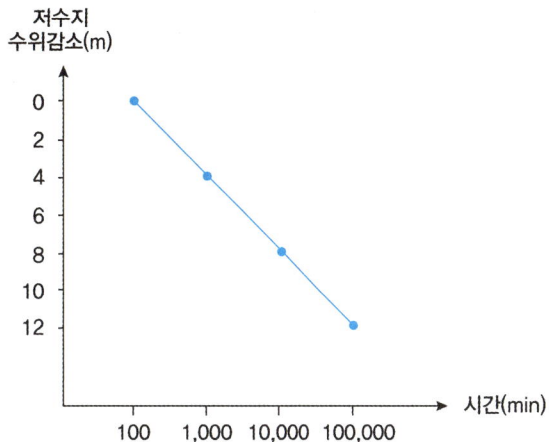

(1) T(투수량계수) (m^2/min)

(2) S(저류계수)

16. $KMnO_4$을 산화제로 하여 COD 분석 시 적정 온도보다 온도가 높을 때와 낮을 때의 문제점을 쓰시오.

(1) 온도가 높을 때

(2) 온도가 낮을 때

17. 폐수 중의 질소 제거 공법 중 생물학적 탈질법을 이용하여 질소를 제거할 때 질산성질소(NO_3-N) 1g을 탈질하는데 수소공여체로서 필요한 메탄올의 이론양은?

18. 시궁창의 바닥이 검은 이유를 쓰시오.

CHAPTER 18 2021년도 수질환경기사 2회 필답형

01. 정수공정에서 물에 차아염소산염(OCl^-)을 주입하여 살균 및 소독할 경우 물의 pH는 어느 방향(증가, 감소, 변화없음)으로 변화하는지, 화학식을 이용해 설명하시오.

02. 활성탄의 재생방법 5가지를 쓰시오.

03. 공동현상과 수격작용의 원인과 대책을 각각 2가지씩 쓰시오.

(1) 공동현상

(2) 수격작용

04. 정수시설에서 불화물 침전제로 사용되는 약품 2가지와 그 형태(고체, 액체, 기체)를 쓰시오.

05. 봄, 가을 전도현상이 일어나는 이유를 설명하시오.

(1) 봄

(2) 가을

06. 바다의 적조현상의 원인이 되는 환경조건 2가지와 영양조건 3가지를 쓰시오.

(1) 환경조건

(2) 영양조건

07. 슬러지벌킹의 원인과 대책을 각각 3가지씩 쓰시오.

(1) 원인

(2) 대책

08. 활성슬러지법과 비교한 MBR공법(막분리활성슬러지법)의 장점 4가지를 쓰시오.

09. 환경영향평가과정 중 수질모델링관리에서 '감응도 분석'이란 무엇인지 설명하시오.

10. COD를 과망간산칼륨을 이용하여 적정하고자 할 때 반응식과 각 인자를 설명하시오.

11. 다음 조건하에서 2차 처리수의 살균을 위한 염소 접촉조를 설계하고자 한다. 접촉조의 소요 길이를 산출하시오.

조건

- 유입유량 : 1.2m³/sec
- 목표 살균효율 : 95%
- 살균 반응속도상수 : K = 0.1/min의 제곱(밑수 e)
- 접촉조 단면 : 폭 4m, 유효수심 2m
- 살균 반응식 dN/dt = − KNt
- 접촉조 내의 흐름은 PFR이라 가정한다.

12. 슬러지 매립처리 후 (20×50×4)m³의 잔토가 남았다. 10대 트럭을 이용하여 잔토 운반 시 운반일수를 구하시오. (단, 토공계수 0.8, 작업효율 0.9, 트럭 1대당 적재부피 6m³, 작업시간 8시간/일, 작업시간(적재시간 및 운송시간 포함) 20분이다.)

13. 폐수처리장에서 발생되는 고형물농도 10g/L의 슬러지를 농축시키기 위한 농축조를 설계하기 위하여 실험실에서 침강 농축실험을 하여 다음과 같은 결과를 얻었다. 6시간 정치 후 슬러지 농도(g/L)를 구하시오. (단, 상등수의 고형물농도는 0이라고 가정하고, 농축 전, 후의 슬러지의 비중은 모두 1이라고 가정한다.)

정치시간(농축시간)(hr)	0	2	4	6	8
계면높이(cm)	90	60	30	20	15

14. ICP(유도결합플라스마-발광분광법)의 원리를 설명하시오.

15. 유량이 200㎥/day인 폐수의 SS농도는 300mg/L이다. 공기부상실험에서 A/S비는 0.05mgAir/mgSolid, 실험온도는 20℃이고 이 온도에서 공기의 용해도는 18.7mL/L, 공기의 포화분율은 0.6, 표면부하율은 8L/㎡-min, 운전압력이 4atm일 때 반송율을 구하시오.

16. 고형물 4%인 슬러지 100m³을 고형물 7%로 농축하였다. 농축전후 슬러지의 부피감소율(%)을 구하시오. (단, 슬러지의 비중은 1.0)

17. 0.1M-NaOH 100mL를 2M-H_2SO_4로 중화 시 소요되는 H_2SO_4의 양(mL)은?

18. 습식산화의 장점 4가지를 쓰시오.

CHAPTER 19 2021년도 수질환경기사 3회 필답형

01. 다음의 조건을 이용하여 아래 물음에 답하시오.

조건
• TS = 325mg/L   • FS = 200mg/L   • VSS = 55mg/L   • TSS = 100mg/L

(1) TDS(mg/L)

(2) VS(mg/L)

(3) FSS(mg/L)

(4) VDS(mg/L)

(5) FDS(mg/L)

02. 취수원의 선정 시 고려사항 4가지를 쓰시오.

03. 수격작용의 원인과 대책을 각각 2가지씩 쓰시오.

① 원인

② 대책

04. 유량 50,000m³/day의 물을 처리하는 처리장의 여과지를 설계하려고 한다. 아래의 조건을 이용하여 물음에 답하시오.

조건
- 설계여과속도 : 5m³/m² · hr
- 1회 역세척 시간 : 25분
- 1일 역세척 횟수 : 5회
- 여과지 수 : 5
- 여과지 운영 : 24시간 기준
- 여과지 규격 길이 : 폭 = 2 : 1(1개 기준)

(1) 실제 여과 시간(hr)을 계산하시오. (1일 기준)

(2) 소요되는 여과면적(m²)을 계산하시오. (1일 1지 기준)

(3) 여과지의 길이(m)와 폭(m)을 계산하시오. (1지 기준)

05. 활성탄의 재생원리 4가지를 쓰시오.

06. 오염토양의 입도분포를 분석하여 D_{10}은 0.053mm, D_{30}은 0.1mm, D_{60}은 0.42mm와 같은 결과를 얻었다. 이 오염토양의 유효경과 균등계수는 각각 얼마인가?

(1) 유효경

(2) 균등계수

07. 입상활성탄(GAC)의 제조공정을 간단히 서술하시오.

08. 공정 관리 기법 중 아래 공정표에 대해 서술하시오.

구분	장점(2가지)	단점(2가지)	용도(2가지)
막대식			
네트워크식			

09. 유역면적이 2km²인 지역에서의 우수유출량을 산정하기 위하여 합리식을 사용하였다. 다음 조건일 때 관거 길이 1,000m인 하수관의 우수유출량(m³/sec)을 산출하시오. (단, 강우강도 $I(mm/hr)=3,600/(t+30)$, 유입시간 5분, 유출계수 0.7, 관내의 평균 유속 40m/min)

10. 호소의 부영양화 방지대책은 호소외 대책과 호소내 대책으로 구분할 수 있고, 또한 호소 내 대책에서 물리적, 화학적, 생물학적 대책으로 각각 나눌 수 있다. 이들 중 물리적 대책 4가지를 쓰시오.

11. 발전소, 제철공장 열오염에 의한 수중생태계의 변화 4가지를 쓰시오.

12. 포도당($C_6H_{12}O_6$) 1,000mg/L의 혐기성 분해 시 생성되는 이론적 CH_4는 몇 mg/L인가? 또한 이론적 CH_4의 양(mL)은?

　(1) 이론적 CH_4(mg/L)

　(2) 이론적 CH_4(mL/L)

13. 탈기법에 의해 폐수중의 암모니아성 질소를 제거하기 위하여 폐수의 pH를 조절하고자 한다. 수중 암모니아성 질소 중에 NH_3를 95%로 하기 위한 pH를 산출하여라. (단, $NH_3 + H_2O \rightleftharpoons NH_4 + OH^-$, 평형상수 $K = 1.8 \times 10^{-5}$)

14. 평균 유량이 10,000m³/day인 도시하수처리장의 1차 침전지를 설계하고자 한다. 최대유량/평균유량 = 1.75이라면 침전조의 직경(m)은? (단, 1차 침전지에 대한 권장 설계기준 : 최대 표면부하율 = 50m³/m² · day, 평균 표면부하율 = 25m³/m² · day)

15. 환경영향평가의 절차를 서술하시오.

16. 전기투석, 투석, 역삼투의 구동력을 서술하시오.

17. 하수관에서 H_2S에 의한 관정부식을 방지하는 방법을 3가지 쓰시오. (예 관거를 청소한다. 퇴적물을 제거한다. 예시는 정답에서 제외한다.)

18. 공동하수처리장으로 폐수 A와 폐수 B가 혼입된다. 혼합액의 pH를 구하시오.

• 폐수 A : pH 3, 유량 1,000m³/sec
• 폐수 B : pH 5, 유량 3,000m³/sec

2022년도 수질환경기사 1회 필답형

01. 수심 3.7m, 폭 12m인 침사지에 유속이 0.05m/sec일 때 프루드 수는? (단, Fr = V₂/gR)

02. 폐수의 최종 방류수가 물환경에 미치는 영향을 최소화시키는 방법 3가지를 쓰시오.

03. 다음 괄호에 들어갈 알맞은 내용을 쓰시오.

> 미생물이 새로운 미생물을 형성하기 위하여 유기탄소를 이용하는 생물을 (가)이라 하고, 세포합성에 필요한 에너지원으로 빛을 이용하는 생물을 (나)이라 부른다. 화학영양미생물에 의하여 에너지를 생성하는 반응은 전자의 전환을 수반하는 산화환원반응이다. 아질산염이나 질산염을 전자수용체로 사용하는 조건을 (다)이라 한다.

가)
나)
다)

04. 자유 지하수층에 지름 0.5m의 우물을 팠는데 양수 전의 지하수는 불투수층 위로 20m였다. 100m³/hr로 일정 양수할 때, 양수정으로부터 10m와 20m 떨어진 관측정의 수위저하는 각각 2m와 1m였다. 이 대수층의 투수계수(m/hr)와 양수정에서의 수위저하(m)를 쓰시오.
(단, $Q = [(\pi k)/2.3] \times [(H^2 - h_o^2)/\log 10(R/r_o)] = [(\pi k) \times (H^2 - h_l^2)/\ln(r_2/r_1)]$)

05. 평균유량 7570m³/day인 도시하수처리장의 1차 침전지를 설계하고자 한다. 최대 월류율은 89.6m³/m²·day, 평균 월류율은 36.7m³/m²·day, 최소수면깊이는 3m, 최대위어 월류부하는 389m³/m·day, 최대유량/평균유량 = 2.75일 때 원주위어의 최대위어 월류부하가 적절한가에 대하여 판단하시오. (단, 원형침전지 기준)

06. 역삼투법과 전기투석법의 원리를 쓰시오.

07. 수돗물에서 맛과 냄새가 감지되었을 때 이를 제거하기 위해 적용되는 일반적인 방법 3가지를 쓰시오.

08. COD가 960mg/L인 산업폐수를 처리하기 위해 완전혼합 활성슬러지반응조를 설계하고자 한다. 포기조 MLSS 농도는 3,000mg/L, 유출수 COD농도 120mg/L이며, pilot-scale의 연구 수행결과 일차 반응이고, MLVSS를 기준으로 한 속도상수는 18도에서 0.548L/g·hr이며, MLSS의 70%가 MLVSS이고, 폐수 중 NBDCOD는 95mg/L일 때 반응시간을 구하시오.

09. 혐기성 소화조의 소화가스 발생량이 저하되는 원인 4가지와 그에 따른 대책을 각각 기술하시오.

10. 1일 80,000m³을 처리하는 여과지가 있다. 다음 물음에 답하시오.

(1) 1지당 면적(m²)은? (여과지 수는 10지, 여과속도 150m/day)

(2) 여과지 1지당 총 세척수량(m^3)은? (단, 일일기준, 역세척 속도는 50cm/min, 역세척 시간 6min, 표면세척 속도 30cm/min, 표면세척 시간 3min)

11. 300mL 용량 BOD병에 50mL의 시료를 넣고 나머지 부분은 희석수로 채운 후 BOD실험을 수행하였다. 초기 DO농도가 8mg/L, 5일 후 DO농도가 6mg/L였다면 시료의 BOD는?

12. 농도가 100mg/L인 보전성 추적물질을 1L/min의 비율로 실개천에 주입하였다. 이 실개천에서 추적물질은 자연적으로 존재하지 않고 하류에서 농도가 5.5mg/L로 측정되었다면 실개천의 유량(m^3/sec)은?

13. 이상적인 완전혼합흐름과 이상적인 관형흐름을 나타내는 지표 중 빈칸에 들어갈 알맞은 말을 쓰시오.

구분	이상적 PFR	이상적 CMFR
분산		
분산수		
체류시간		
모릴지수		

14. 아래 공정도를 보고 물음에 답하시오.

혐기조 → 호기조 → 침전조

(1) 이 공법의 명칭은?

(2) 각 반응조별 역할을 쓰시오. (단, 유기물 제거는 제외)

15. 유량이 675m³/day이고, COD 3,000mg/L인 폐수의 COD 제거효율이 80%일 때 메탄의 발생량(m³/day)은? (단, 메탄 최대생성수율을 산출하여 계산한다.)

16. 교반조의 부피 1,000m³인 탱크에서 속도경사 G를 30/sec로 유지하기 위한 이론적인 소요동력(W)과 패들의 면적(m²)은? (단, 점성계수 $= 1.14 \times 10^{-3} N \cdot \sec/m^2$, $C_d = 1.8$, $P = 1,000 kg/m^3$, $V_p = 0.5 m/\sec$)

(1) 이론적인 소요동력(W)

(2) 패들면적(m²)

17. 도시에서의 폐수량 변동은 다음과 같다. 만약 평균유량 조건하에서 저류지의 체류시간이 6시간이라면 오전 8시에서 오후 8시까지의 저류지의 평균 체류시간을 구하시오.

일중시간(오전)	0시	2시	4시	6시	8시	10시	12시
평균유량의 백분율(%)	88	77	69	66	91	106	129
일중시간(오후)	2시	4시	6시	8시	10시	12시	
평균유량의 백분율(%)	141	149	153	165	101	103	

18. MLSS 3,000mg/L, SVI가 100이다. 이 슬러지 1L를 30분 동안 침강시킨 후의 부피(cm³)를 구하시오.

2022년도 수질환경기사 2회 필답형

01. 혐기성 분해를 한 경우 고형물량은 2%, 고형물의 비중은 1.4이다. 다음 물음에 답하시오. (단, 물의 비중 : 1.0, 소수점 넷째자리까지 구하시오.)

(1) 슬러지의 비중

(2) 혐기성 분해시 TOC가 10,000mg일 때 발생되는 소화가스 부피(m^3)를 산출하시오.

02. PAC가 Alum보다 좋은 점 5가지를 서술하시오. (5점)

03. TSI(부영양화 지수)에 대한 다음 질문에 답하시오. (6점)

(1) TSI를 유발하는 대표적 수질인자 2가지를 쓰시오.

(2) TSI가 클수록 수질인자 (   )가 커져 부영양호이다.
    TSI가 작을수록 수질인자 (   )가 커져 빈영양호이다.

04. CFSTR 반응조에서 1차반응을 따른다고 가정할 때, 효율 95%, 1차반응, 속도상수 0.05/hr, 유입유량 300L/hr, 유입농도 150mg/L이다. 반응조의 부피(m^3)는? (5점)

05. 해수를 담수화 시 상불변방법 3가지, 상변화방법 2가지를 쓰시오.

06. 취수시설의 설치 시 고려해야 할 기본사항 4가지를 쓰시오. (예시 장래에도 양호한 수질을 확보할 수 있어야 한다. 예시는 정답에서 제외) (4점)

07. 정수장에서 수직고도 30m 위에 있는 배수지로 관의 지름 20cm, 총연장 200m의 배수관을 통해 유량 $0.1m^3/sec$의 물을 양수하려 한다. 다음 물음에 답하시오. (6점)

(1) 관로의 마찰손실수두를 고려할 때 펌프의 총양정(m)을 계산하시오. (f = 0.03)

(2) 펌프의 효율을 70%라고 할 때 펌프의 소요동력(kW)을 계산하시오.

08. A공장의 폐수를 재순환형 살수여상으로 처리하고자 한다. 처리해야 할 폐수 유량은 $400m^3/$일, 폐수 중 BOD는 1,000mg/L이다. 살수여상으로 처리 후 최종적으로 방출되는 폐수 중 BOD는 48mg/L, 재순환율은 2.5이다. 또 살수여상의 수량부하가 $20m^3/m^2 \cdot$ 일, 살수여상 깊이가 2.5m일 때 살수여상의 평균 BOD부하($kg\ BOD/m^3 \cdot$ 일)값을 구하시오. (6점)

09. 1개월 동안의 대장균의 계수자료가 오름차순으로 아래와 같이 되었다면 기하평균과 중간값은? (6점)

대장균의 계수자료							
수치	1	13	60	85	168	234	330	331

(1) 기하평균

(2) 중간값

10. A도시의 지구는 3개의 지구로 분리되어 있다. A도시에서 우수관에서 흘러나오는 우수량(m³/sec)을 구하시오. (단, 합리식 이용)

> **조건**
> - 상업지구 : 배수면적의 1/2(유출계수 : 0.6)
> - 주택지구 : 배수면적의 1/3(유출계수 : 0.5)
> - 공업지구 : 배수면적의 1/6(유출계수 : 0.1)
> - I(강우강도) $= \dfrac{5,000}{t+40}(mm/hr)$
> - 유입시간 : 5분
> - 유역면적 : 120ha
> - 우수관 내 유속 : 1.2m/sec
> - 우수관 길이 : 1,500m

11. 미복원

12. MBR을 이용한 하수처리시 처리원리와 특징 4가지를 서술하시오.

    (1) 처리원리

    (2) 특징

13. 인구 5000명을 위한 산화구를 만들었다. 유량이 450L/인·day, 유입 BOD_5는 200mg/L, 90% BOD_5 제거, 생성계수 (Y)는 0.5g MLVSS/g BOD_5, 내생계수(Kd)는 0.06/day, 총 고형물 중 생물학적 분해가능분율 0.8, MLVSS는 MLSS의 70%, 산화구 반응시간은 1day이다. 아래 물음에 답하시오. (6점)

(1) 반응조의 부피(m^3) (단, 반송비는 1)

(2) 운전 MLSS(mg/L) (단, 슬러지 생산량은 0)

14. 수원에서 취수한 원수를 정수장으로 이송시키려고 한다. 아래의 조건을 이용하여 펌프의 소요동력(HP)을 구하시오. (6점)

조건
- 취수구 깊이 : 수심 4m
- 펌프의 유입손실수두 : 2m
- 펌프의 유출손실수두 : 1m
- 펌프 효율 : 85%
- 급수 인구수 : 50,000명
- 정수장 입구 : 6m (수표면으로부터 고도)
- 일일 물 사용량 : 0.8m^3/cap·day

15. 활성슬러지 공법의 어느 폭기조의 유효용적이 1000m^3, MLSS 농도는 3000mg/ℓ이고, MLVSS 농도는 MLSS농도의 75%이다. 유입하수의 유량은 4000m^3/day이고, 합성계수 Y는 0.63$mg\,MLVSS/mg$제거 BOD, 내생분해계수 kd는 0.05day^{-1}, 1차 침전조 유출수의 BOD는 200mg/ℓ, 폭기조 유출수의 BOD는 20mg/ℓ일 때, 슬러지 생성량(kg/day)은?

16. 하천의 흐름을 일정한 단면이나 구간의 흐름을 공간적, 시간적으로 구분하는 정상류(steady flow), 비정상류(unsteady flow), 등류(uniform flow), 부등류(non-uniform flow)에 대해 설명하시오.

  1) 정상류
  2) 비정상류
  3) 등류
  4) 부등류

17. 저수지에 폴리클로리네이티드비페닐(PCB)이 유입되고 있다. PCB의 농도는 2ng/L, 저수지의 면적은 1,500ha, 강수량은 연간 80cm일 때, 저수지로 유입된 PCB의 양(ton/year)을 구하시오.

18. 미복원

CHAPTER 22 2023년도 수질환경기사 1회 필답형

01. 자외선/가시선 분광광도법의 장치 구성을 순서대로 쓰시오.

( ) → ( ) → ( ) → ( )

02. 유역면적이 10^4 ha인 지역에서의 2시간 동안 10cm의 비가 내렸다. 우수유출량을 산정하기 위하여 합리식을 이용하여 우수유출량(m^3/sec)을 산출하시오. (단, 유출계수 0.9)

03. 빈칸에 펌프의 형식을 알맞게 쓰시오.

전양정	펌프구경	형식
5 이하	400 이상	( )
3~12	400 이상	( )
5~20	300 이상	( )
4 이상	80 이상	( )

04. 펌프장의 종류에 따른 계획하수량을 쓰시오.

하수배제방식	펌프장의 종류	계획하수량
분류식	중계펌프장, 소규모펌프장 유입·방류펌프장	( )
	빗물펌프장	( )
합류식	중계펌프장, 소규모펌프장	( )
	빗물펌프장	( )

05. 부영양화 방지대책 4가지를 쓰시오.

06. 하수의 수질을 분석한 결과가 아래와 같다. 총 알칼리도(g/L as CaCO₃)를 구하시오.

조건
• pH = 4 • Ca^{2+} : 400mg/L   • Mg^{2+} : 200mg/L • CO_3^{2-} : 320mg/L   • HCO_3^- : 570mg/L

07. A_2/O 공법의 ①, ②, ③, ④의 이름을 쓰고 역할을 쓰시오.

공정도

유입 - (①) - (②) - (③) - 침전 - 방류
                └──────┘
                   (④)

08. 하천에 오염물이 유입된 후의 탈산소와 재폭기현상은 Streeter-Phelips 식으로 설명할 수 있다. 하천의 초기용존산소 부족량과 최종 BOD가 각각 $2.6\,mg/L$와 $21\,mg/L$이며 탈산소계수는 0.4/day이고 대상하천의 자정계수는 2.25라면 임계시간(hr)과 임계점의 산소부족량(mg/L)은 얼마인지 계산하시오. (단, 상용대수 기준)

(가) 임계시간(hr)

(나) 임계점의 산소부족량(mg/L)

09. 암모니아성 질소 52.5mg/L, 아질산성 질소 5mg/L일 때 완전 질산화에 필요한 이론적 산소요구량(mg/L)를 구하시오.

10. 초기농도 2.6×10^{-4} mol/L인 물질을 2차 반응으로 분해시키려고 한다. 아래 물음에 답하시오. (단, 10℃에서의 반응속도 상수는 106.8L/mol·hr이고, $K_T = K_{20} \times 1.063^{(T-20)}$다.)

1) 10℃에서 2시간 후 물질의 농도(mol/L)

2) 30℃에서 2시간 후 물질의 농도(mol/L)

11. 수질모델링에서 '민감도가 높다'의 의미를 쓰시오.

12. 저수량이 40만톤이고 유역면적이 10ha인 저수지에 질소가 유입되어 그 농도는 30mg/L가 되었다. 질소의 농도가 3mg/L가 되는데 걸리는 시간(년)을 계산하시오.

가정조건
• 저수지는 완전혼합 상태이다. • 투입 전 저수지 내 오염물질 농도는 0이다. • 오염물질의 반응은 1차 반응이다. • 강수량은 1,200mm/year이다. • 유입, 유출유량은 강우량만 고려한다. • 물의 밀도는 $1g/cm^3$이다.

13. 40,000명이 거주하는 폐수의 BOD 부하량이 10,000kg/day, 유량이 0.5m³/sec으로 예측되고 있다. 폐수처리 기본계획을 수립하기 위한 아래 물음에 답하시오. (단, 폐수 내 오염물질은 모두 BOD로 가정)

가) 폐수의 BOD 농도

나) 1인1일 BOD 배출량(g/인·일)

14. 상수처리시 적용되는 전염소처리와 중간염소처리의 염소제 주입지점은?

(1) 전염소처리 염소제 주입지점

(2) 중간염소처리 염소제 주입지점

15. 부상조에서는 침강성 SS만 제거하고, 응집침전조에서는 비침강성 SS만 제거한다. 아래 조건을 이용하여 물음에 답하시오. (단, 부상조는 순환방식 기준, 1기압 = 101.325kpa)

부상조	
• 최적 A/S비 : 0.03	• 유량 : 0.57m³/min
• 공기밀도 : 1.3kg/m³	• 공기 용해도 : 18.6mL/L
• 게이지압 : 414kpa(20℃ 기준)	• 대기압 : 101.325kpa(20℃ 기준)
• 공기포화분율(f) : 0.85	• 표면부하율 : 0.11m³/m²·min

응집침전조	
• 침강성 SS : 120mg/L	• 비침강성 SS : 240mg/L
• 침전량 + 명반투입(50mg명반 / g 오염물질량)	• TS 비중 : 1.6
• 슬러지 수분함량 : 97%	

(가) 반송유량(L/min)

(나) 부상조 표면적(m²) (단, 반송유량 고려)

(다) 제거슬러지량(L/min)

16. 정유공장에서 유량이 30,000 m^3/day이고, 최소입경이 0.03cm인 기름방울을 제거하려고 한다. 부상조의 폭은 5m이고 부상조의 수심은 3.5m일 때 다음 물음에 답하시오. (단, 물의 밀도는 1 g/cm^3, 기름의 밀도는 0.95 g/cm^3, 점도는 0.964cP이다.)

(1) 기름 분리시간(min)

(2) 부상조의 길이(m)

17. Zn^{2+} : 20 mg/ℓ, Cu^{2+} : 35 mg/ℓ, Ni^{2+} : 26.2 mg/ℓ를 함유하는 폐수 4,000 m^3/day를 이온교환하여 처리하고자 한다. 이온교환수지 능력을 100,000 $g\ CaCO_3/m^3$로 하여 10일 주기로 교환한다고 했을 때 필요로 하는 이온교환수지량($m^3/cycle$)을 구하시오. (단, Zn^{2+} : 65.4, Cu^{2+} : 63.5, Ni^{2+} : 58.7)

18. 비중 1.5, 직경 0.06mm의 입자가 수중에서 자연침강할 때의 속도가 0.1m/min였다. 입자의 침전속도가 Stokes법칙에 따른다면 동일조건에서 비중 1.2, 직경 0.025mm인 입자의 침전속도(m/day)와 침전가능 깊이(mm)를 계산하시오. (단, 침전조의 체류시간은 0.0216min이다.)

CHAPTER 23 2023년도 수질환경기사 2회 필답형

01. 어느 폐수의 시료를 분석한 결과는 다음과 같다. 물음에 답하시오. (단, BOD_u/BOD_5 = 1.6) (6점)

분석결과	
• COD = 412mg/L	• BOD_5 = 222mg/L
• SCOD = 177mg/L	• $SBOD_5$ = 98mg/L
• TSS = 185mg/L	• VSS = 146mg/L

(1) NBDCOD

(2) NBDICOD

(3) NBDSS

02. 폐수 1L에 2.4(g)의 CH_3COOH와 0.73(g)의 CH_3COONa를 용해시켰을때 용액의 pH를 구하시오 (단, CH_3COOH의 Ka는 1.8×10^{-5}이다) (6점)

03. 하수관에서 발생하는 관정부식에 대해 아래 물음에 답하시오. (6점)

(1) 원인

(2) 화학식

(3) 방지대책 3가지

04. 미복원 – 정보를 아시는 분의 제보를 기다립니다.

05. 식품공장에서 BOD 200mg/L, 유량 600m³/day의 폐수가 유출되어 유량이 2m³/sec, BOD가 10mg/L인 하천으로 유입되고 있다. 폐수 유입지점으로부터 하류로 10km 되는 지점에서의 BOD(mg/L)를 구하시오. (단, 하천의 길이는 20km이고 유속은 0.05m/sec이다. 탈산소계수 0.1/day(base 10)이다.) (5점)

06. 20°C의 하천수에 있어서 DO 농도가 8mg/L에서 2mg/L로 된다면 이 강의 산소전달속도는 몇 배 증가하는가? (단, α 와 β는 무시, 20°C 포화 DO = 12mg/L)

07. 물의 조건이 아래와 같을 때, 총 알칼리도를 구하시오. (4점)

조건
pH 10, CO_3^{2-} : 32mg/L, HCO_3^- : 56mg/L

08. 유역면적이 100ha인 지역에서의 우수유출량을 산정하기 위하여 합리식을 사용하였다. 다음 조건일 때 관거 길이 800m인 하수관의 우수유출량(m³/sec)과 관의 직경(m)을 산출하시오. (6점)

조건
• 강우강도 $I(mm/hr) = 5,400/(t+35)$ • 유입시간 : 10분 • 유출계수 : 0.6 • 관내의 평균 유속 : 1m/sec

09. 원형침전지의 제원이 아래 그림과 같을 때, 물음에 답하시오. (단, 침전지로 들어오는 유량은 12.5m³/min이고 위어의 월류길이는 원주길이의 반으로 한다.) (6점)

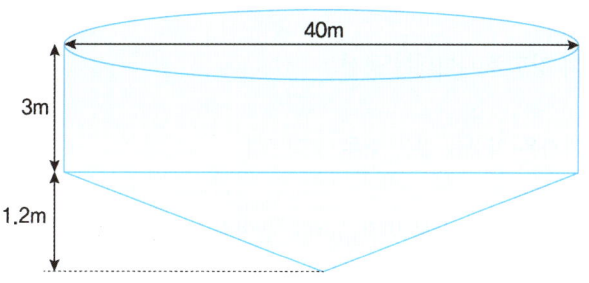

(1) 체류시간(hr)

(2) 표면적부하($m^3/m^2 \cdot day$)

(3) 월류부하($m^3/m \cdot day$)

10. 유량 30,300m³/day의 폐수가 유입될 때의 침전조의 높이(m), 너비(m), 길이(m)를 구하시오. (5점)

조건
• 길이 : 너비 = 2 : 1 • 표면부하율 = 24.4m³/m²·day • 체류시간 = 6hr

11. 하수에 480kg/day의 염소가 포함되도록 염소농도가 10wt%, 비중이 1인 차아염소산나트륨(NaOCl)을 주입할 때, 주입하여야 할 차아염소산나트륨(NaOCl)의 부피(L/min)을 구하시오. (4점)

12. 다음에서 설명하는 원자흡수분광광도법에 관한 용어를 쓰시오. (8점)

1) 물질의 원자증기층이 빛을 통과할 때 각각 특유한 파장의 빛을 흡수하는데, 이 빛을 분산하여 얻는 스펙트럼

2) 파장에 대한 스펙트럼선의 강도를 나타내는 곡선

3) 목적하는 스펙트럼선에 가까운 파장을 갖는 다른 스펙트럼

4) 원자가 외부로부터 빛을 흡수했다가 다시 먼저 상태로 돌아갈 때(천이) 방사하는 스펙트럼

13. 표면 부하율이 $28.8\,m^3/m^2\cdot day$인 한 침전지로 유입되는 부유물(SS)의 침전속도 분포가 다음 표와 같다면 이 침전지에서 기대되는 전체 부유물 제거율은? (6점)

침전속도(cm/min)	3	2	1	0.5	0.3	0.1
SS분율(%)	20	20	25	20	10	5

14. 도시하수처리장에 부상분리법을 적용하여 오염물질을 제거하려고 할 때, 공기(기포)를 공급하는 방법에 따라 부상분리법을 3가지로 분류하고 각각에 대해 설명하시오. (6점)

15. 다음은 정수처리 과정에서 급속여과지와 완속여과지의 특징 및 설계요소를 반영한 표이다. 빈칸을 채우시오. (4점)

구분	완속여과지	급속여과지
여과속도	(　　)m/day	120 ~ 150m/day
여과층의 두께	70 ~ 90cm	(　　)cm
유효경	(　　)mm	0.45 ~ 0.7mm
균등계수	2 이하	(　　) 이하

16. Streeter-Phelps식의 알맞은 파라미터를 작성하시오. (단, 단위 포함) (4점)

$$D_t = \left(\frac{K_1 L_0}{K_2 - K_1}\right) \times \left[10^{-K_1 \times t} - 10^{-K_2 \times t}\right] + D_0 \times 10^{-K_2 \times t}$$

(1) K_1

(2) K_2

(3) L_0

(4) D_0

17. 중온 혐기성 소화와 비교한 고온 혐기성 소화의 장점 2가지를 쓰시오. (6점)

18. 다음 수학적 수질 모델링(수질예측 모형의 개발과 적용)의 절차에서 ① ~ ③에 들어갈 내용을 쓰시오. (6점)

모델의 설계 및 자료수집 → (①) → 보정(Calibration) → (②) → (③) → 수질예측과 평가

CHAPTER 24 2024년도 수질환경기사 1회 필답형

01. 정수장에서 쓰이는 여과지 여재 재료 2가지를 쓰시오. (4점)

02. 야콥의 직선해석법에서 도출된 아래의 식을 이용하여 T(투수량계수), S(저류계수)를 구하시오. (6점)

식 $T = \dfrac{2.3\,Q}{4\pi\Delta S}$

식 $S = \dfrac{2.15 \cdot T \cdot t_o}{r^2}$

- $Q = 1{,}200\,m^3/day$
- $\Delta S = 4\,m$
- $t_o = 100\,\min$
- 양수정의 중심에서 관측정의 중심까지의 거리 $= 1{,}000\,m$

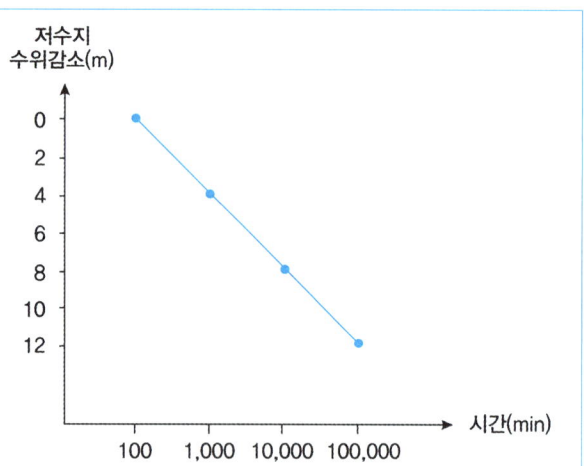

(1) T(투수량계수) $(m^2/\min)$

(2) S(저류계수)

03. 환경영향평가 7단계에서 다음 빈칸의 과정을 쓰시오. (5점)

> 평가범위 설정 → (　　　) → (　　　) → (　　　) → (　　　) → 대안평가 → (　　　)

04. 공정시험을 위한 시료채취 시 유의사항 3가지를 쓰시오. (6점)

05. BOD 소비식을 유도하시오. (단, 자연대수 기준이며, L은 잔류 BOD, y는 소모 BOD, L_o는 최종 BOD, k는 분해상수이다.) (5점)

06. 습식산화의 장점 5가지를 쓰시오. (5점)

07. 수온이 15℃이고, 유량이 $0.7\,m^3/\text{sec}$, 직경이 0.6m, 길이가 50m인 관이 있다. 에너지 손실(마찰수두손실)을 manning 공식을 이용하여 산정하라. (단, 만관 기준, 조도계수(n)=0.013, 기타 조건은 고려하지 않음.) (6점)

08. 모래여과지를 이용하여 정수처리 시 여과저항은 주요 설계인자 중 하나이다. 여과저항에 따른 수두손실에 영향을 주는 인자 4가지를 쓰시오. (4점)

09. 다음 처리장의 조건으로 아래 물음에 답하시오. (9점)

> **조건**
> - 처리 유량 : 2,000 m^3/day
> - 체류 시간 : 6hr
> - 유입 BOD 농도 : 250mg/L
> - 제거효율 : 90%
> - MLSS 농도 : 3,000mg/L
> - 생성수율(Y) : 0.8
> - 내호흡계수(kd) : 0.05day^{-1}

(1) F/M 비(day^{-1})

(2) SRT(day)

(3) 잉여슬러지 발생량(kg/day)

10. 다음 조건하에서 2차 처리수의 살균을 위한 염소 접촉조를 설계하고자 한다. 접촉조의 소요 길이를 산출하시오. (6점)

> **조건**
> - 유입유량 : 1.2m^3/sec
> - 접촉조 단면 : 폭 2m, 유효수심 2m
> - 목표 살균효율 : 95%
> - 살균 반응식 : dN/dt = -KNt
> - 살균 반응속도상수 : K = 0.1/min의 제곱(밑수 e)
> - 접촉조 내의 흐름은 PFR이라 가정한다.

11. 정수장 연수화 물질 3가지를 쓰고 상태(고체/액체/기체)를 쓰시오. (6점)

12. 부영양화 방지대책 4가지를 쓰시오. (6점)

13. 인구 20,000명인 도시의 하수발생량이 450L/인·일 이다. 이 도시의 하수를 처리하는 1차침전지를 설계할 때 필요한 침전지의 직경과 수심을 구하시오. (단, 1차침전지의 체류시간은 2.5hr, 표면부하율(Q/A)은 40m/day이다.) (6점)

(1) 직경(m)

(2) 수심(m)

14. 1g의 박테리아가 하루에 폐수를 20g을 분해하는 것으로 밝혀졌다. 실제 폐수농도가 15mg/L일 때, 같은 양의 박테리아가 10g/day의 속도로 폐수를 분해한다면, 폐수의 농도가 5mg/L일 때, 2g의 박테리아에 의한 폐수 분해속도(mg/L-day)를 구하시오. (단, Michaelis-Menten식 이용) (6점)

15. 활성탄의 재생방법 5가지를 쓰시오. (3점)

16. 비중이 2.67, 침전속도가 0.6cm/sec일 때 입자의 직경(cm)을 구하시오 (단, 점성계수는 0.0101g/cm·sec) (5점)

17. 다음과 같은 조건에서 운전되고 있는 활성슬러지 공정에서 발생되는 건조잉여슬러지량(kg/day)를 구하시오. (6점)

> **조건**
> ① 포기조 내 MLSS 농도 = $2750\,mg/L$
> ② 포기조 유효용량 = $450\,m^3$
> ③ 고형물 체류시간(SRT) = 5day
> ④ 2차 침전지 유출수의 SS 농도 = $0\,mg/L$

18. DO 7mg/L, 유량 4m³/s의 하천은 잔존 DO가 최소 5mg/L이어야 자정능력을 가질 때 정화에 필요한 산소량(kg/day)을 계산하시오. (6점)

PART 3

제 3 편
과년도
필답형
기출해설

CHAPTER 01 2018년도 수질환경산업기사 2회 필답형

01. 해설
① 소비전력량이 표준활성슬러지법에 비하여 적다.
② 부하변동에 강하다.
③ 슬러지 발생량이 적다.
④ 슬러지 반송이 필요없다.

02. 해설
① 미생물에 무기영양소 공급
② pH를 항상 7.2로 유지하기 위한 완충작용
③ BOD가 높은 시료의 적정희석

03. 해설
(가) ① 척력(제타전위)
② 인력(반데르 발스 힘)
③ 중력
(나) ④ 제타전위

04. 해설
① 관을 내식성이 강한 재질로 라이닝한다.
② 부식억제제(인산염, 규산염 등)을 주입한다.
③ 알칼리제를 주입한다.
④ 외부전원법, 선택배류법, 강제배류법, 유전양극법, 이음부의 절연화 등 전식을 방지한다.

05. 해설
식 $\mu = \mu_{max} \times \dfrac{S}{K_s + S}$

(1) μ_{max}의 80%일 때 기질농도(S_{80})

$$0.8\mu_{max} = \mu_{max} \times \frac{S_{80}}{K_s + S_{80}}$$

$$\frac{0.8\mu_{max}}{\mu_{max}} = \frac{S_{80}}{K_s + S_{80}}$$

$$0.8(K_s + S_{80}) = S_{80}$$

$$0.8K_s + 0.8S_{80} = S_{80}, \qquad S_{80} = 4K_s$$

(2) μ_{max}의 30%일 때 기질농도(S_{20})

$$0.3\mu_{max} = \mu_{max} \times \frac{S_{20}}{K_s + S_{20}}$$

$$\frac{0.3\mu_{max}}{\mu_{max}} = \frac{S_{30}}{K_s + S_{30}}$$

$$0.3(K_s + S_{80}) = S_{30}$$

$$0.3K_s + 0.3S_{80} = S_{80}, \qquad S_{30} = 0.4285K_s$$

$$\therefore \frac{S_{80}}{S_{30}} = \frac{4K_s}{0.4285K_s} = 9.33$$

정답 9.33

06. 해설

식 $V_s = \dfrac{d_p^2(\rho_p - \rho)g}{18\mu} \rightarrow V_s = d_p^2(\rho_p - \rho) \times K$

$0.2 = 0.06^2 \times (1.5 - 1) \times K, \qquad K = 111.1111$

$\therefore V_s = 0.03^2 \times (2.5 - 1) \times 111.1111 = \dfrac{0.1499m}{min} \times \dfrac{100cm}{1m} \times \dfrac{1min}{60sec} = 0.25cm/\sec$

07. 해설

(1) **급속교반** : 응집제를 빠르게 혼합하고 floc을 형성하기 위해서
(2) **완속교반** : floc을 거대화하기 위하여

08. 해설

식 $Q(C_0 - C_t) = K \forall C_t^m$

$0.3 \times (150 - 7.5) = 0.05 \times \forall \times 7.5, \qquad \therefore \forall = 114m^3$

정답 $114m^3$

09. 해설

식 전기사용료 = 동력(kW) × 전기료(120원/kW)

- $P(동력) = \dfrac{\gamma \times H \times Q}{102 \times \eta} = \dfrac{1000 kg/m^3 \times 45m \times 20m^3/\sec}{102 \times 0.6} = 14705.8823 kW$

∴ 전기사용료 = $14705.8823(kW) \times 120원/kW = 1,764,705.88$원

10. 해설

식 BOD제거율(%) = $\left(1 - \dfrac{C_o}{C_i}\right) \times 100$

식 $C_m = \dfrac{C_1 Q_1 + C_2 Q_2}{Q_1 + Q_2}$

$3 = \dfrac{2 \times 20,000 + C_2 \times 500}{20,000 + 500}$, $C_2(처리 후 농도) = 43 mg/L$

∴ BOD제거율(%) = $\left(1 - \dfrac{43}{500}\right) \times 100 = 91.4\%$

11. 해설

가) V

식 $\forall = Q \cdot t = \dfrac{4,000 m^3}{day} \times 8hr \times \dfrac{1 day}{24 hr} = 1,333.33 m^3$

나) MLSS

식 $MLSS = \dfrac{MLVSS}{0.75} = \dfrac{2,250}{0.75} = 3,000 mg/L$

다) F/M

식 $F/M = \dfrac{BOD \cdot Q}{MLVSS \cdot \forall} = \dfrac{300 \times 4,000}{2,250 \times 1,333.33} = 0.4$

2018년도 수질환경산업기사 3회 필답형

01. 해설
(1) **정의** : 음용수로 사용할 수 없는 물이 음용수 설비에 직접 또는 간접으로 들어갈 수 있는 물리적 연결
(2) **방지대책**
① 상수도관과 하수도관을 같은 위치에 매설하지 않는다.
② 상수도관에 진공이 발생하는 경우 공기밸브(공기변)을 부착하여 압력을 조절한다.
③ 하수도관의 유출구를 상수도관의 유입구보다 낮게 한다.

02. 해설
(1)
- 1차 반응 $\begin{cases} pH : 10 \sim 11.5 \\ ORP : 300 \sim 350\,mV \\ 반응시간 : 5 \sim 15분 \end{cases}$

- 2차 반응 $\begin{cases} pH : 7.5 \sim 8.5 \\ ORP : 600 \sim 650\,mV \\ 반응시간 : 30 \sim 40분 \end{cases}$

(2) Zn, Cd
(3) Fe, Ni

03. 해설

$$Al_2(SO_4)_3 \cdot 14H_2O + 3Ca(HCO_3)_2 \rightarrow 3CaSO_4 + 2Al(OH)_3 + 6CO_2 + 14H_2O$$

04. 해설

식 $BOD제거율(\%) = \left(1 - \dfrac{C_o}{C_i}\right) \times 100$

식 $C_m = \dfrac{C_1 Q_1 + C_2 Q_2}{Q_1 + Q_2}$

- $C_2(C_i) = \dfrac{S}{Q} = \dfrac{20,000인 \times \dfrac{50g}{인 \cdot 일}}{2,000 m^3/일} \times \dfrac{10^3 mg}{1g} \times \dfrac{1 m^3}{10^3 L} = 500 mg/L$

$$3 = \frac{2 \times 20,000 + C_o \times 2,000}{20,000 + 2,000}, \quad C_o(\text{처리 후 농도}) = 13mg/L$$

$$\therefore \text{BOD제거율}(\%) = \left(1 - \frac{13}{500}\right) \times 100 = 97.4\%$$

05. 해설

산화지에서는 bacteria와 조류가 서로 공생관계를 가지며 유기물이 제거된다. bacteria가 유기물을 이용하여 질소와 인성분, CO_2를 배출하면 조류(algae)는 영양소와 CO_2, 햇빛을 이용하여 광합성을 하면서 산소를 만들고 이 산소를 bacteria가 생장에 사용하면서 서로 공생관계를 가지게 된다.

06. 해설

식) $P = \dfrac{\gamma \times Q \times H}{102 \times \eta}$ (축동력을 산출하므로 여유율을 고려하지 않는다.)

$$\therefore P = \frac{1,000 \times 0.012 \times 16}{102 \times 0.8} = 2.35 kW$$

07. 해설

식) $V = \dfrac{1}{n} \cdot R^{\frac{2}{3}} \cdot I^{\frac{1}{2}}$

- $n = 0.013$
- $R = \dfrac{D}{4} = \dfrac{0.5}{4} = 0.125$
- $I = 0.003$

$$\therefore V = \frac{1}{0.013} \times (0.125)^{\frac{2}{3}} \times (0.003)^{\frac{1}{2}} = 1.0533 (\text{m/sec})$$

식) $h = i \times L + \beta \times \dfrac{V^2}{2g} + \alpha$

- i : 동수경사 = 3.0×10^{-3}
- L : 총길이 = 500(m)
- V : 유속 = 1.0533(m/sec)
- α : 여유수두 = 0.05(m)

$$\therefore h(\text{m}) = (3.0 \times 10^{-3}) \times 500 + \left(\frac{1.5 \times (1.0533)^2}{2 \times 9.8}\right) + 0.05 = 1.6349(\text{m})$$

$$\therefore Q = \frac{\pi \times 0.5^2}{4} \times 1.0533 = 0.2067 (\text{m}^3/\text{sec})$$

08.
[해설]

[식] $C_m = \dfrac{C_1Q_1 + C_2Q_2 + C_3Q_3}{Q_1 + Q_2 + Q_3} = \dfrac{4 \times 30 + 3 \times 2.5 + 2 \times 1.5}{30 + 2.5 + 1.5} = 3.84 mg/L$

09.
[해설]

[식] 체류시간 $= \dfrac{\forall}{Q}$

- $\forall = W \times L \times H = 4m \times 8m \times 2.5m = 80m^3$

∴ 체류시간 $= \dfrac{80m^3}{800m^3/day} \times \dfrac{24hr}{1day} = 2.4hr$

10.
[해설]

[식] $\ln\left(\dfrac{C_t}{C_0}\right) = -k \times t$

$\ln\left(\dfrac{0.01 C_0}{C_0}\right) = -0.35 \times t$

∴ $t = 13.1576 = 13.16hr$

[정답] 13.16hr

11.
[해설]

[식] $C_6H_{12}O_6 + 6O_2 \rightarrow 6CO_2 + 6H_2O$

180g : $6 \times 32g$

2g/L : BOD_u, $BOD_u = 2.1333 g/L = 2,133.3333 mg/L$

- $BOD_5 = BOD_u \times (1 - 10^{-k \times 5}) = 2,133.3333 \times (1 - 10^{-0.1 \times 5}) = 1,458.7140 mg/L$

[식] BOD_5 : N : P = 100 : 5 : 1

1,458.7140 : X : Y

∴ $X(N) = 72.94 mgL$

∴ $Y(P) = 14.59 mgL$

CHAPTER 03 2020년도 수질환경산업기사 1회 필답형

01. 해설
- 독립침전(Ⅰ형) : 처음 침강이 시작될 때 일어나는 형태로 입자들이 독립적으로 주변입자들에 방해받지 않고 침강속도식에 따라 침전하는 형태입니다. 침사지와 침전과 침전지의 침전초기에 침전형태입니다.
- 응집침전, 플록침전(Ⅱ형) : 입자들이 서로 뭉치면서 플록을 형성하는 침전형태로 서로 상대적 위치를 변경시키며 침전합니다.
- 간섭침전, 지역침전(Ⅲ형) : Ⅱ형에서 형성된 플록들이 서로 계면(띠)를 이루면서 서로 위치를 변경시키지 않고 침전하는 형태입니다.
- 압밀침전, 압축침전(Ⅳ형) : 계면이 쌓이면서 형성된 압밀로 바닥에 침전된 침전물 내의 수분이 일부제거되는 형태의 침전입니다.

02. 해설

식 $SL_1(1-X_{w1}) = SL_2(1-X_{w2})$

$14.7 \times (1-0.97) = SL_2 \times (1-0.7)$, ∴ $SL_2 = 1.47 m^3$

정답 $1.47 m^3$

03. 해설

⑤ 유입 - ① 혐기조 - ⑦ 호기조 - ⑥ 무산소조 - ② 침전 - ③ 배출 - ④ 유출

04. 해설

(1) $2FeCl_3 + 3Ca(HCO_3)_2 \rightarrow 2Fe(OH)_2 + 3CaCl_2 + 6CO_2$

(2) $2FeCl_3$: $6HCO_3$

　　2×162.5 : 6×61

　　$15 mg/L$: X,　　X = $16.8923 mg/L$

∴ 알칼리도 $= \dfrac{16.8923 mg}{L} \times \dfrac{1 meq}{61 mg} \times \dfrac{(100/2) mg}{1 meq} = 13.85 mg/L \ as \ CaCO_3$

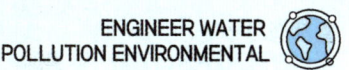

05. 해설
- 모래층 중에 증식하는 미생물로 생물학적 분해가 가능하다.
- 암모니아성질소, 망간, 냄새 등의 미량물질 제거도 가능하다.
- 유지관리가 간단하다.

06. 해설
(1) **질산화 미생물이 존재할 때 생기는 현상** : 질산화 미생물이 유기질소 및 암모니아성 질소를 산화시키는 과정에서 산소를 소비하므로 BOD값이 과대평가된다.

(2) **질산화 억제시약** : TCMP, ATU

07. 해설
식) $QC_0 - QC_t - KC_t \forall = 0$

$Q(C_0 - C_t) = K \forall C_t$

$\therefore t = \dfrac{\forall}{Q} = \dfrac{(C_0 - C_t)}{K \cdot C_t}$

- C_0 : 반응 전 농도
- C_t : 반응 후 농도
- $\forall$: 반응조의 부피
- K : 반응속도상수
- Q : 유량

08. 해설
회복지대

09. 해설
식) 농축계수 $= \dfrac{C_2(\text{생물 체내 농도})}{C_1(\text{수중 농도})}$

$10^4 = \dfrac{C_2(\text{생물 체내 농도})}{0.02 mg/L}$,

$\therefore C_2 = \dfrac{200 mg}{L} \times \dfrac{1g}{10^3 mg} \times \dfrac{1L}{1kg} = 0.2 g/kg$

10. 해설
식) $F/M = \dfrac{BOD \cdot Q}{MLSS \cdot \forall}$

$0.25 = \dfrac{400 \times 1,500}{2,500 \times \forall}$, $\quad \therefore \forall = 960 m^3$

정답 $960 m^3$

11. 해설

식 경도(HD) = $\sum$경도유발물질 $\times \dfrac{100/2mg}{1meq}$

경도(HD) = $\left(\dfrac{9mg}{L} \times \dfrac{1meq}{24/2mg} + \dfrac{16mg}{L} \times \dfrac{1meq}{40/2mg} \times \dfrac{1mg}{L} \times \dfrac{1meq}{88/2mg} \right) \times \dfrac{100/2mg}{1meq} = 78.64mg/L$

정답 78.64mg/L

12. 해설

식 $V = \dfrac{1}{n} \times R^{2/3} \times I^{1/2}$

- $V = \dfrac{Q}{A} = \dfrac{5m^3}{\sec} \times \dfrac{1}{3m \times 1m} = 1.6666 m/\sec$

- $R = \dfrac{유수단면적}{윤변의 길이} = \dfrac{3m \times 1m}{3m + (2 \times 1m)} = 0.6m$

$1.6666 = \dfrac{1}{0.016} \times (0.6)^{2/3} \times I^{1/2}$, ∴ $I = 0.0014 = 1.4‰$

13. 해설

식 $C_6H_{12}O_6 + 6O_2 \to 6CO_2 + 6H_2O$

$180 : 192 = X_1 : 70kg$

$X_1 = 65.625kg$

식 $C_6H_{12}O_6 \to 3CO_2 + 3CH_4$

$180kg : 3 \times 22.4 Sm^3 = 65.625kg : X_2$

$X_2 = 24.5 Sm^3$

50℃에서의 부피 = $24.5 Sm^3 \times \dfrac{(273+50)}{273} = 28.99 m^3$

정답 $28.99 m^3$

14. 해설

(1) **일반적인 자연수의 pH** : 일반적인 자연수의 pH는 6~8 정도의 범위로 유기물 유입 시 분해 과정에서 배출되는 CO_2 또는 강우 시 pH가 낮은 빗물의 유입으로 pH가 내려가고, 반대로 조류증식으로 CO_2가 제거되는 과정에서 pH가 올라간다.

(2) **부영양화가 발생한 수계의 pH** : 부영양화가 발생한 수계의 경우에는 조류가 이상증식을 하면서 수중의 CO_2를 다량 섭취하게 되는데, 이때 pH가 9 이상으로 상승할 수 있다.

15.
[해설]

[식] $A/S비 = \dfrac{1.3\,S_a(f \cdot P - 1)}{SS} \times R$

$0.08 = \dfrac{1.3 \times 18.7 \times (0.8 \times 5.1 - 1)}{375} \times R$, ∴ $R = 0.4006 = 40.06\%$

[정답] 40.06%

16.
[해설]

[식] 산소량 = 유입 $BOD \times \eta \times$ 운영시간 $\times$ 공기주입량 $\times 0.2 \times \dfrac{32kg}{22.4m^3}$

- 유입 $BOD(kg/sec) = \dfrac{20{,}000m^3}{sec} \times \dfrac{180mg}{L} \times \dfrac{10^3 L}{1m^3} \times \dfrac{1kg}{10^6 mg} = 3600\,kg/sec$

∴ 산소량 $= \dfrac{3600kg}{sec} \times 0.85 \times 2hr \times \dfrac{3600sec}{1hr} \times \dfrac{3m^3}{kg} \times 0.2 \times \dfrac{32kg}{22.4m^3} \times \dfrac{1톤}{10^3 kg} = 18{,}884.57$톤

[정답] 18,884.57톤

17.
[해설]

(1) 펜톤산화법에서 H_2O_2가 과량으로 첨가되었을 때 발생하는 문제점 3가지
  ① 잔존 과산화수소가 기포를 발생시켜 슬러지를 부상시키므로 침전효율을 저하시킨다.
  ② 분해속도를 느리게 한다.
  ③ 약품 소요비용이 증가한다.

(2) SO_3^{2-}는 쉽게 SO_4^{2-}로 산화되는 환원성물질이기에 산화제에 의해 쉽게 산화되어서 COD처리효율을 높인다.

18.
[해설]

농업용수의 수질을 판별하는 지표로 SAR이 높은 농업용수는 Na^+가 양이온 교환성을 높여 토양입자가 분산되는 단립 구조로 형성되어 투수성이 불량한 토질이 된다.

[식] $SAR = \dfrac{Na^+}{\sqrt{\dfrac{Ca^{2+} + Mg^{2+}}{2}}}$

※ 식에 대입되는 원자는 meq/L단위로 대입

CHAPTER 04 2024년도 수질환경산업기사 1회 필답형

01. 해설

1) A 시료 pH

식 $pH = \log\dfrac{1}{[H^+]}$

- $[H^+] = \dfrac{1.008g}{L} \times \dfrac{1mol}{1.008g} = 1 mol/L(M)$

∴ $pH = \log\dfrac{1}{[1]} = 0$

2) B 시료 pH

식 $pH = \log\dfrac{1}{[H^+]}$

- $[H^+] = \dfrac{0.1008g}{L} \times \dfrac{1mol}{1.008g} = 0.1 mol/L(M)$

∴ $pH = \log\dfrac{1}{[0.1]} = 1$

02. 해설

식 $V = \dfrac{1}{n} \times R^{\frac{2}{3}} \times I^{\frac{1}{2}} (m/\sec)$

- $R(경심) = \dfrac{D}{4} = \dfrac{500mm}{4} \times \dfrac{1m}{10^3 mm} = 0.125m$

∴ $V = \dfrac{1}{0.012} \times 0.125^{\frac{2}{3}} \times 0.001^{\frac{1}{2}} = 0.66 m/\sec$

03. 해설

① 침강속도를 증가시킨다. (입자밀도 증가, 입자직경 증가, 수온 증가, 플록크기 증가 등)
② 가능한 침전지의 수면적을 크게 설계한다. (또는 경사판 설치(=다층침전지))
③ 가능한 투입유량은 적게 유입시킨다.

※ 기타 방안
- 정류판을 설치하여 흐름을 균일하게 한다.
- 침전지의 형상을 알맞게 설계한다.

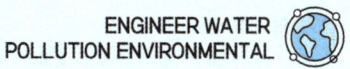

04. 해설

(가) 유입 > 스크린 > (혼화지) > (플록형성지) > (침전조) > 유출
　　※ 플록형성지 대신 응집지로 기입하셔도 무방합니다.

(나) SBR(연속 회분식 반응조)

05. 해설

(1) 폭기조의 부피(m³)

식　$\forall = Q \cdot t = \dfrac{2{,}000 m^3}{day} \times 6hr \times \dfrac{1 day}{24 hr} = 500 m^3$

(2) MLVSS의 농도(mg/L)

식　$F/M = \dfrac{BOD \cdot Q}{MLVSS \cdot \forall} = \dfrac{BOD}{MLVSS \cdot t}$

・$t = 6hr \times \dfrac{1 day}{24 hr} = 0.25 day$

$0.3 = \dfrac{150}{MLVSS \times 0.25}$,　　∴ $MLVSS = 2{,}000 mg/L$

06. 해설

식　$SL_1(1 - X_{w1}) = SL_2(1 - X_{w2})$

　　$SL_1 \times (1 - 0.9) = 0.5 \times SL_1 \times (1 - X_{w2})$,　　∴ $X_{w2} = 0.8 ≒ 80\%$

정답　80%

07. 해설

(1) 산화구의 부피

식　$\forall = Q \cdot t = (Q_i + Q_r) \times t$

・$Q_i = \dfrac{350 L}{인 \cdot day} \times 5{,}000인 \times \dfrac{1 m^3}{10^3 L} = 1{,}750 m^3/day$

・$Q_r = Q_i \times R = 1{,}750 \times 0.5 = 875 m^3/day$

∴ $\forall = Q \cdot t = (1{,}750 + 875) \times 1 = 2{,}625 m^3$

(2) 1일 BOD 제거량

식　$S = C \times Q_i = \dfrac{200 mg}{L} \times 0.9 \times \dfrac{10^3 L}{1 m^3} \times \dfrac{1 kg}{10^6 mg} = 315 kg/day$

08. 해설

식　$\dfrac{N_t}{N_0} = \dfrac{1}{(1+kt)^{1.7}}$

$$\frac{0.002N_0}{N_0} = \frac{1}{(1+2\times t)^{1.7}}$$

$$0.002 = \frac{1}{(1+2\times t)^{1.7}}$$

$$(1+2\times t)^{1.7} = \frac{1}{0.002}$$

$$(1+2\times t)^{1.7} = 500$$

$$(1+2\times t)^{1.7\times(1/1.7)} = 500^{(1/1.7)}$$

$$(1+2\times t) = 38.6927, \qquad t = 18.8463\,day$$

$$\therefore \forall = Q\times t = \frac{200\,m^3}{day}\times 18.8463\,day = 3,769.26\,m^3$$

※ 계산과정에 따라 소수점 근사차이 모두 정답 인정(풀이의 논리가 주요 채점기준!)

09. 해설

[식] $SAR = \dfrac{Na^+}{\sqrt{\dfrac{Ca^{2+}+Mg^{2+}}{2}}}$

- $Ca^{2+}(meq/L) = \dfrac{80mg}{L}\times\dfrac{1meq}{(40/2)mg} = 4\,meq/L$

- $Mg^{2+}(meq/L) = \dfrac{48mg}{L}\times\dfrac{1meq}{(24/2)mg} = 4\,meq/L$

$10 = \dfrac{Na^+}{\sqrt{\dfrac{4+4}{2}}}, \qquad Na^+ = 20\,meq/L$

$\therefore Na^+(mg/L\ as\ CaCO_3) = \dfrac{20meq}{L}\times\dfrac{(100/2)mg}{1meq} = 1,000\,mg/L$

10. 해설

[식] 이온교환수지량$(m^3/cycle) = \dfrac{\text{총 이온교환량}(g\,CaCO_3)}{100,000g\,CaCO_3/m^3}$

- 총 이온농도(mg as CaCO$_3$/L)

$= \dfrac{180mg}{L}\times\dfrac{1meq}{14/1mg}\times\dfrac{100/2mg\ as\ CaCO_3}{1meq} = 642.8571\,mg/L$

- 총 이온교환량(g as CaCO$_3$)

$= C\times Q = \dfrac{642.8571mg}{L}\times\dfrac{4,000m^3}{day}\times\dfrac{10^3L}{1m^3}\times\dfrac{1g}{10^3mg}\times 10\,day = 25,714,284\,g$

$\therefore$ 이온교환수지량$(m^3/cycle) = \dfrac{25,714,284g\,CaCO_3}{100,000g\,CaCO_3/m^3} = 257.14\,m^3/cycle$

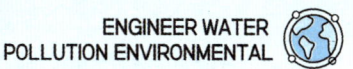

11. 해설

식) $\dfrac{Q_f}{A_f} = K(\Delta P - \Delta \pi)$

$\dfrac{720,000 L/day}{A(m^2)} = \dfrac{0.2L}{m^2 \cdot day \cdot kPa} \times (2,500 - 310)kPa$, $\quad A(m^2) = 1,643.8356 m^2$

∴ $A_{10℃} = 1.58 A_{25℃} = 1.58 \times 1,643.8356 = 2,597.26 m^2$

정답) $2,597.26 m^2$

12. 해설

식) $NH_4Cl = \dfrac{1mg}{L} \times \dfrac{53.5(NH_4Cl)}{14(NH_3-N)} \times 1L = 3.82 mg$

정답) $3.82 mg$

13. 미복원

14. 미복원

15. 미복원

16. 해설

식) 주입농도 = 요구농도 + 잔류농도

- 주입농도 $= \dfrac{S}{Q} = \dfrac{50kg}{day} \times \dfrac{day}{3,000 m^3} \times \dfrac{10^6 mg}{1 kg} \times \dfrac{1 m^3}{10^3 L} = 16.6666 mg/L$

$16.6666 =$ 요구농도 $+ 0.2$, ∴ 염소요구농도 $= 16.47 mg/L$

17. 해설

① 100 　② 아자이드화나트륨 　③ 청색
④ 무색 　⑤ 식종

18. 해설

① 한외여과 　② 정밀여과
③ 나노여과 　④ 역삼투

2016년도 수질환경기사 1회 필답형

01. 해설

식 $SVI(mL/g) = \dfrac{SV_{30}}{MLSS}$

$100\,mL/g = \dfrac{SV_{30}}{3{,}000\,mg/L}$

$\therefore SV_{30}(mL/L) = \dfrac{100\,mL}{g} \times \dfrac{3{,}000\,mg}{L} \times \dfrac{1\,g}{10^3\,mg} \times \dfrac{1\,cm^3}{1\,mL} = 300\,cm^3/L$

정답 $300\,cm^3$

02. 해설

(1) **동적모델** : 시스템을 구성하는 수식의 변수가 시간에 따라 변화하는 모델
(2) **정적모델** : 시스템을 구성하는 수식의 변수가 시간의 변화에 관계없이 항상 일정하게 적용하는 모델

03. 해설

식 $P = P_a \times Q_a \times \ln\left(\dfrac{10.3 + h}{10.3}\right)$

식 $P = G^2 \times \mu \times \forall$

$P = 100^2 \times 0.00131 \times 10 = 131\,W$

$131 = 101{,}325 \times Q_a \times \ln\left(\dfrac{10.3 + 2.5}{10.3}\right)$

$\therefore Q_a = \dfrac{5.9496 \times 10^{-3}\,m^3}{\sec} \times \dfrac{60\,\sec}{1\,\min} = 0.36\,m^3/\min$

정답 $0.36\,m^3/\min$

04. 해설

(1) 증명

반응식 $C_6H_{12}O_6 + 6O_2 \rightarrow 6CO_2 + 6H_2O$

　　180kg　:　192kg
　　X_1　　:　1kg　　　　$X_1 = 0.9375\,kg$

반응식 $C_6H_{12}O_6 \rightarrow 3CH_4 + 3CO_2$

180kg : $3 \times 22.4m^3$

0.9375kg : X_2 $X_2 = 0.35m^3$

(2) 메탄발생량(m^3/day)

식 메탄발생량 $= COD(kg) \times \dfrac{0.35m^3}{1kg}$

• 제거된 $COD = \dfrac{3,000mg}{L} \times \dfrac{675m^3}{day} \times \dfrac{10^3 L}{1m^3} \times \dfrac{1kg}{10^6 mg} \times 0.8 = 1620 kg/day$

∴ 메탄발생량 $= \dfrac{1620kg}{day} \times \dfrac{0.35m^3}{1kg} = 567 m^3/day$

05. 해설

① 공기, 산소, 과산화수소, 초산염 등 약품 주입에 의해 하수의 혐기화를 억제, 황화수소의 발생을 방지
② 환기를 통해 황화수소의 농도를 낮춘다.
③ 산화제의 첨가에 의한 황화물의 산화, 금속염의 첨가에 의한 황화수소의 고정화 등의 방법에 의해 황화수소의 대기 중으로의 확산을 방지한다.
④ 황산염 환원 세균의 활동 억제 : 황산염 환원 세균에 선택적으로 작용하는 약제 주입
⑤ 유황산화 세균에 선택적으로 작용하는 약제를 혼입한 콘크리트로 매설
⑥ 관에 피복(라이닝) 또는 부식억제 자재를 사용하여 콘크리트 표면을 방호

06. 해설

(1) **식** 총양정 = 마찰손실수두 + 수직고도(실양정)

• 마찰손실수두(m) $= f \times \dfrac{L}{D} \times \dfrac{V^2}{2g}$

$= 0.03 \times \dfrac{200m}{0.2m} \times \dfrac{(3.1830 m/\sec)^2}{2 \times 9.8 m/\sec^2} = 15.5073m$

$- V = \dfrac{Q}{A} = \dfrac{0.1m^3}{\sec} \times \dfrac{4}{\pi \times (0.2m)^2} = 3.1830 m/\sec$

∴ 총양정 = 15.5073m + 30m = 45.5073m = 45.51m

(2) **식** $P(동력) = \dfrac{\gamma \times H \times Q}{102 \times \eta} = \dfrac{1000 kg/m^3 \times 45.51 \times 0.1}{102 \times 0.7} = 63.74 kW$

07. 해설

(1) **혐기조** : 인의 방출
(2) **호기조** : 인의 과잉 섭취 및 유기물 제거
(3) **무산소조** : 탈질

08. 해설

(1) BOD₅/COD

COD = BOD_u = ThOD 이므로
반응식을 통해 COD를 산출한다.

반응식 $C_5H_7O_2N + 5O_2 \rightarrow 5CO_2 + 2H_2O + NH_3$
　　　　1mol　:　BOD_u,　BOD_u = 160g/mol

식 $BOD_5 = BOD_u \times (1 - 10^{-k \times 5})$

$BOD_5 = 160g \times (1 - 10^{-0.1 \times 5}) = 109.40 g/mol$

∴ BOD₅/COD = 109.4/160 = 0.68g/mol

(2) BOD₅/TOC

• TOC = 탄소분자량 = C_5 = 60g/mol

∴ BOD₅/TOC = 109.4/60 = 1.82

(3) TOC/COD

∴ TOC/COD = 60/160 = 0.38

09. 해설 오전 8시에서 오후 8시까지의 체류시간을 산출하여 산술평균하여 답을 산출한다.

식 $t = \dfrac{\forall}{Q}$

• $6hr = \dfrac{\forall}{Q}$

$t = \dfrac{\dfrac{\forall}{0.91Q} + \dfrac{\forall}{1.06Q} + \dfrac{\forall}{1.29Q} + \dfrac{\forall}{1.41Q} + \dfrac{\forall}{1.49Q} + \dfrac{\forall}{1.53Q} + \dfrac{\forall}{1.65Q}}{7}$

$t = \dfrac{\dfrac{6}{0.91} + \dfrac{6}{1.06} + \dfrac{6}{1.29} + \dfrac{6}{1.41} + \dfrac{6}{1.49} + \dfrac{6}{1.53} + \dfrac{6}{1.65}}{7} = 4.6778$

∴ $t = 4.68hr$

정답 4.68시간

10. 해설

식 $\ln\left(\dfrac{C_t}{C_0}\right) = -k \times t$

$\ln\left(\dfrac{0.01 C_0}{C_0}\right) = -0.35 \times t$

∴ $t = 13.1576 = 13.16 hr$

정답 13.16hr

11. 해설 정치시간에 대한 계면높이의 표를 이용하여 정치시간(농축시간)을 산출한다.

식 $C_1 h_1 = C_2 h_2$

- h_1 : 상등수의 고형물농도가 0이므로 정치시간은 0hr → 100cm

$30,000 \times 100 = 75,000 \times h_2$

$h_2 = 40 cm$

∴ 40cm일 때 정치시간은 4시간

12. 해설

식 $Q(C_0 - C_t) = K \forall C_t^m$

- $Q = 300 L/hr = 0.3 m^3/hr$
- $m(반응차수) = 0.5$
- $C_t(반응 후 농도) = 150 \times (1 - 0.95) = 7.5 mg/L$

$0.3 \times (150 - 7.5) = 0.05 \times \forall \times 7.5^{0.5}$

∴ $\forall = 312.20 m^3$

정답 $312.20 m^3$

CHAPTER 06 2016년도 수질환경기사 2회 필답형

01. 해설 무산소조의 체류시간 계산식을 이용한다.

식 체류시간 $= \dfrac{S_i - S_o}{R_{DN} \times X}$

- $R_{DN} = 0.1 \times 1.09^{(10-20)} \times (1-0.1) = 0.0380/day$

∴ 체류시간 $= \dfrac{(22-3)}{0.0380 \times 2000} = 0.25\, day = 6\, hr$

정답 6hr

02. 해설 퇴적물의 준설, 저니의 건조 및 봉합, 수초의 제거, 희석수 및 세류 용수 도입

03. 해설

반응식 $HOCl \rightleftharpoons OCl + H$

식 $K = \dfrac{[OCl][H]}{[HOCl]}$

- $K = 2.2 \times 10^{-8}$
- $[H] = 10^{-pH} = 10^{-6.8} = 1.5848 \times 10^{-7} M$

$2.2 \times 10^{-8} = \dfrac{[OCl]}{[HOCl]} \times (1.5848 \times 10^{-7})$

$\dfrac{2.2 \times 10^{-8}}{(1.5848 \times 10^{-7})} = \dfrac{[OCl]}{[HOCl]}$

∴ $\dfrac{[HOCl]}{[OCl]} = \dfrac{1}{0.1388} = 7.20$

정답 7.20

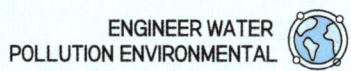

04. 해설

식 $N_{Re} = \dfrac{D_o \times V \times \rho}{\mu} = \dfrac{D_o \times V}{\nu}$

- $D_o = \dfrac{4ab}{a+2b} = \dfrac{4 \times 12 \times 3.7}{12 + 2 \times 3.7} = 9.1546m$

∴ $N_{Re} = \dfrac{9.1546 \times 0.05}{1.31 \times 10^{-6}} = 349412.21$

※ $D_o = R \times 4 = \dfrac{ab}{a+2b} \times 4 = \dfrac{4ab}{a+2b}$ (개수로의 상당직경)

05. 해설 대장균, BOD, DO, 온도, 용존총인

06. 해설

구분	분류식	합류식
시설비	(고가)	(저렴)
토사유입	(적음)	(많음)
관거오접의 감시	(필요)	(해당없음)
슬러지 함량 내 중금속	(적음)	(많음)
관거 폐쇄 우려	(많음)	(적음)

참고

구분	분류식	합류식
건설비	2계통을 모두 건설하는 경우에 건설비가 비싸지만, 오수관거만 설치하는 경우 가장 저렴	2계통을 모두 건설하는 분류식에 비해 건설비가 적으나, 오수관거만을 건설하는 것보다는 비쌈
관거오접	관거오접6)의 철저한 감시가 필요	관거오접의 문제가 없음
우천시 월류	월류7)가 없음	우천시 오수가 월류할 수 있음
관거 내 보수	오수관거의 경우 폐쇄의 우려가 있으나, 청소는 비교적 용이	• 청천시에 오염물의 퇴적문제가 있고, 우천시에 청소효과가 있어 청소빈도가 적을 수 있음 • 폐쇄의 우려가 없으나, 청소가 비교적 어려움

---

6) 관거오접 : 하수관이 우수관으로 잘못 연결되는 것
7) 월류 : 물이 관 밖으로 넘침

07. 해설

식 $pH = 14 - pOH$

식 $NH_3(\%) = \dfrac{NH_3}{NH_3 + NH_4} \times 100 = \dfrac{100}{1 + (NH_4/NH_3)} = 95\%$

- $NH_4/NH_3 = 0.0526$
- $K = \dfrac{[NH_4][OH]}{[NH_3]} = 0.0526 \times [OH] = 1.8 \times 10^{-5}$, $\quad [OH] = 3.4220 \times 10^{-4} M$

$\therefore pH = 14 - \log\left(\dfrac{1}{3.4220 \times 10^{-4}}\right) = 10.53$

정답 10.53

08. 해설

① GAC : PAC에 비해 흡착속도가 느리다. 재생하기 쉽고 취급하기 용이하다.
② PAC : GAC에 비해 흡착속도가 빠르다. 재생하기 어렵고 취급이 불편하다.

09. 해설

(1) 산소의 필요량(kg/day)

식 $O_2(kg/day) = \dfrac{Q(BOD_i - BOD_o)}{f} - 1.42 \times P$

- f : BOD 환산계수 = 0.7
- P : 잉여슬러지량 = $1,700 kg/day$
- $Q = \dfrac{0.25 m^3}{sec} \times \dfrac{86400 sec}{day} = 21,600 m^3/day$

$\therefore O_2(kg/day) = \left(\dfrac{21,600 m^3}{day} \times \dfrac{(250-20)mg}{L} \times \dfrac{1kg}{10^6 mg} \times \dfrac{10^3 L}{1 m^3} \times \dfrac{1}{0.7}\right) - 1.42 \times 1,700 = 4,683.14 kg/day$

(2) 설계 시 공기의 필요량(m³/day)

식 설계 시 공기의 필요량$(m^3/day) = $ 필요산소량 $\times \dfrac{100}{산소전달율(\%)} \times \dfrac{100}{23} \times \dfrac{1}{공기밀도}$

$\therefore$ 설계 시 공기의 필요량$(m^3/day) = \dfrac{4,683.14 kg}{day} \times \dfrac{100}{8} \times \dfrac{100}{23} \times \dfrac{m^3}{1.2 kg} \times 2 = 424,197.46 m^3/day$

정답 (1) 4683.14kg/day, (2) 424197.46m³/day

10. 해설

(1) 투석 : 농도차
(2) 전기투석 : 전위차
(3) 역삼투 : 정수압차

11. 해설

(1) 소화율(%)

식 $\eta(\%) = \left(1 - \dfrac{VS_o/FS_o}{VS_i/FS_i}\right) \times 100$

$\eta(\%) = \left(1 - \dfrac{0.6/0.4}{0.75/0.25}\right) \times 100 = 50\%$

정답 50%

(2) 가스량(m^3)

식 가스량 = $(CO_2 + CH_4) \times$ 소화율

반응식 $C_6H_{12}O_6 \rightarrow 3CH_4 + 3CO_2$ (글루코스의 TOC와 CH_4, CO_2의 비를 산출한다.)

$12 \times 6 \text{kg} : 3 \times 22.4 m^3 : 3 \times 22.4 m^3$

$\dfrac{10,000 mg}{L} \times 1 m^3 \times \dfrac{10^3 L}{1 m^3} \times \dfrac{1 kg}{10^6 mg}$: $9.3333 m^3$: $9.3333 m^3$

∴ 가스량 = $(9.3333 + 9.3333) \times 0.5 = 9.33 m^3$

정답 $9.33 m^3$

12. 해설

식 총효율(η_T) = 100%제거효율 + $\dfrac{\text{합(침전속도} \times SS\text{분율)}}{\text{표면부하율}}$

- 표면부하율(L_a) ≤ 침전속도(V_s) : 100%제거
- 표면부하율(L_a) > 침전속도(V_s) : 일부제거
- $L_a = \dfrac{28.8 m^3}{m^2 \cdot day} \times \dfrac{100 cm}{1 m} \times \dfrac{1 day}{1440 \min} = 2 cm/\min$

∴ $\eta_T = (20\% + 20\%) + \left\{\dfrac{1}{2 cm/\min} \times \left(\dfrac{1 cm}{\min} \times 25\% + \dfrac{0.5 cm}{\min} \times 20\% + \dfrac{0.3 cm}{\min} \times 10\% + \dfrac{0.1 cm}{\min} \times 5\%\right)\right\}$

= 59.25%

CHAPTER 07 2018년도 수질환경기사 1회 필답형

01. 해설
① 혐기조 : 인의 방출
② 1단계 무산소조 : 탈질(전 – 무산소 탈질)
③ 1단계 호기조 : 질산화, 유기물 제거, 인의 과잉 섭취
④ 2단계 무산소조 : 탈질(후 – 무산소 탈질)
⑤ 2단계 호기조 : 인의 과잉 섭취, 인의 방출 억제, 슬러지부상 방지

02. 해설
(1) 식 제거되는 인(P)의 양 $= Q \times (C_i - C_o)$

∴ 제거되는 인(P)의 양 $= \dfrac{1,000m^3}{day} \times \dfrac{(20-1)mg}{L} \times \dfrac{10^3 L}{1m^3} \times \dfrac{1kg}{10^6 mg} = 19 kg/day$

(2) 반응식 $3PO_4^{3-} + 5Ca(OH)_2 \rightarrow Ca_5(PO_4)_3OH + 9OH$

  $3 \times 31 kg : 5 \times 74 kg$
  $19 kg/day : X$,   ∴ $X = 75.59 kg/day$

(3) 반응식 $3PO_4^{3-} + 5Ca(OH)_2 \rightarrow Ca_5(PO_4)_3OH + 9OH$

  $3 \times 31 kg$: $502 kg$
  $19 kg/day$: X,   ∴ $X = 102.5591 kg/day$

∴ $X = \dfrac{102.5591 kg}{day} \times \dfrac{100 kg\ SL}{5 kg\ TS} \times \dfrac{1 m^3}{1200 kg} = 1.71 m^3/day$

03. 해설
식 $\forall = Q \times t$
식 $\forall = A \times H = (W \times L) \times H$

- $\forall = \dfrac{800 m^3}{day} \times 40 sec \times \dfrac{1 day}{86400 sec} = 0.3703 m^3$
- $W = L$ (정방형이므로 폭과 길이는 같다.)
- $H : W = 1.25 : 1$, $H = 1.25 W$

$0.3703 m^3 = (W \times W) \times 1.25 W = 1.25 W^3$

∴ $W = 0.67 m$, $H = 1.25 \times 0.67 = 0.84 m$

정답 너비 : 0.67m, 수심 : 0.83m

04. 해설
① 수원의 종류에 관계없이 계획취수량을 확실하게 취수할 수 있도록 해야 한다.
② 수질이 양호해야 한다.
③ 재해와 사고 등 비상시에도 취수의 영향이 최소화 될 수 있는 곳에 설치한다.
④ 악조건(홍수, 갈수 등)에서도 유지관리가 안전하고 용이해야 한다.
⑤ 수원의 다원화나 상수도시설의 다계통화를 고려한다.
⑥ 주변 환경에 대한 영향을 충분히 조사한다.

05. 해설
① 부피가 변하므로 운영상의 융통성이 크다.
② 소화가스와 산소가 혼합되어 폭발가스가 될 위험을 최소화시킨다.
③ 스컴이 수중에 잠기게 되므로 스컴을 혼합시킬 필요가 없다.
④ 통상 0.6~1.8m의 높이를 이동할 수 있으므로 지붕 아래에 가스저장을 위한 공간이 부여된다.

06. 해설

(1) TDS(mg/L)

식 $TS = TSS + TDS$

$325 = 100 + TDS$, ∴ $TDS = 225 mg/L$

(2) VS(mg/L)

식 $TS = VS + FS$

$325 = VS + 200$, ∴ $VS = 125 mg/L$

(3) FSS(mg/L)

식 $TSS = VSS + FSS$

$100 = 55 + FSS$ ∴ $FSS = 45 mg/L$

(4) VDS(mg/L)

식 $TDS = VDS + FDS$

• $FS = FSS + FDS$

$200 = 45 + FDS$, $FDS = 155 mg/L$

$225 = VDS + 155$, ∴ $VDS = 70 mg/L$

(5) FDS(mg/L)

식 $TDS = VDS + FDS$

$225 = 70 + FDS$, ∴ $FDS = 155 mg/L$

07. 해설

식) 마찰손실수두 $(m) = f \times \dfrac{L}{D} \times \dfrac{V^2}{2g}$

- $V = \dfrac{Q}{A} = \dfrac{0.1 m^3}{\sec} \times \dfrac{4}{\pi \times (0.15 m)^2} = 5.6588 m/\sec$

$10 m = 0.015 \times \dfrac{L}{0.15 m} \times \dfrac{(5.6588 m/s)^2}{2 \times 9.8 m/s^2}$, $\quad \therefore L = 61.21 m$

정답) 61.21m

08. 해설

식) $P_n = P_0(1+r)^x$

- r : 인구증가율   • x : 경과년수   • $P_{10} = 3.25 P_0$

$P_{10} = P_0(1+r)^{10}$

$3.25 P_0 = P_0(1+r)^{10}$

$3.25 = (1+r)^{10}$

$3.25^{\frac{1}{10}} = (1+r)^{10 \times \frac{1}{10}}$, $\quad \therefore r = 0.1250 = 12.5\%$

정답) 12.5%

09. 해설

식) $Q(C_0 - C_t) = K \forall C_t^m$

$0.3 \times (150 - 7.5) = 0.05 \times \forall \times 7.5$, $\quad \therefore \forall = 114 m^3$

정답) 114m³

10. 해설

① 충격부하에 대한 적응성이 좋다.
② 조의 조건변경을 통한 다양한 오염물질 제어가 가능하다.
③ 슬러지 팽화 등 수처리불량에 따른 유출수질악화 시 유출을 제한함으로써 처리의 융통성이 있다.
④ 설치비 및 설치면적이 적다.
⑤ 침전조건 및 침전시간을 유연하게 설정할 수 있어 고액분리가 원활하게 진행된다.

11. 해설

① 폭기조의 평균 DO 농도   ② 폭기조의 온도
③ 폭기조의 부피   ④ 하수 중 함유성분 및 농도
⑤ 산기 심도

CHAPTER 08 2018년도 수질환경기사 2회 필답형

01. 해설
(1) SRT가 길다.
(2) 산기장치의 용량 또는 개수가 부족하다.
(3) F/M비가 높게 유지되고 있다.

02. 해설
① 수온　　　　　　　　② 접촉시간
③ 주입농도　　　　　　④ pH
⑤ 유기물 및 환원성 금속의 존재량

03. 해설
식 $\ln\left(\dfrac{C_t}{C_0}\right) = -k \times t$

- $k = \dfrac{Q}{\forall} = \dfrac{600,000}{500,000} = 1.2/year$

  - $Q = A \times V = 500,000m^2 \times \dfrac{1,200mm}{year} \times \dfrac{1m}{10^3 mm} = 600,000 m^3/year$
  - $A = 50 ha = 500,000 m^2$
  - $\forall = 500,000톤 = 500,000 m^3$

$\ln\left(\dfrac{3}{30,000}\right) = -1.2 \times t, \quad \therefore t = 7.68년$

정답 7.68년

04. 해설
① 머드볼(진흙덩어리) 형성　　② 공기결합
③ 여과지 부수두　　　　　　　④ 여재층의 수축
⑤ 조류발생으로 인한 여과지 폐색

05. 해설

식 $C_1 h_1 = C_2 h_2$

- C_1 : 농축 전 슬러지의 농도 = $10 g/L$
- h_1 : 농축 전 슬러지의 높이 = $90 cm$
- h_2 : 농축 후 슬러지의 높이 = $20 cm$

$10 \times 90 = C_2 \times 20$, ∴ $C_2 = 45 g/L$

06. 해설

① 관형

② 중공사형

③ 나선형

④ 판과 프레임 막

※ 모듈 : 막, 막 압력 지지구조물, 유입부, 투과수 유출부, 농축수 유출부, 전체 지지구조물로 이루어진 하나의 단위를 의미한다.

07. 해설

(1) 식 실제 여과 시간 = 여과지 운영시간 − 역세척 시간

- 여과지 운영시간 = $24 hr/day$
- 역세척 시간 = $\dfrac{25 \min}{1 회} \times \dfrac{5 회}{1 day} \times \dfrac{1 hr}{60 \min} = 2.0833 hr/day$

∴ 실제 여과 시간 = $24 - 2.0833 = 21.9167 hr/day = 21.92 hr/day$

(2) 식 A_i(소요 여과면적) = $\dfrac{\text{총 여과면적}(A)}{\text{여과지 수}}$

- 총 여과면적(A) = $\dfrac{Q}{V} = \dfrac{55,000 m^3}{day} \times \dfrac{m^2 \cdot hr}{5.5 m^3} \times \dfrac{1 day}{21.92 hr} = 456.2043 m^2$
- 여과지 수 = 6

∴ A_i(소요 여과면적) = $\dfrac{456.2043}{6} = 76.03 m^2$

(3) 식 여과면적 = $W(폭) \times L(길이)$

- $L : W = 2 : 1$, $2W = L$

$76.03 = W \times 2W = 2W^2$

∴ $W = 6.17 m$

∴ $L = 12.34 m$

08. 해설

① 식 수직방향 투수계수$(k_y) = \dfrac{H}{\dfrac{h_1}{k_1} + \dfrac{h_2}{k_2} + \dfrac{h_3}{k_3} + \dfrac{h_4}{k_4}}$

$= \dfrac{(20+5+10+10)cm}{\dfrac{20cm}{10cm/day} + \dfrac{5cm}{50cm/day} + \dfrac{10cm}{1cm/day} + \dfrac{10cm}{5cm/day}} = 3.19 cm/day$

② 식 수평방향 투수계수$(k_x) = \dfrac{1}{H}\{k_1 h_1 + k_2 h_2 + k_3 h_3 + k_4 h_4\}$

$= \dfrac{1}{(20+5+10+10)cm} \times \{10cm/day \times 20cm + 50cm/day \times 5cm + 1cm/day \times 10cm + 5cm/day \times 10cm\}$

$= 11.33 cm/day$

09. 해설

식 $Q = A \cdot V$

- $V = \dfrac{87}{1 + \dfrac{r}{\sqrt{R}}} \sqrt{RI} \, (m/\sec)$

- 경심$(R) = \dfrac{A(단면적)}{S(윤변길이)} = \dfrac{W \times H}{W + 2H} = \dfrac{1.2m \times 0.5m}{1.2m + 2 \times 0.5m} = 0.27m$

- 구배$(I) = \dfrac{1}{800}$

① $V = \dfrac{87}{1 + \dfrac{0.3}{\sqrt{0.27m}}} \times \sqrt{0.27m \times \dfrac{1}{800}} = 1.013 \, m/\sec$

② $A = B \times H = 1.2m \times 0.5m = 0.6 m^2$

∴ 유량(Q) $= 0.6 m^2 \times 1.013 m/\sec \times 60 \sec/\min = 36.5 m^3/\min$

10. 해설 침전조의 설계는 최대와 평균부하를 비교하여 치수가 큰 쪽으로 설계한다.

- 평균표면부하율$(m^3/m^2 \cdot day) = \dfrac{Q}{A}$, $20 = \dfrac{20,000}{A}$

  $A = 1,000 m^3 = \dfrac{\pi \times D^2}{4}$, $D = 35.6m$

- 최대표면부하율$(m^3/m^2 \cdot day) = \dfrac{Q}{A}$, $50 = \dfrac{20,000 \times 2.75}{A}$

  $A = 1,100 m^3 = \dfrac{\pi \times D^2}{4}$, $D = 37.4m$

∴ 최대표면부하율을 적용했을 경우, 직경이 더 크므로, 설계 직경은 37.4m이다.

정답 37.4m

11. 해설

(1) 공정도(반응조 명칭, 내부반송, 슬러지 반송 표시)

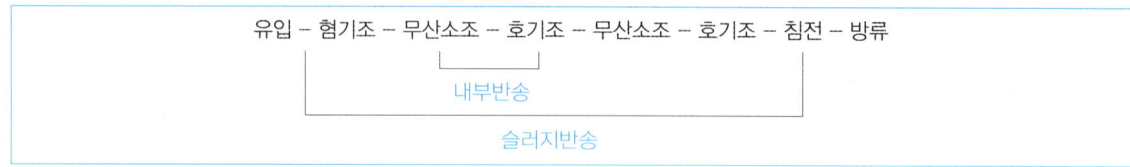

(2) 호기조의 주된 역할 2가지(단, 유기물 제거는 정답에서 제외함)
- 인의 과잉 섭취, 인의 방출 억제
- 질산화, 슬러지부상 억제

CHAPTER 09 2018년도 수질환경기사 3회 필답형

01. 해설

(1) T (m²/min)

  식 $T = 0.183 \times \dfrac{0.018 m^3}{\sec} \times \dfrac{1}{0.21m} \times \dfrac{60\sec}{1\min} = 0.94 m^2/\min$

(2) S

  식 $S = 2.25 \times \dfrac{0.94 m^2}{\min} \times \dfrac{0.12\sec}{(3m)^2} \times \dfrac{1\min}{60\sec} = 4.7 \times 10^{-4}$

02. 해설

식 $\dfrac{Q}{A} = K(\triangle P - \triangle \pi)$

- 물질전달계수 $= 0.2 L/m^2 \cdot day \cdot kPa = 2 \times 10^{-4} m^3/m^2 \cdot day \cdot kPa$

  $\dfrac{500}{A(m^2)} = (2 \times 10^{-4}) \times (2000 - 320)$, $\quad A(m^2) = 1488.0952 m^2$

∴ $A_{10℃} = 1.6 A_{25℃} = 1.6 \times 1488.0952 = 2380.95 m^2$

정답 $2380.95 m^2$

03. 해설

식 $\eta_T = \sum 침전속도별 SS제거율(\%)$

- $L_A(cm/\min) = \dfrac{43.2 m^3}{m^2 \cdot day} \times \dfrac{100cm}{m} \times \dfrac{1day}{1440\min} = 3cm/\min$

(1) 표면부하율$(L_A) \leq$ 침전속도(V_s) : 100% 제거
  - $\eta(4cm/\min) = 30\%$
  - $\eta(3cm/\min) = 20\%$

(2) 표면부하율$(L_A) >$ 침전속도(V_s) : 일부제거
  - $\eta(1.5cm/\min) = \dfrac{1.5cm/\min}{3cm/\min} \times 20\% = 10\%$
  - $\eta(0.75cm/\min) = \dfrac{0.75cm/\min}{3cm/\min} \times 20\% = 5\%$

- $\eta(0.75cm/\min) = \dfrac{0.75 cm/\min}{3 cm/\min} \times 20\% = 5\%$

- $\eta(0.3cm/\min) = \dfrac{0.3 cm/\min}{3 cm/\min} \times 10\% = 1\%$

$\therefore \eta_T = 30\% + 20\% + 10\% + 5\% + 5\% + 1\% = 71\%$

정답 71%

04. 해설
(1) 유기탄소를 탄소원으로 이용하는 미생물의 종류 : 종속영양 미생물
(2) 빛을 에너지원으로 이용하는 미생물의 종류 : 광합성 미생물
(3) 전자수용체로 질산염과 아질산성 이온을 사용하는 미생물이 생장하는 조건 : 무산소 조건

05. 해설
스크린 - 유량조정조 - 유수분리기 - pH조정조 - 혼화지 - 교반조 - 응집조 - 침전조/부상조 - 방류

> **참고 하수처리공정**
> 스크린 - 유량조정조 - 침사지 - 1차 침전지 - 생물반응조 - 2차 침전지 - 고도처리 - 방류

> **참고 정수처리공정**
> 착수정 - 약품처리(응집제) - 여과 - 소독 - 급수

06. 해설

구분	분류식	합류식
시설비	(고가)	(저렴)
토사유입	(적음)	(많음)
관거오접의 감시	(필요)	(해당없음)
슬러지 함량 내 중금속	(적음)	(많음)
관거 폐쇄 우려	(많음)	(적음)

참고

구분	분류식	합류식
건설비	2계통을 모두 건설하는 경우에 건설비가 비싸지만, 오수관거만 설치하는 경우 가장 저렴	2계통을 모두 건설하는 분류식에 비해 건설비가 적으나, 오수관거만을 건설하는 것보다는 비싸다.
관거오접	관거오접의 철저한 감시가 필요	관거오접의 문제가 없음
우천시 월류	월류가 없음	우천시 오수가 월류할 수 있음
관거 내 보수	오수관거의 경우 폐쇄의 우려가 있으나, 청소는 비교적 용이	• 청천시에 오염물의 퇴적문제가 있고, 우천시에 청소효과가 있어 청소빈도가 적을 수 있음 • 폐쇄의 우려가 없으나, 청소가 비교적 어려움

07. 해설

① 전기투석 : 전위차
② 투석 : 농도차
③ 역삼투 : 정수압차

08. 해설

식 $\ln\left(\dfrac{C_t}{C_0}\right) = -k \times t$

- $k = \dfrac{Q}{\forall} = \dfrac{14,400}{30,000} = 0.48/year$

　$- Q = A \times V = 12,000 m^2 \times \dfrac{1,200 mm}{year} \times \dfrac{1m}{10^3 mm} = 14,400 m^3/year$

　$- A = 1.2 ha = 12,000 m^2$

　$- \forall = 30,000 m^3$

$\ln\left(\dfrac{1}{50}\right) = -0.48 \times t, \qquad \therefore t = 8.15년$

정답 8.15년

09. 해설

① 오존(기체)
② 과망간산칼륨(고체)
③ 활성탄(고체)
④ 염소(기체)

10. 해설

식 $X(g) = \dfrac{분자량(g)}{가수} = \dfrac{44g}{2} = 22g$

정답 22g

11. 해설

평가협의회 구성 및 운영 → 평가항목 범위확정(스코핑) → 평가서 초안 작성 → 주민의견수렴(설명회, 공청회) → 평가서 작성 및 협의 → 협의의견 통보 → 협의내용 관리

2019년도 수질환경기사 1회 필답형

01. 해설

(1) 역가(소수점 셋째자리까지 기입)

식 $NV = N'V'$

$1 \times 10 = N' \times (9.8 - 0.15)$, $N' = 1.0362$

정답 1.036

(2) COD

식 $COD(mg/L) = (b-a) \times f \times \dfrac{1{,}000}{V} \times 0.2$

- a : 바탕시험(공시험) 적정에 소비된 0.025N-과망간산칼륨용액 = 1mL
- b : 시료의 적정에 소비된 0.025N-과망간산칼륨용액 = 4mL
- f : 0.025N-과망간산칼륨용액 역가(factor) = 1.000
- V : 시료의 양(mL) = 30mL

∴ $COD(mg/L) = (4-1) \times 1.0362 \times \dfrac{1{,}000}{30} \times 0.2 = 20.72\, mg/L$

정답 20.72mg/L

02. 해설

가) 농도차 : 투석

나) 전위차 : 전기투석

다) 정수압차 : 역삼투, 나노여과, 한외여과, 정밀여과

03. 해설

① 호기성 반응 시 필요한 산소량(mg)

반응식 $C_6H_{12}O_6 + 6O_2 \rightarrow 6CO_2 + 6H_2O$

  180g : 6×32g

  250mg/L : X_1, $X_1 = 266.67\, mg/L$

정답 266.67mg/L

② 혐기성 반응 시 배출되는 메탄의 양(mL) : 373.33mL

반응식 $C_6H_{12}O_6 \rightarrow 3CO_2 + 3CH_4$

  180g : 3×22.4L

  250mg/L : X_2,   ∴ $X_2 = \dfrac{250mg}{L} \times (3 \times 22.4L) \times \dfrac{1}{180g} \times \dfrac{1g}{10^3 mg} \times \dfrac{10^3 mL}{1L} = 93.33\, mL/L$

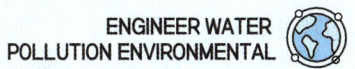

04. 해설
- 퇴적물의 준설, 저니의 건조 및 봉합, 수초의 제거, 희석수 및 세류 용수 도입
- 외부의 수류를 끌어들여 수 교환율을 높임
- 성층파괴를 위한 심층폭기나 강제 순환
- 수심이 깊은 호소에서 영양염류농도가 높은 심층수의 방류
- 저질토를 합성수지 등으로 도포하여 저질토에서 나오는 물질을 차단
- 영양염류가 농축되어 있는 저질토의 준설
- 차광막을 설치하여 조류증식에 필요한 광을 차단함
- 수체로부터의 수초 및 부착조류의 제거

05. 해설
① 혼화지 : 원수와 응집제를 급속히 교반하여 혼합 반응시킴
② floc 형성지 : 응결된 입자를 완속교반, 크게 성장시켜 대형 floc화
③ 침전지 : 응집된 대형 floc을 침전분리

06. 해설
가) 상변화 방식 : 다단플래쉬법, 다중효용법, 증기압축법, 냉동법, 가스수화물법
나) 상불변 방식 : 용매추출법, 역삼투법, 전기투석법

07. 해설
가) 장점
- 유기물농도가 높은 물의 처리가 용이하다.
- 처리 후 슬러지 발생량이 적다.
- 유지비용이 적게 든다.
- 영양물질이 적게 요구된다.
- 부산물로 메탄을 얻을 수 있다.

나) 단점
- 초기 건설비가 많이 든다.
- 체류시간이 길고 그에 따른 처리시간도 길다.
- 암모니아와 황화수소에 의해 악취가 발생한다.
- 효율이 낮다.

08. 해설

원인	대책
BOD 시험 중에 질산화가 발생	⊙ 질산화억제제 첨가(TCMP, ATU 등등) ⓒ 염소, UV, 오존 등으로 소독처리하여 질산화미생물을 사멸시킴.
COD 시험에 방해물질이 폐수에 존재 (검수 중에 사용되는 산화제와 상조하는 산화성 물질)	⊙ 전처리 후 분석시행 ⓒ 바탕시험을 통한 보정

09. 해설

(1) 1지당 여과면적(m^2)

식: $A = \dfrac{Q}{A} = \dfrac{(80000/10)}{120} = 66.67 m^2$

정답: $66.67 m^2$

(2) 표면세척은 3분간, 역세척은 6분간 세척 시 1지 당 세척수량(m^3)

식: 세척수량$(m^3) = A \times$(표면세척속도$\times t +$역세척속도$\times t$)

- 표면세척속도 $= \dfrac{30cm}{\min} \times \dfrac{1m}{100cm} = 0.3 m/\min$

- 역세척속도 $= \dfrac{50cm}{\min} \times \dfrac{1m}{100cm} = 0.5 m/\min$

∴ 세척수량$(m^3) = 66.67 \times (0.3 \times 3 + 0.5 \times 6) = 260.01 m^3$

정답: $260.01 m^3$

10. 해설

- **독립침전(Ⅰ형)** : 처음 침강이 시작될 때 일어나는 형태로 입자들이 독립적으로 주변입자들에 방해받지 않고 침강속도식에 따라 침전하는 형태입니다. 침사지와 침전과 침전지의 침전초기에 침전형태입니다.
- **응집침전, 플록침전(Ⅱ형)** : 입자들이 서로 뭉치면서 플록을 형성하는 침전형태로 서로 상대적 위치를 변경시키며 침전합니다.
- **간섭침전, 지역침전(Ⅲ형)** : Ⅱ형에서 형성된 플록들이 서로 계면(띠)을 이루면서 서로 위치를 변경시키지 않고 침전하는 형태입니다.
- **압밀침전, 압축침전(Ⅳ형)** : 계면이 쌓이면서 형성된 압밀로 바닥에 침전된 침전물 내의 수분이 일부제거되는 형태의 침전입니다.

11. 해설

① 제거대상 주 물질 : 칼슘, 마그네슘

② 연수화 방법
- 자비법
- 이온교환법
- Zeolite를 이용한 흡착법

CHAPTER 11 2019년도 수질환경기사 2회 필답형

01. 해설

식 $K_{LA} = \dfrac{\gamma}{(C_s - C)}$

∴ $K_{LA}(\text{hr}^{-1}) = \dfrac{0.02\,\text{mg} \cdot \text{O}_2}{\text{L} \cdot \text{day}} \times \dfrac{\text{L}}{(9.17 - 7)\,\text{mg}} \times \dfrac{1\,\text{day}}{24\,\text{hr}} = 3.84 \times 10^{-4}\,(\text{hr}^{-1})$

02. 해설

식 $BOD_o = BOD_i \times (1 - \eta)$

- $BOD_i = (D_1 - D_2) \times P = (8.4 - 3.6) \times 50 = 240\,\text{mg/L}$
  - D_1 : 초기 DO
  - D_2 : 5일 후 DO
  - P : 희석배수

∴ $BOD_o = 240 \times (1 - 0.9) = 24\,\text{mg/L}$

03. 해설

식 $S(\text{총량}) = C \times Q$

- $Q = CIA = 0.65 \times \dfrac{2\,mm}{\min} \times 1\,km^2 \times \dfrac{1\,m}{10^3\,mm} \times \dfrac{10^6\,m^2}{1\,km^2} = 1300\,m^3/\min$

∴ $S(\text{총량}) = \dfrac{300\,mg}{L} \times \dfrac{1300\,m^3}{\min} \times \dfrac{1\,ton}{10^9\,mg} \times \dfrac{1440\,\min}{1\,day} \times \dfrac{365\,day}{1\,year} = 204.984\,\text{톤}/year$

04. 해설

① MBR : 활성슬러지법과 막공법을 결합한 공법으로 폭기조에 막을 설치함으로써 처리효율을 향상시킨 방법이다.

② 특징
- 슬러지체류시간을 길게 유지할 수 있다.
- 슬러지반송량 저감 및 슬러지배출량을 줄일 수 있다.
- 고부하로 운전이 가능하다.
- 부유물질 및 세균까지 제거가 가능하다.

05. 해설
- 폭기
- 염소처리
- 활성탄처리
- 오존처리

06. 해설
- pH의 영향이 적음
- 응집속도가 빠름
- 고탁도, 착색수에 대해서 효과가 좋음
- 응집보조제가 필요 없음
- 알칼리도의 감소가 적음

07. 해설 이론적 체류시간은 (수심/침전속도)으로 구할 수 있다.

식 $t = \dfrac{H}{V_s}$

식 $V_s = \dfrac{d_p^{\,2}(\rho_p - \rho)g}{18\mu}$

$= \dfrac{(1.0 \times 10^{-3})^2 \times (1{,}002 - 1{,}000) \times 9.8}{18 \times 1.307 \times 10^{-3}} = 8.33 \times 10^{-4} \,(\text{m/sec})$

$\therefore\ t = 3\text{m} \times \dfrac{\text{sec}}{8.33 \times 10^{-4}\text{m}} \times \dfrac{1hr}{3600\text{sec}} = 1.00(hr)$

08. 해설
① **펌프특성곡선** : 펌프의 특성과 성능을 나타내는 곡선으로, 펌프를 일정 회전수로 운전하여 토출량의 변화에 대해 양정과 효율, 축동력의 변화를 곡선으로 표시한 것이다. 이 곡선을 이용하여 펌프의 종류선정 및 펌프의 성능을 예측할 수 있다.
② **필요유효흡입수두(NPSH)** : 펌프가 공동현상을 일으키지 않으면서 물을 회전차 입구의 최상위에 이르는 최소의 수두

09. 해설

식 $SRT = \dfrac{X \times \forall}{Q_w \times X_w + Q_o \times X_o}$

- $Q_o = Q - Q_w = 10000 - 50 = 9950 \, m^3/day$

$\therefore\ SRT = \dfrac{2500 \times 3000}{50m \times 15000 + 9950 \times 20} = 7.9 \, day$

10. 해설
- 산기식
- 원심력 터빈식
- 벤츄리 이젝터
- 스프레이 충전탑
- 기계 교반식
- 가압 인젝터방식
- 정지형 믹서방식

11. 해설
① 수리학적 경사의 안정성 검토 및 확보(최대한 자연유하가 가능하도록)
② 펌프소요수두 계산 및 동력요구량 산정
③ 각 시설 설치지반고 산정을 통한 굴착깊이 및 첨두유량을 산정함으로써 최악의 상태에서도 정상운전 가능여부 검토

CHAPTER 12 2019년도 수질환경기사 3회 필답형

01. 해설

식 $Q = CIA$

- $C = \left(0.6 \times \dfrac{1}{2} + 0.5 \times \dfrac{1}{3} + 0.1 \times \dfrac{1}{6}\right) = 0.4833$
- $A = 120ha = 1,200,000 m^2$
- $I = \dfrac{5,000}{t+40} = \dfrac{5,000}{25.8333+40} = 75.9494 mm/hr$
- $t = $ 유입시간 + 유하시간 $= 5\min + \dfrac{1500m}{\dfrac{1.2m}{\sec}} \times \dfrac{60\sec}{1\min} = 25.8333\min$

$\therefore Q = 0.4833 \times 1,200,000 m^2 \times \dfrac{75.9494 mm}{hr} \times \dfrac{1m}{10^3 mm} \times \dfrac{1hr}{3600\sec} = 12.24 m^3/\sec$

02. 해설

식 $Q(C_0 - C_t) = K \forall C_t^n \rightarrow \dfrac{(C_0 - C_t)}{KC_t^n} = \dfrac{\forall}{Q} = t$

- $K = \dfrac{0.548L}{g \cdot hr}(MLVSS) \times \left(\dfrac{3000mg(MLSS)}{L} \times \dfrac{70MLVSS}{100MLSS}\right) \times \dfrac{1g}{10^3 mg} = 1.1508/hr$
- $C_0 = COD_i - NBDCOD = 960 - 95 = 865 mg/L$
- $C_t = COD_o - NBDCOD = 120 - 95 = 25 mg/L$

$\therefore t = \dfrac{(865-25)}{1.1508 \times 25} = 29.2 hr$

정답 29.2hr

03. 해설

식 $A/S = \dfrac{1.3 \times S_a \times (fP-1)}{SS}$

- $S_a = 18.7 mL/L$
- $SS = \dfrac{1g}{200mL} \times \dfrac{10^3 mL}{1L} \times \dfrac{10^3 mg}{1g} = 5,000 mg/L$

$$\therefore 0.06 = \frac{1.3 \times 18.7 \times ((0.5 \times P) - 1)}{200}, \quad \therefore P = 2.99\,atm$$

정답 2.99atm

04. 해설

퇴적물의 준설, 저니의 건조 및 봉합, 수초의 제거, 희석수 및 세류 용수 도입

05. 해설

식 경도(mg/L) = 경도유발물질$(mg/L) \times \dfrac{50mg}{1meq}$

식 $NV = N'V'$

$N \times 100mL = 0.01N \times 40.4mL, \quad N(Mg(OH)_2) = 4.04 \times 10^{-3} eq/L$

$\therefore$ 경도$(mg/L) = \dfrac{4.04 \times 10^{-3} eq}{L} \times \dfrac{50g}{1eq} \times \dfrac{1,000mg}{1g} = 202\,mg/L$

정답 202mg/L

06. 해설

식 $C_o = C_i \times (1 - \eta)$

- $C_i = \dfrac{70g}{day \cdot man} \times \dfrac{day \cdot man}{(350L + 50L)} \times \dfrac{10^3 mg}{1g} = 175\,mg/L$
- $\eta = 0.5$

$\therefore C_o = 175 \times (1 - 0.5) = 87.5\,mg/L$

07. 해설

(1) 고도처리(N, P 제어)
(2) 방류수 배출허용기준 강화
(3) 폐수 재사용 및 재이용
(4) 미량물질 제어

08. 해설

식 수율$(Y) = \dfrac{VSS}{SCOD_i - SCOD_o} = \dfrac{200}{(500 - 10)} = 0.41\,g\,VSS/g\,SCOD$

09. 해설

구분	이상적 PFR	이상적 CFSTR
분산	0	1
분산수	0	분산계수가 무한대일 때
체류시간	이론적 체류시간과 같을 때	0
모릴지수	1에 가까울수록	클수록 근접

10. 해설

(1) 폭기량
(2) SRT

11. 해설

- 소화조 가스 발생량 감소원인
  - pH가 낮을 때(유기산의 과다생성 또는 알칼리도가 낮을 때)
  - 온도가 낮을 때
  - 독성물질이 유입되었을 때
  - 투입량이 일정하지 않을 때
  - 소화가스의 누출
- 대책
  - 온도를 적정하게 조절한다.
  - 소화조를 기밀하게 유지한다.
  - 투입량을 조정한다.
  - 교반을 원활히 한다.

CHAPTER 13 2020년도 수질환경기사 1회 필답형

01. 해설

식 $\dfrac{X}{M} = K \times C^{\frac{1}{n}}$

- X : 흡착된 오염물질양
- M : 흡착제 주입량
- K, n : 상수
- C : 유출농도

$$\dfrac{\left(\dfrac{33\mu g}{L} \times \dfrac{1mg}{10^3 \mu g} - 0.005 mg/L\right)}{M} = 2 \times (0.005 mg/L)^{\frac{1}{1.6}}$$

∴ $M = 0.38 mg/L$

정답 0.38mg/L

02. 해설

① 소석회(Ca(OH)$_2$) - 고체 + 이산화탄소(CO$_2$) - 기체
② 알칼리제(수산화나트륨, 소석회) - 고체

03. 해설

㉠ : 10cm   ㉡ : 1.5m
㉢ : 6%   ㉣ : 크면
㉤ : 작으면

04. 해설

식 $\eta_T = \sum$ 침전속도별 SS제거율(%)

- $L_A(cm/\min) = \dfrac{28.8 m^3}{m^2 \cdot day} \times \dfrac{100 cm}{m} \times \dfrac{1 day}{1440 \min} = 2 cm/\min$

(1) 표면부하율(L_a) ≤ 침전속도(V_s) : 100%제거
- $\eta(3cm/\min) = 30\%$
- $\eta(2cm/\min) = 20\%$

(2) 표면부하율(L_a) > 침전속도(V_s) : 일부제거
- $\eta(1cm/\min) = \dfrac{1cm/\min}{2cm/\min} \times 15\% = 7.5\%$
- $\eta(0.5cm/\min) = \dfrac{0.5cm/\min}{2cm/\min} \times 15\% = 3.75\%$
- $\eta(0.3cm/\min) = \dfrac{0.3cm/\min}{2cm/\min} \times 15\% = 2.25\%$
- $\eta(0.1cm/\min) = \dfrac{0.1cm/\min}{2cm/\min} \times 5\% = 0.25\%$

∴ $\eta_T = 30\% + 20\% + 7.5\% + 3.75\% + 2.25\% + 0.25\% = 63.75\%$

정답 63.75%

05. 해설

(1) 입상활성탄(GAC)
- 분말에 비해 흡착속도는 느리지만 취급이 용이하다.
- 물과 분리가 쉽고, 재생하기 쉽다.
- 흡착탑에 충진하거나 유동상에 사용한다.

(2) 분말활성탄(PAC)
- 흡착속도가 빠르다.
- 취급이 불편하다. (비산문제 및 저장문제)
- 사용할 때 별도의 장치가 필요하지 않다.
- 활성탄 사용으로 인한 슬러지 발생이 많다.

06. 해설

① 대부분의 바이러스, 지아디아, 크립토스포리디움에 대해 염소보다 효과적임
② pH에 영향을 받지 않음
③ 염소소독보다 짧은 접촉시간으로 소독이 가능
④ 황화물 산화
⑤ 용존산소증가에 기여
⑥ 용존고형물(TDS)를 증가시키지 않음

07. 해설

(1) 중금속이 환원성물질일 경우

중금속이 환원성물질일 때는 산화되며 산소를 소비하여 BOD의 과대평가를 유발한다.

(2) 중금속이 독성물질일 경우

중금속이 미생물에게 독성을 발휘하는 중금속일 경우 미생물 성장을 억제하여 BOD 과소평가를 유발한다.

08. 해설

(1) $2FeSO_4 \cdot 7H_2O + 2Ca(OH)_2 + 0.5O_2 \rightarrow 2Fe(OH)_3 + 2CaSO_4 + 13H_2O$

(2) $Fe_2(SO_4)_3 + 3Ca(HCO_3)_2 \rightarrow 2Fe(OH)_3 + 3CaSO_4 + 6CO_2$

09. 해설

① DO
② BOD
③ 온도
④ 조류(클로로필-a)
⑤ 유기질소, 암모니아성 질소, 아질산성 질소, 질산성 질소
⑥ 유기인, 용존인
⑦ 대장균

10. 해설

미생물에 의한 유기물의 소비속도를 1차 반응으로 간주하면 BOD의 잔류량은 아래의 식으로 표현될 수 있다.

식 $\dfrac{dL_t}{d_t} = -k\,L_t$

- k : 반응속도 상수
- L_t : t시간 경과 후 잔류 BOD량

시간과 잔류 BOD량을 임의의 시간 t까지 적분하면,

$\dfrac{dL_t}{L_t} = -k\,d_t$

$\ln L_t - \ln L_0 = -k \cdot t$

$\ln\left(\dfrac{L_t}{L_0}\right) = -k \cdot t$

- L_0 : 초기 BOD량

잔류 BOD로 정리하면, → 잔류 $BOD(L_t) = L_0 \cdot e^{-kt}$

BOD 소비량은 초기 BOD에서 t시간이 경과한 후 잔류하는 BOD를 빼준 값이므로,

∴ $BOD_t(소비\,BOD) = L_0 - L_t = L_0 - L_0 \cdot e^{-k \cdot t} = L_0(1 - e^{-k \cdot t})$

11. 해설

① 비용편익분석(B/C) ② 목표달성 매트릭스
③ 확대비용편익분석 ④ 다목적계획기법

12. 해설

(1) 기름 분리시간(min)

식 $t = \dfrac{H}{V_b}$

- $H = 3.5m$

- $V_b(\text{부상속도}) = \dfrac{d_p^2(\rho - \rho_p)g}{18\mu}$

$\mu = 1cp = 0.01 g/cm \cdot \sec$

$V_b(\text{부상속도}) = \dfrac{(0.03cm)^2 \times (1 - 0.95)g/cm^3 \times 980 cm/\sec^2}{18 \times 0.01 g/cm \cdot \sec} = 0.245 cm/\sec$

$\therefore t = 3.5m \times \dfrac{\sec}{0.245cm} \times \dfrac{100cm}{1m} \times \dfrac{1\min}{60\sec} = 23.81\min$

정답 23.81min

(2) 부상조의 길이(m)

식 $A = \dfrac{\forall}{H} \rightarrow W \times L = \dfrac{Q \times t}{H}$

$6m \times L = \dfrac{30,000 m^3}{day} \times 23.81\min \times \dfrac{1 day}{1440\min} \times \dfrac{1}{3.5m}$, $\therefore L = 23.62m$

정답 23.62m

13. 해설

식 $P(\text{동력}) = \dfrac{\gamma \times H \times Q}{102 \times \eta} = \dfrac{1000 kg/m^3 \times 45m \times 0.1 m^3/\sec}{102 \times 0.6} = 73.53 kW$

14. 해설

(1) ① : 저류조, 처리 가능한 양의 폐수를 집수한다.
(2) ② : 환원조, 6가크롬을 3가크롬으로 환원시킨다.
- pH : 2~3
- 약품 : $FeSO_4$, Na_2SO_3, $NaHSO_3$, SO_2, H_2SO_4
(3) ③ : 중화조, pH를 적정 pH로 조정한다.
- pH : 8~9
- 약품 : NaOH, $Ca(OH)_2$
(4) ④ : 침전조, 응집침전하여 크롬을 제거한다.

15. 해설

(1) 식 $\dfrac{100}{\rho_{cake}} = \dfrac{TS_{cake}}{\rho_{TS}} + \dfrac{W_{cake}}{\rho_w}$

$\dfrac{100}{\rho_{cake}} = \dfrac{40}{2.4} + \dfrac{60}{1}$, ∴ $\rho_{cake} = 1.3 kg/L$

정답 1.3kg/L

(2) 식 $\dfrac{100}{\rho_{여액}} = \dfrac{TS_{여액}}{\rho_{TS}} + \dfrac{W_{여액}}{\rho_w}$

$\dfrac{100}{\rho_{여액}} = \dfrac{0.5}{2.4} + \dfrac{99.5}{1}$, ∴ $\rho_{여액} = 1.00 kg/L$

정답 1.00kg/L

(3) 식 고형물 = 여액의 고형물 + 탈수 cake 중의 고형물

- 고형물 $= 600 kg/day$

- 여액의 고형물 $= \dfrac{X m^3}{day} \times 0.005 \times \dfrac{1.00 kg}{L} \times \dfrac{10^3 L}{1 m^3} = 5X\ kg/day$

- 탈수 cake 중의 고형물 $= \dfrac{(16-X)m^3}{day} \times 0.4 \times \dfrac{1.3 kg}{L} \times \dfrac{10^3 L}{1 m^3} = (8{,}320 - 520X) kg/day$

 (여기서 X는 여액의 발생량)

 $600 = 5X + (8{,}320 - 520X)$

∴ $X = 14.99 m^3/day$

정답 14.99m³/day

(4) 식 탈수 Cake 발생량 = (슬러지발생량−탈수여액발생량)× 탈수 $cake$의 밀도

∴ 탈수 Cake 발생량 $= \dfrac{(16-14.99)m^3}{day} \times \dfrac{1.3 kg}{L} \times \dfrac{10^3 L}{1 m^3} = 1{,}313 kg/day$

정답 1,313kg/day

16. 해설

식 $\ln\left(\dfrac{C_t}{C_0}\right) = -k \cdot t$

$\ln\left(\dfrac{0.1 C_0}{C_0}\right) = -0.35 \times t$, ∴ $t = 6.58\,hr$

17. 해설 약산(CH_3COOH)과 강염기(CH_3COONa)의 혼합반응이므로 완충방정식을 이용하여 답을 산출한다.

식 $pH = pK_a + \log\dfrac{[염기]}{[산]}$

- $CH_3COOH(mol/L) = \dfrac{2.4g}{L} \times \dfrac{1mol}{60g} = 0.04M$
- $CH_3COONa(mol/L) = \dfrac{0.73g}{L} \times \dfrac{1mol}{82g} = 8.9024 \times 10^{-3}M$

∴ $pH = \log\left(\dfrac{1}{1.8 \times 10^{-5}}\right) + \log\dfrac{[8.9024 \times 10^{-3}]}{[0.04]} = 4.09$

18. 해설

(1) 용리액의 전해질 성분을 물 또는 저전도도의 용매로 바꿔준다.

(2) 목적이온 성분과 전기 전도도만을 고감도로 검출할 수 있게 해준다.

CHAPTER 14 2020년도 수질환경기사 2회 필답형

01. 해설
① 여과   ② 응집침전   ③ MBR

02. 해설

식 $pH = \log\dfrac{1}{[H^+]}$

식 $C_m = \dfrac{C_1Q_1 + C_2Q_2}{Q_1 + Q_2}$

- $C_1 = 10^{-3}M$
- $C_2 = 10^{-5}M$

$C_m = \dfrac{10^{-3} \times 1{,}000 + 10^{-5} \times 2{,}000}{1{,}000 + 2{,}000} = 3.4 \times 10^{-4}M$

∴ $pH = \log\dfrac{1}{[3.4 \times 10^{-4}]} = 3.47$

03. 해설
① 응집제 선정   ② 응집제 주입량 산정
③ 최적 온도 산정   ④ 최적 pH 산정
⑤ 응집조 크기 산정   ⑥ 슬러지발생량 산정

04. 해설
① 도수관로의 노선이 동수경사선보다 높을 때
② 수평이나 수직방향에 급격한 굴곡이 있을 때
③ 펌프의 기능이 저하되었을 때
④ 부압이 생기는 장소의 상류측의 관경이 작아지거나 하류측의 관경이 커질 때

05. 해설
 (1) **전염소처리 염소제 주입지점** : 취수시설, 도수관로, 착수정, 혼화지, 염소혼화지
 (2) **중간염소처리 염소제 주입지점** : 침전지와 여과지 사이

06. 해설
 (1) **공기탈기법** : 하수에 소석회 또는 가성소다 등 첨가하여 pH를 10 이상으로 증가시켜 암모니아성 질소를 암모니아 가스로 전환시킨 후 공기를 주입하여 탈기시키는 방법이다.
   반응식 $NH_4 + OH \leftrightarrows NH_3 + H_2O$
 (2) **파과점염소주입법** : 유입수에 염소를 주입하여 암모니아성 질소를 산화시켜 질소가스로 전환시켜 탈기하는 방법이다.
   반응식 $2NH_4^+ + 3Cl_2 \leftrightarrows N_2 + 6HCl + 2H^+$

07. 해설
 식 하상계수 = $\dfrac{최대유량}{최소유량}$

 ∴ 하상계수 = $\dfrac{6,000}{30} = 200$

 정답 200

08. 해설
 (1) K_1 : 탈산소계수(day^{-1})
 (2) K_2 : 재폭기계수(day^{-1})
 (3) L_0 : 최종 BOD(mg/L)
 (4) D_0 : 초기 산소부족농도(mg/L)

09. 해설
 (1) **건설비** : 완속여과가 더 넓은 소요부지를 필요로 하기에 더 고가이다.
 (2) **유지관리비** : 급속여과는 약품처리가 필수이고 소요동력이 커서 더 고가이다.
 (3) **세균제거** : 완속여과는 표면에 증식하는 미생물의 기능으로 세균제거가 우수하다.

10. 해설
 ① 혐기조 : 인의 방출
 ② 호기조 : 질산화, 인의 과잉섭취, 유기물 제거
 ③ 무산소조 : 탈질

11. 해설

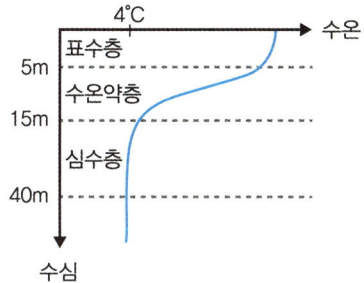

12. 해설

식 $V_s = \dfrac{d_p^{\,2}(\rho_p - \rho)g}{18\mu}$

$0.6 = \dfrac{d_p^{\,2} \times (2.67-1) \times 980}{18 \times 0.0101}$,   ∴ $d_p = 8.16 \times 10^{-3} cm$

13. 해설

식 $\ln\left(\dfrac{C_t}{C_0}\right) = -k \times t$

- $k = \dfrac{Q}{\forall} = \dfrac{600,000}{500,000} = 1.2/year$

- $Q = A \times V = 500,000 m^2 \times \dfrac{1,200 mm}{year} \times \dfrac{1 m}{10^3 mm} = 600,000 m^3/year$

- $A = 50 ha = 500,000 m^2$

- $\forall = 500,000톤 = 500,000 m^3$

$\ln\left(\dfrac{3}{30,000}\right) = -1.2 \times t$,   ∴ $t = 7.68년$

정답 7.68년

14. 해설

(1) A/O : 혐기조, 호기조, 침전조로 구성되며 혐기조에서 인산염인이 방출되고 후속의 호기조에서 방출된 인보다 더 많은 인을 섭취하고 섭취한 미생물은 침전조에서 제거된다.

(2) Phostrip : 활성슬러지공정에 슬러지처리 시 혐기조를 설치하여 인을 방출하고 인 농도가 높아진 상층에 상징수는 석회로 침전제거 및 고액분리하여 인을 제거하는 공법이다. 인 농도가 낮아진 상징수는 폭기조 또는 1차침전지로 이송되고, 탈인조에서 생성된 슬러지는 폭기조(호기조)로 반송된 후 폭기조(호기조)에서 인의 과잉섭취가 이루어진다.

15. 해설

식 $\dfrac{X}{M} = K \times C^{\frac{1}{n}}$

- X : 흡착된 오염물질양
- M : 흡착제 주입량
- K, n : 상수
- C : 유출농도

$$\dfrac{\left(\dfrac{50\mu g}{L} \times \dfrac{1mg}{10^3 \mu g} - 0.005 mg/L\right)}{M} = 2 \times (0.005 mg/L)^{\frac{1}{1.6}}$$

$\therefore M = 0.62 mg/L$

16. 해설

(1) SRT가 길다.
(2) 산기장치의 용량 또는 개수가 부족하다.
(3) F/M비가 높게 유지되고 있다.

17. 해설

식 $\forall = Q \times t$

식 $\forall = A \times H = (W \times L) \times H$

- $\forall = \dfrac{800 m^3}{day} \times 40 \sec \times \dfrac{1 day}{86400 \sec} = 0.3703 m^3$
- $W = L$ (정방형이므로 폭과 길이는 같다.)
- $H : W = 1.25 : 1$, $\quad H = 1.25 W$

  $0.3703 m^3 = (W \times W) \times 1.25 W = 1.25 W^3$

$\therefore W = 0.67 m$, $\quad H = 1.25 \times 0.67 = 0.84 m$

정답 너비 : 0.67m
    수심 : 0.84m

18. 해설

- 진공여과(진공탈수)
- 가압여과(가압탈수, 필터프레스)
- 벨트프레스
- 원심분리(원심탈수)

CHAPTER 15 2020년도 수질환경기사 3회 필답형

01. 해설
① 미생물량과 영향인자를 정상상태로 유지하기 위한 조작이 어렵다.
② 초기 건설비가 높다.
③ 고부하시 매체의 폐쇄 위험이 크기 때문에 부하조건에 한계가 있다.
④ 매체에 생성되는 생물량은 부하조건에 의해 결정된다.
⑤ 반응조 내 매체를 균일하게 폭기 교반하는 조건 설정이 어렵고 폭기 비용이 약간 높다.

〈장·단점〉

장점	단점
• 유지관리 용이 • 조내 슬러지 보유량이 크고 생물상이 다양 • 분해속도가 낮은 기질제거에 효과적 • 부하변동에 대한 대응성 좋음 • 소규모 시설에 적합 • 슬러지 발생량이 저감되고 반송이 필요없음 • 슬러지 침강성 향상	• 미생물량의 조절이 어려움 • 폭기비용이 다소 높음 • 고부하시 매체의 폐쇄위험이 크므로 부하조건에 한계가 있음 • 초기 건설비가 높음 • 미생물량과 영향인자를 정상상태로 유지하기 위한 조작이 어려움

02. 해설

(1) 공정도(반응조 명칭, 내부반송, 슬러지 반송 표시)

유입 – 혐기조 – 무산소조 – 호기조 – 무산소조 – 호기조 – 침전 – 방류
내부반송
슬러지반송

(2) 호기조의 주된 역할 2가지(단, 유기물 제거는 정답에서 제외함)
• 인의 과잉 섭취
• 질산화

03. 해설

① 혐기조 : 탈인, 유기물 제거
② 무산소조 : 탈질
③ 호기조 : 인의 과잉 섭취, 유기물 제거, 질산화
④ 침전조 : 슬러지 침전 제거

04. 해설

[식] SS제거율(%) $= \left(1 - \dfrac{IBOD_o}{IBOD_i}\right) \times 100$

- $IBOD_i = 0.8 BOD$
- $SBOD_i = 0.2 BOD$ (SBOD는 제거되지 않으므로 SBODi=SBODo)
- $BOD_o = IBOD_o + SBOD = BOD \times (1 - 0.4) = 0.6 BOD$
- $IBOD_o = 0.6 BOD - SBOD = 0.6 BOD - 0.2 BOD = 0.4 BOD$

∴ SS제거율(%) $= \left(1 - \dfrac{0.4 BOD}{0.8 BOD}\right) \times 100 = 50\%$

05. 해설

(1) 직경(m)

[식] $A = \dfrac{\pi D^2}{4}$

- 표면부하율(Q/A) $= 40 m/day$
- $Q = \dfrac{450 L}{인 \cdot 일} \times 20{,}000인 \times \dfrac{1 m^3}{10^3 L} = 9{,}000 m^3/일$

$40 m/day = \dfrac{9{,}000 m^3}{day} \times \dfrac{1}{A}$, $\quad A = 225 m^2$

$225 m^2 = \dfrac{\pi D^2}{4}$, $\quad \therefore D = 16.93 m$

[정답] 16.93m

(2) 수심(m)

[식] $H = \dfrac{\forall}{A}$

- $t = \dfrac{\forall}{Q}$

$2.5 hr = \dfrac{\forall}{9{,}000 m^3/day}$, $\quad \forall = 2.5 hr \times \dfrac{9{,}000 m^3}{day} \times \dfrac{1 day}{24 hr} = 937.5 m^3$

- $H = \dfrac{937.5 m^3}{225 m^2} = 4.17 m$

[정답] 4.17m

06. 해설

① 오리피스(Orifice)
② 자기식 유량측정기(Magnetic flow meter)
③ 유량측정용 노즐(Nozzle)

07. 해설

(1) 하수 내 유기물
(2) 메탄올
(3) 미생물 세포 내 유기물

08. 해설

식 $NV = N'V'$

- $N(eq/L) = \dfrac{5 \times 10^{-3} mol}{L} \times \dfrac{98g}{1mol} \times \dfrac{1eq}{98/2g} = 0.01 eq/L$

반응식 $H_2SO_4 \rightleftarrows 2H^+ + SO_4^{2-}$

  $\phantom{5 \times 10^{-3} mol/L :\ }$ 1mol : 2mol
  5×10^{-3} mol/L : 10^{-2} mol/L

- $V = 200 m^3/day$

$\dfrac{0.01 eq}{L} \times \dfrac{200 m^3}{day} \times \dfrac{10^3 L}{1 m^3} = N'V'$

$N'V' = 2,000 eq/day$

$\therefore NaOH = 2,000 eq/day \times \dfrac{40g}{1eq} \times \dfrac{1kg}{10^3 g} \times \dfrac{100}{90} = 88.89 kg/day$

정답 88.89kg/day

09. 해설

반응식 2CN : 5Cl$_2$

  2×26kg : 5×71kg

$\dfrac{200 mg}{L} \times \dfrac{500 m^3}{day} \times \dfrac{10^3 L}{1 m^3} \times \dfrac{1 kg}{10^6 mg}$: X

$\therefore X = 682.69 kg/day = 0.68 ton/day$

정답 0.68ton/day

10. 해설

식: $\ln\left(\dfrac{C_t}{C_0}\right) = -k \times t$

$\ln\left(\dfrac{0.01 C_0}{C_0}\right) = -0.35 \times t$

$\therefore t = 13.1576 = 13.16\,hr$

정답: 13.16hr

11. 해설

(1) 1단계 질산화 반응식

반응식: $NH_4^+ + 1.5O_2 \rightarrow NO_2^- + 2H^+ + H_2O$

- 관련 미생물 : Nitrosomonas

(2) 2단계 질산화 반응식

반응식: $NO_2^- + 0.5O_2 \rightarrow NO_3^-$

- 관련 미생물 : Nitrobacter

(3) 전체 반응식

반응식: $NH_4^+ + 2O_2 \rightarrow NO_3^- + 2H^+ + H_2O$

12. 해설

① 공기, 산소, 과산화수소, 초산염 등 약품 주입에 의해 하수의 혐기화를 억제, 황화수소의 발생을 방지

② 환기를 통해 황화수소의 농도를 낮춘다.

③ 산화제의 첨가에 의한 황화물의 산화, 금속염의 첨가에 의한 황화수소의 고정화 등의 방법에 의해 황화수소의 대기 중으로의 확산을 방지한다.

④ 황산염 환원 세균의 활동 억제 : 황산염 환원 세균에 선택적으로 작용하는 약제 주입

⑤ 유황산화 세균에 선택적으로 작용하는 약제를 혼입한 콘크리트로 매설

⑥ 관에 피복(라이닝) 또는 부식억제 자재를 사용하여 콘크리트 표면을 방호

13. 해설

① 식: 수직방향 투수계수$(k_y) = \dfrac{H}{\dfrac{h_1}{k_1} + \dfrac{h_2}{k_2} + \dfrac{h_3}{k_3} + \dfrac{h_4}{k_4}}$

$= \dfrac{(20+5+10+10)cm}{\dfrac{20cm}{10cm/day} + \dfrac{5cm}{50cm/day} + \dfrac{10cm}{1cm/day} + \dfrac{10cm}{5cm/day}} = 3.19\,cm/day$

② 식 수평방향 투수계수$(k_x) = \dfrac{1}{H}\{k_1h_1 + k_2h_2 + k_3h_3 + k_4h_4\}$

$= \dfrac{1}{(20+5+10+10)cm} \times \{10cm/day \times 20cm + 50cm/day \times 5cm + 1cm/day \times 10cm + 5cm/day \times 10cm\}$

$= 11.33 cm/day$

14. 해설

① 부피가 변하므로 운영상의 융통성이 크다.
② 소화가스와 산소가 혼합되어 폭발가스가 될 위험을 최소화시킨다.
③ 스컴이 수중에 잠기게 되므로 스컴을 혼합시킬 필요가 없다.
④ 통상 0.6~1.8m의 높이를 이동할 수 있으므로 지붕 아래에 가스저장을 위한 공간이 부여된다.

15. 해설

식 발생한 총인 농도(mg/m² · day) = 증가한 총인 농도 × ∀ × $\dfrac{1}{바닥면적}$

= 증가한 총인 농도 × H

∴ 발생한 총인 농도(mg/m² · day)

$= \dfrac{(100-20)\mu g}{L \cdot month} \times \dfrac{1mg}{10^3 \mu g} \times \dfrac{10^3 L}{1m^3} \times 5m \times \dfrac{1month}{30day} = 13.33 mg/m^2 \cdot day$

정답 13.33mg/m² · day

16. 해설

식 $P_n = P_0(1+r)^x$

- r : 인구증가율
- x : 경과년수
- $P_{10} = 3.25 P_0$

$P_{10} = P_0(1+r)^{10}$

$3.25 P_0 = P_0(1+r)^{10}$

$3.25 = (1+r)^{10}$

$3.25^{\frac{1}{10}} = (1+r)^{10 \times \frac{1}{10}}$

∴ $r = 0.1250 = 12.5\%$

17. 해설

식 증발산량$(cm/day) = \dfrac{\text{증발량}(cm^3/day)}{\text{상자 단면적}(cm^2)}$

- 증발량$(cm^3/day) = \dfrac{(20-19.2)kg}{2day} = \dfrac{0.4kg}{day} \times \dfrac{10^3 cm^3}{1kg} = 400 cm^3/day$

∴ 증발산량$(cm/day) = \dfrac{\text{증발량}(cm^3/day)}{\text{상자 단면적}(cm^2)} = \dfrac{400 cm^3/day}{30cm \times 30cm} = 0.4444 cm/day$

정답 0.44cm/day

18. 해설

식 $Q = A \cdot V$

- $V = \dfrac{87}{1+\dfrac{r}{\sqrt{R}}}\sqrt{RI}\,(m/\sec)$

- 경심$(R) = \dfrac{A(\text{단면적})}{S(\text{윤변길이})} = \dfrac{W \times H}{W+2H} = \dfrac{1.2m \times 0.5m}{1.2m + 2 \times 0.5m} = 0.27m$

- 구배$(I) = \dfrac{1}{800}$

① ∴ $V = \dfrac{87}{1+\dfrac{0.3}{\sqrt{0.27m}}} \times \sqrt{0.27m \times \dfrac{1}{800}} = 1.013\,m/\sec$

② $A = B \times H = 1.2m \times 0.5m = 0.6m^2$

따라서 유량(Q) $= 0.6m^2 \times 1.013 m/\sec \times 60\sec/\min = 36.5 m^3/\min$

CHAPTER 16 2020년도 수질환경기사 4회 필답형

01. 해설

(1) 공정도

> 유입 – 혐기조 – 무산소조(1) – 호기조(1) – 무산소조(2) – 호기조(2) – 침전 – 방류

(호기조(1)에서 무산소조(1)로 내부반송, 침전조에서 혐기조로 슬러지반송)

(2) 반응조의 역할
① 혐기조 : 인의 방출
② 무산소조(1) : 탈질
③ 호기조(1) : 질산화 및 인의 과잉섭취
④ 무산소조(2) : 탈질
⑤ 호기조(2) : 인의 과잉섭취 및 질산화, 인의 용출과 탈질에 의한 슬러지부상을 방지

02. 해설
① 수온
② 접촉시간
③ 주입농도
④ pH
⑤ 유기물 및 환원성 금속의 존재량

03. 해설

식 $\ln\left(\dfrac{C_t}{C_0}\right) = -k \times t$

- $k = \dfrac{Q}{\forall} = \dfrac{240,000}{300,000} = 0.8/year$

  - $Q = A \times V = 200,000 m^2 \times \dfrac{1,200 mm}{year} \times \dfrac{1m}{10^3 mm} = 240,000 m^3/year$
  - $A = 20ha = 200,000 m^2$
  - $\forall = 300,000톤 = 300,000 m^3$

  $\ln\left(\dfrac{0.2}{500}\right) = -0.8 \times t, \qquad \therefore t = 9.78년$

정답 9.78년

04. 해설 약산(CH_3COOH)과 강염기(CH_3COONa)의 혼합반응이므로 완충방정식을 이용하여 답을 산출한다.

식 $pH = pK_a + \log\dfrac{[염기]}{[산]}$

- $CH_3COOH(mol/L) = \dfrac{3g}{L} \times \dfrac{1mol}{60g} = 0.05M$
- $CH_3COONa(mol/L) = \dfrac{0.7g}{L} \times \dfrac{1mol}{82g} = 8.5365 \times 10^{-3}M$

$\therefore pH = \log\left(\dfrac{1}{1.8 \times 10^{-5}}\right) + \log\dfrac{[8.5365 \times 10^{-3}]}{[0.05]} = 3.98$

정답 3.98

05. 해설

식 $SL_1(1-X_{w1}) = SL_2(1-X_{w2})$

$50 \times (1-0.97) = SL_2 \times (1-0.8)$

$\therefore SL_2 = 7.5m^3$

06. 해설

$\mu = \mu_{\max} \times \dfrac{S}{K_s + S}$

(1) $\mu_{\max}$의 80%일 때 기질농도(S_{80})

$0.8\mu_{\max} = \mu_{\max} \times \dfrac{S_{80}}{K_s + S_{80}}$

$\dfrac{0.8\mu_{\max}}{\mu_{\max}} = \dfrac{S_{80}}{K_s + S_{80}}$

$0.8(K_s + S_{80}) = S_{80}$

$0.8K_s + 0.8S_{80} = S_{80}, \quad S_{80} = 4K_s$

(2) $\mu_{\max}$의 20%일 때 기질농도(S_{20})

$0.2\mu_{\max} = \mu_{\max} \times \dfrac{S_{20}}{K_s + S_{20}}$

$\dfrac{0.2\mu_{\max}}{\mu_{\max}} = \dfrac{S_{20}}{K_s + S_{20}}$

$0.2(K_s + S_{80}) = S_{20}$

$0.2K_s + 0.2S_{80} = S_{80}, \quad S_{20} = 0.25K_s$

$\therefore \dfrac{S_{80}}{S_{20}} = \dfrac{4K_s}{0.25K_s} = 16$

정답 16

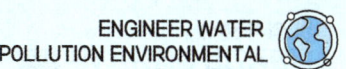

07. 해설

(1) 1단계 반응 : $6NO_3^- + 2CH_3OH \rightarrow 6NO_2^- + 2CO_2 + 4H_2O$

(2) 2단계 반응 : $6NO_2^- + 3CH_3OH \rightarrow 3N_2 + 3CO_2 + 3H_2O + 6OH^-$

(3) 총괄반응식 : $6NO_3^- + 5CH_3OH \rightarrow 3N_2 + 5CO_2 + 7H_2O + 6OH^-$

08. 해설

(1) 식 $O_2(kg/day) = \dfrac{Q(BOD_i - BOD_o)}{f} - 1.42 \times P$

- f : BOD 환산계수   - P : 잉여슬러지량

$\therefore O_2(kg/day) = \left(\dfrac{30,000 m^3}{day} \times \dfrac{(250-25)mg}{L} \times \dfrac{1kg}{10^6 mg} \times \dfrac{10^3 L}{1m^3} \times \dfrac{1}{0.8} \right) - 1.42 \times 1,800 = 5,881.5 kg/day$

정답 5,881.5 kg/day

(2) 식 공급공기량(m^3/day) = 필요산소량 $\times \dfrac{100}{\text{산소전달율}(\%)} \times \dfrac{100}{23.2} \times \dfrac{1}{\text{공기밀도}}$

$\therefore$ 공급공기량$(m^3/day) = \dfrac{5,881.5 kg}{day} \times \dfrac{100}{7(\%)} \times \dfrac{100}{23.2} \times \dfrac{m^3}{1.2 kg} \times 1.5 = 452,701.66 m^3/day$

정답 452,701.66 m^3/day

09. 해설

(1) 목적 : 생물학적으로 분해불가능한 난분해성 물질을 분해하여 생물학적으로 분해 가능한 물질로 전환시키거나 무해한 물질로 전환하는 것을 그 목적으로 한다.

(2) 시약 2가지 : H_2O_2(과산화수소), $FeSO_4$(철염)

(3) 반응 최적 pH : 3~5

10. 해설

식 이온교환수지량$(m^3/cycle) = \dfrac{\text{총 이온교환량}(g\ CaCO_3)}{100,000 g\ CaCO_3/m^3}$

- 총 이온농도(mg as $CaCO_3$/L)

$= \left(\dfrac{20mg}{L} \times \dfrac{1meq}{64.5/2mg} + \dfrac{35mg}{L} \times \dfrac{1meq}{63.5/2mg} + \dfrac{25mg}{L} \times \dfrac{1meq}{58.7/2mg} \right) \times \dfrac{100/2 mg\ as\ CaCO_3}{1meq} = 128.7153 mg/L$

- 총 이온교환량(g as $CaCO_3$)

$= C \times Q = \dfrac{128.7153 mg}{L} \times \dfrac{4,000 m^3}{day} \times \dfrac{10^3 L}{1m^3} \times \dfrac{1g}{10^3 mg} \times 10 day = 5,148,612 g$

$\therefore$ 이온교환수지량$(m^3/cycle) = \dfrac{5,148,612 g\ CaCO_3}{100,000 g\ CaCO_3/m^3} = 51.49 m^3/cycle$

정답 51.49 m^3/cycle

11. 해설

식 마찰손실수두$(m) = f \times \dfrac{L}{D} \times \dfrac{V^2}{2g}$

- $V = \dfrac{Q}{A} = \dfrac{0.03 m^3}{\sec} \times \dfrac{4}{\pi \times (0.1 m)^2} = 12 m/\sec$

$$10 m = 0.05 \times \dfrac{L}{0.1 m} \times \dfrac{(12 m/s)^2}{2 \times 9.8 m/s^2}, \quad L = 27.22 m$$

정답 27.22m

12. 해설

식 유출수의 BOD(mg/L) = 유입 $COD \times (1 - \eta) \times 0.75$

- 유입 COD(mg/L) = $\dfrac{S(총량)}{Q(유량)} = \dfrac{3,000,000 g/day}{12,240,000 L/day} \times \dfrac{10^3 mg}{1 g} = 245.0980 mg/L$

- $S(총량) = \dfrac{50 g}{인 \cdot day} \times 60,000 인 = 3,000,000 g/day$

- $Q(유량) = \dfrac{500 L(급수)}{인 \cdot day} \times 60,000 인 \times 0.8 \times \dfrac{85(하수량)}{100(급수량)} \times 0.6 = 12,240,000 L/day$

∴ 유출수의 BOD(mg/L) = $245.0980 \times (1 - 0.95) \times 0.75 = 9.19 mg/L$

정답 9.19mg/L

13. 해설

① 전기투석 : 전위차

② 투석 : 농도차

③ 역삼투 : 정수압차

14. 해설

(1) 문제점

① 유출수의 높은 SS와 BOD를 유발

② 소화가스의 발생을 저해

③ 소화조의 유효용량이 감소

(2) 제거방법

① 뜰채

② 이동식 흡입펌프

③ 스키머, 스크레이퍼

④ 살수

※ 스컴 : 물보다 비중이 작은 부유하며 형성되어 이루어진 막(예 기름, 식물성분 등)

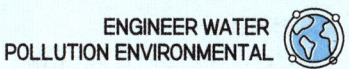

15. 해설

식 $NV = N'V'$

- $N = \dfrac{1.84g}{mL} \times \dfrac{1eq}{98/2g} \times \dfrac{10^3 mL}{1L} \times 0.96 = 36.0489\,eq/L\,(N)$
- $N' = 0.1N$
- $V' = 500mL$

$36.0489 \times V = 0.1 \times 500$, $\therefore V = 1.39mL$

정답 1.39mL

16. 해설

식 $X(g) = \dfrac{분자량(g)}{가수} = \dfrac{44g}{2} = 22g$

정답 22g

17. 해설

식 $C_6H_{12}O_6 + 6O_2 \rightarrow 6CO_2 + 6H_2O$

$180 : 192 = Xkg : 1kg$

$X = 0.9375\,kg$

식 $C_6H_{12}O_6 \rightarrow 3CO_2 + 3CH_4$

$180kg : 3 \times 22.4 Sm^3 = 0.9375kg : X Sm^3$

$X = 0.35\,Sm^3$

30℃에서의 부피 $= 0.35 Sm^3 \times \dfrac{(273+30)}{273} = 0.3884 m^3$

정답 0.39m³

18. 해설

구분	분류식	합류식
시설비	(고가)	(저렴)
토사유입	(적음)	(많음)
관거오접의 감시	(필요)	(해당없음)
슬러지 함량 내 중금속	(적음)	(많음)
관거 폐쇄 우려	(많음)	(적음)

참고

구분	분류식	합류식
건설비	2계통을 모두 건설하는 경우에 건설비가 비싸지만, 오수관거만 설치하는 경우 가장 저렴	2계통을 모두 건설하는 분류식에 비해 건설비가 적으나, 오수관거만을 건설하는 것보다는 비싸다.
관거오접	관거오접의 철저한 감시가 필요	관거오접의 문제가 없음
우천시 월류	월류가 없음	우천시 오수가 월류할 수 있음
관거 내 보수	오수관거의 경우 폐쇄의 우려가 있으나, 청소는 비교적 용이	• 청천시에 오염물의 퇴적문제가 있고, 우천시에 청소효과가 있어 청소빈도가 적을 수 있음 • 폐쇄의 우려가 없으나, 청소가 비교적 어려움

CHAPTER 17 2021년도 수질환경기사 1회 필답형

01. 해설

반응식 $C_5H_7O_2N + 5O_2 \rightarrow 5CO_2 + 2H_2O + NH_3$
　　　　　1　　:　5(BOD)

반응식 $NH_3 + 2O_2 \rightarrow HNO_3 + H_2O$
　　　　1　　:　2(NOD)

$\therefore \dfrac{BOD}{NOD} = \dfrac{5}{2} = 2.5$

정답 5:2 또는 2.5

02. 해설

식 속도수두(m) $= \dfrac{V^2}{2g}$

식 $V = \dfrac{1}{n} \times R^{\frac{2}{3}} \times I^{\frac{1}{2}}$

- $R(경심) = \dfrac{단면적(A)}{윤변길이(S)} = \dfrac{\frac{\pi D^2}{4}}{\pi D} = \dfrac{D}{4} = \dfrac{1.2m}{4} = 0.3m$

$V = \dfrac{1}{0.014} \times (0.3m)^{\frac{2}{3}} \times (0.01)^{\frac{1}{2}} = 3.2010 m/\sec$

$\therefore$ 속도수두(m) $= \dfrac{V^2}{2g} = \dfrac{(3.2010)^2}{2 \times 9.8} = 0.52m$

03. 해설 PCB, 유기인, 냄새, 휘발성유기화합물, 노말헥산추출물질, 잔류염소, 페놀류, 다이에틸헥실프탈레이트, 1.4-다이옥산, 염화비닐, 아크릴로니트릴, 브로모폼, 석유계 총탄화수소, 물벼룩급성독성

04. 해설

식 36시간 후의 DO $= C_s - D_t$

식 $D_t = \dfrac{K_1 \times L_0}{K_2 - K_1} \times (10^{-K_1 \times t} - 10^{-K_2 \times t}) + D_0 \times 10^{-K_2 \times t}$

- $D_0 = 9 - 5 = 4\,mg/L$

$D_t = \dfrac{0.1 \times 10}{0.2 - 0.1} \times (10^{-0.1 \times 1.5} - 10^{-0.2 \times 1.5}) + 4 \times 10^{-0.2 \times 1.5} = 4.0723\,mg/L$

∴ 36시간 후의 DO= $C_s - D_t = 9 - 4.0723 = 4.93\,mg/L$

05. 해설

① 적용 가능한 유량범위와 유량변동
② 유입폐수의 특성
③ 처리 방해물질
④ 기후제한 요소
⑤ 공정규모 선정
⑥ 수질기준(방류수 수질기준, 배출허용기준)
⑦ 관리비 및 유지비
⑧ 공정의 신뢰성(장기간 운전여부, 충격부하에 대한 대응성 등)
⑨ 부지 가용성
⑩ 슬러지 처리

06. 해설

(1) 여과기 여과면적(m²)

식 여과 소요 면적$(A_f) = \dfrac{\text{고형물}(TS)}{\text{여과속도}(V_f)}$

- $TS = \dfrac{120\,m^3}{day} \times \dfrac{5\,TS}{100\,SL} \times \dfrac{1000\,kg}{1\,m^3} = 6000\,kg/day$

염화제1철 및 소석회 고형물 건조중량 당 각각 5%, 20% 첨가

→ $6000\,kg + (6000 \times 0.05 + 6000 \times 0.20) = 7500\,kg/day$

∴ $A_f = \dfrac{7500\,kg}{day} \times \dfrac{m^2 \times hr}{15\,kg} \times \dfrac{1\,day}{24\,hr} = 20.83\,m^2$

(2) 탈수 cake 용적(m³/day)

∴ $cake(m^3/day) = 20.83\,m^2 \times \dfrac{15\,kg}{m^2 \times hr} \times \dfrac{24\,hr}{1\,day} \times \dfrac{100 \times SL}{25 \times TS} \times \dfrac{1\,m^3}{10^3\,kg} = 30\,m^3/day$

07. 해설

식 침전제거효율(%) = $\dfrac{V_s}{L_A} \times 100$ (L_A : 표면부하율)

식 $V_s = \dfrac{d_p^{\,2}(\rho_p - \rho)g}{18\mu} \rightarrow V_s = K \times d_p^{\,2}(\rho_p - \rho)$

(점도와 계수, 중력가속도는 동일하므로 K로 정리)

- $V_{s(1)} = K \times 0.2^2 \times (1.01 - 1) = 4 \times 10^{-4} K$ (입자가 100% 제거되므로 $V_{s(1)} = L_A$)
- $V_{s(2)} = K \times 0.1^2 \times (1.03 - 1) = 3 \times 10^{-4} K$

∴ 침전제거효율(%) = $\left(\dfrac{3 \times 10^{-4}}{4 \times 10^{-4}}\right) \times 100 = 75\%$

08. 해설

① 폭기조의 평균 DO 농도
② 폭기조의 온도
③ 폭기조의 부피
④ 하수 중 함유성분 및 농도
⑤ 산기 심도

09. 해설

식 $pH = 14 - pOH$

식 $NH_3(\%) = \dfrac{NH_3}{NH_3 + NH_4} \times 100 = \dfrac{100}{1 + (NH_4/NH_3)} = 95\%$

- $NH_4/NH_3 = 0.0526$
- $K = \dfrac{[NH_4][OH]}{[NH_3]} = 0.0526 \times [OH] = 1.8 \times 10^{-5}$, $[OH] = 3.4220 \times 10^{-4} M$

∴ $pH = 14 - \log\left(\dfrac{1}{3.4220 \times 10^{-4}}\right) = 10.53$

정답 10.53

10. 해설

(1) **포기조** : 호기성 상태에서 인의 흡수
(2) **탈인조** : 혐기성 상태에서 인의 방출
(3) **화학처리** : 석회를 이용하여 방출된 인산염을 응집침전
(4) **탈인조슬러지** : 포기조로 다시 반송해서 인의 과잉흡수

11. 해설

식 $N_{Re} = \dfrac{D_o \times V \times \rho}{\mu} = \dfrac{D_o \times V}{\nu}$

- $D_o = \dfrac{2ab}{a+b} = \dfrac{2 \times 4 \times 12}{4+12} = 6m$

$\therefore N_{Re} = \dfrac{6 \times 0.1}{1.81 \times 10^{-6}} = 331{,}491.71$

12. 해설

(1) 적절한 공법
- 완속여과
- 급속여과
- 막분리
- 응집 + 여과

(2) 공법 선택 시 고려사항
- 유입수의 특성
- 관리목표
- 공정규모 선정
- 공정의 신뢰성

13. 해설 염소(기체), 활성탄(고체), 오존(기체)

14. 해설

(1) 동적모델 : 시스템을 구성하는 수식의 변수가 시간에 따라 변화하는 모델
(2) 정적모델 : 시스템을 구성하는 수식의 변수가 시간의 변화에 관계없이 항상 일정하게 적용하는 모델

15. 해설

(1) T(투수량계수) (m²/min)

식 $T = \dfrac{2.3Q}{4\pi \Delta S}$

t에 대한 하나의 대수 사이클당 저수시 수위감소는 4m이므로 (100 → 1,000, 1,000 → 10,000, 10,000 → 100,000min)

→ $\Delta S = 4m$

$\therefore T = \dfrac{2.3 \times 1{,}200 m^3/day}{4\pi \times 4m} \times \dfrac{1 day}{1{,}440 \min} = 0.0381 m^2/\min = 0.04 m^2/\min$

(2) S(저류계수)

식 $S = \dfrac{2.25\,T \cdot t_o}{r^2} = 2.25 \times \dfrac{0.04m^2}{\min} \times 100\min \times \dfrac{1}{(1,000m)^2} = 9 \times 10^{-6}$

16. 해설

(1) 온도가 높을 때 : $KMnO_4$가 자기분해되서 COD 수치의 과대평가 유발
(2) 온도가 낮을 때 : $KMnO_4$가 산화반응속도가 느려 적절한 종말점을 찾기가 어렵다.

17. 해설

$6NO_3^- + 5CH_3OH \rightarrow 5CO_2 + 3N_2 + 7H_2O + 6OH^-$

6N(질산성질소이므로 N의 원자량으로 비례) : $5CH_3OH$

$6 \times 14g$: $5 \times 32g$
  1g : X,   ∴ $X = 1.9047 = 1.9g$

정답 1.90g

18. 해설

시궁창의 바닥은 산소가 결핍된 혐기성 상태(환원반응)이고 혐기성상태에서 발생한 황화수소는 시궁창 바닥에 존재하는 철, 망간과 결합하여 황화철, 황화망간의 검은색 화합물을 만들기 때문이다.

2021년도 수질환경기사 2회 필답형

01. 해설

OCl이 물과 반응하여 OH가 발생하므로 물의 pH는 증가한다.

반응식 $OCl^- + H_2O \rightarrow HOCl + OH^-$

또한 물의 pH에 따라 OCl와 HOCl의 몰분율은 달라진다.

반응식 $HOCl \rightleftharpoons OCl^- + H^+$

02. 해설

㉠ 가열공기 주입법 : 고온의 증기를 주입하여 오염물질을 탈착시킨다.
㉡ 용매재생법(수세법) : 오염물질이 잘 녹는 용매를 투입하여 재생한다.
㉢ 수증기 주입법 : 고온의 수증기를 주입하여 오염물질을 탈착시킨다.
㉣ 감압법 : 압력을 낮춰 평형점을 바꾸어 오염물질을 탈리시킨다.
㉤ 치환재생법 : 활성탄과 친화력이 오염물질보다 강한 물질을 투입하여 치환하여 탈착한다.
※ 방법만 나열해도 무방합니다.

03. 해설

(1) 공동현상
  ① 원인
    • 배관의 온도가 높은 경우
    • 임펠러의 회전속도가 너무 큰 경우
    • 흡입관경이 너무 작은 경우
    • 흡입 측 수조의 수위가 낮은 경우
  ② 대책
    • 펌프의 회전속도를 낮게 하고 필요한 유효흡입수두를 감소시킨다.
    • 펌프의 설치위치를 낮추어서 가용 유효흡입수두를 증가시킨다.
    • 흡입측 밸브를 완전히 열어 운전한다.
    • 큰 구경의 관으로 흡입관을 교체한다.

(2) 수격작용

① 원인
- 정전으로 펌프가 급정지한 경우
- 펌프의 급기동 또는 토출측밸브를 급격히 개폐할 경우

② 대책
- 체크밸브를 설치한다.
- 토출관로에 압력조절수조를 설치하여 부압발생을 방지하고 압력상승도 흡수한다.
- 토출관로에 한방향형 조압수조를 설치하여 부압발생을 방지한다.
- 플라이휠을 설치한다.
- 관내유속 및 관내상황을 조절한다.
- 펌프 토출구 부근에 공기탱크를 두거나 또는 부압 발생지점에 흡기밸브를 설치한다.

04. 해설

불화규소나트륨(고체)
불화나트륨(고체)
불화규산(액체)

05. 해설

(1) 봄 : 물의 밀도는 4℃에서 최대가 되고 수 표면의 온도가 점차 상승하여 4℃로 될 때 표층의 물이 심수층까지 내려가면서 물이 뒤집어지는 전도현상이 일어난다.

(2) 가을 : 물의 밀도는 4℃에서 최대가 되고 수 표면의 온도가 점차 하강하여 4℃로 될 때 표층의 물이 심수층까지 내려가면서 물이 뒤집어지는 전도현상이 일어난다.

06. 해설

(1) 환경조건
- 연직안정도가 큰 정체수역
- 영양염류의 유입
- 수온증가
- 염도감소
- 홍수 시
- 용승류(upwelling) 발생 시

(2) 영양조건
- 질소
- 인
- 탄소
- 규소

07. 해설

(1) 원인
- DO 부족
- 유기물의 과도한 부하
- 낮은 pH, 영양분의 불균형
- 낮은 MLSS

(2) 대책
- 슬러지반송을 통한 MLSS 농도 증가
- pH 조정
- 영양염류 투입
- 폭기량 증가
- 유기물 유입량 감소

08. 해설

① 부유고형물의 제거효율이 좋음
② 활성슬러지법에 비해 미생물 농도를 3~4배 높게 유지하는 것이 가능하여 호기조 용량이 감소하고 유기물 분해가 효과적
③ 슬러지체류시간(SRT)의 극대화가 가능하여 질산화를 유도할 수 있으며, 잉여슬러지 발생량이 적어진다.
④ 막 단독으로 제거할 수 없는 저분자 용존 유기물질을 미생물이 분해 또는 균체성분으로 전환시켜 처리수질이 향상
⑤ 세균이나 바이러스의 제거가 가능

09. 해설

수질모델의 입력자료의 변화정도가 수질항목 농도에 미치는 영향을 분석하는 것으로 어떤 수질항목의 변화율이 입력자료의 변화율보다 클 경우에는 그 수질항목은 입력자료에 대하여 민감하다고 볼 수 있다.

10. 해설

식 $COD = (b-a) \times f \times \dfrac{1,000}{V} \times 0.2$

- a : 바탕시험 적정에 소비된 과망간산칼륨용액(0.005M)의 양
- b : 시료의 적정에 소비된 과망간산칼륨용액(0.005M)의 양
- f : 과망간산칼륨용액(0.005M)의 농도계수(factor)
- V : 시료의 양(mL)

11. 해설

[식] $\forall = W \times L \times H$

[식] $\ln\left(\dfrac{C_t}{C_0}\right) = -k \cdot \dfrac{t^2}{2}$

$\ln\left(\dfrac{0.05 C_0}{C_0}\right) = -0.1 \times \dfrac{t^2}{2}, \qquad t = 7.7404\,\text{min}$

$\forall = Q \cdot t = \dfrac{1.2\,m^3}{\text{sec}} \times 7.7404\,\text{min} \times \dfrac{60\,\text{sec}}{1\,\text{min}} = 557.3088\,m^3$

$557.3088\,m^3 = 4m \times L \times 2m, \qquad \therefore L = 69.66\,m$

12. 해설

[식] 운반일수 $= \dfrac{\text{잔토}}{\text{1회 당 운반량}} \times \text{작업시간}$

- 잔토 $= 20 \times 50 \times 4 = 4,000\,m^3$
- 1회당 운반량 $= \dfrac{6\,m^3}{\text{대}} \times 10\text{대} = 60\,m^3/\text{회}$
- 작업시간 $= 20\,\text{min}/\text{회}$
- 토공계수 $= 0.8$ (토공계수가 작을수록 토양의 부피는 증가)
- 작업효율 $= 0.9$ (작업효율이 낮을수록 운반일수는 증가)

$\therefore$ 운반일수 $= 4,000\,m^3 \times \dfrac{1\text{회}}{60\,m^3} \times \dfrac{1}{0.8} \times \dfrac{1}{0.9} \times \dfrac{20\,\text{min}}{1\text{회}} \times \dfrac{1\text{일}}{8\,hr} \times \dfrac{1\,hr}{60\,\text{min}} = 3.86\,day$

13. 해설

정치시간에 대한 계면높이의 표를 이용하여 정치시간(농축시간)을 산출한다.

[식] $C_1 h_1 = C_2 h_2$

- h_1: 상등수의 고형물농도가 0이므로 정치시간은 0hr → 90cm

$10 \times 90 = C_2 \times 20$

$C_2 = 45\,g/L$

$\therefore$ 6시간 정치 후 슬러지 농도는 45g/L

14. 해설

물속에 존재하는 중금속을 정량하기 위하여 시료를 고주파유도코일에 의하여 형성된 아르곤 플라스마에 주입하여 6,000K ~ 8,000K에서 들뜬 상태의 원자가 바닥상태로 전이할 때 방출하는 발광선 및 발광강도를 측정하여 원소의 정성 및 정량분석에 이용하는 방법이다.

15. 해설

식) $A/S = \dfrac{1.3 S_a (fP-1)}{SS} \times R$

- $S_a = 18.7 mL/L$
- $f = 0.6$
- $P = 4 atm$
- $SS = 300 mg/L$

$0.05 = \dfrac{1.3 \times 18.7 \times ((0.6 \times 4) - 1)}{300} \times R$, ∴ $R = 0.4407 \fallingdotseq 44.07\%$

16. 해설

식) 부피감소율(VR) $= \dfrac{V_1 - V_2}{V_1} \times 100 = \dfrac{SL_1 - SL_2}{SL_1} \times 100$

식) $SL_1 \times X_{TS_1} = SL_2 \times X_{TS_2}$

$100 \times 0.04 = SL_2 \times 0.07$, $SL_2 = 57.1428 m^3$

∴ 부피감소율(VR) $= \dfrac{100 - 57.1428}{100} \times 100 = 42.86\%$

17. 해설

식) $NV = N'V'$

- $N = \dfrac{0.1 mol}{L} \times \dfrac{1 eq}{1 mol} = 0.1 N$
- $V = 100 mL$
- $N' = \dfrac{2 mol}{L} \times \dfrac{98 g}{1 mol} \times \dfrac{1 eq}{98/2 g} = 4 eq/L(N)$

$0.1 N \times 100 mL = 4 N \times V'$, ∴ $V' = 2.5 mL$

18. 해설

- 부지소요면적이 작다.
- 유기물 제거율이 높다.
- 단시간에 처리가 가능하다.
- 고온에서 처리하므로 위생적이며, 최종물질이 소량이다.
- 탈수성이 좋고 고액분리가 잘 된다.
- 질소 등 영양소의 제거율이 낮다.

CHAPTER 19 2021년도 수질환경기사 3회 필답형

01. 해설

(1) TDS(mg/L)

식 $TS = TSS + TDS$

$325 = 100 + TDS$, ∴ $TDS = 225 mg/L$

(2) VS(mg/L)

식 $TS = VS + FS$

$325 = VS + 200$, ∴ $VS = 125 mg/L$

(3) FSS(mg/L)

식 $TSS = VSS + FSS$

$100 = 55 + FSS$, ∴ $FSS = 45 mg/L$

(4) VDS(mg/L)

식 $TDS = VDS + FDS$

• $FS = FSS + FDS$

$200 = 45 + FDS$, $FDS = 155 mg/L$

$225 = VDS + 155$, ∴ $VDS = 70 mg/L$

(5) FDS(mg/L)

식 $TDS = VDS + FDS$

$225 = 70 + FDS$, ∴ $FDS = 155 mg/L$

02. 해설

- 수질이 좋아야 한다.
- 가능한 한 높은 곳에 위치해야 한다.
- 수원의 공급가능량이 풍부해야 한다.
- 수돗물 소비지에서 가까운 곳에 위치해야 한다.

03. 해설

① 원인
- 정전으로 펌프가 급정지한 경우
- 펌프의 급기동 또는 토출측밸브를 급격히 개폐할 경우

② 대책
- 체크밸브를 설치한다.
- 토출관로에 압력조절수조를 설치하여 부압발생을 방지하고 압력상승도 흡수한다.
- 토출관로에 한방향형 조압수조를 설치하여 부압발생을 방지한다.
- 플라이휠을 설치한다.
- 관내유속 및 관내상황을 조절한다.
- 펌프 토출구 부근에 공기탱크를 두거나 또는 부압 발생지점에 흡기밸브를 설치한다.

04. 해설

(1) 식 실제 여과 시간 = 여과지 운영시간 - 역세척 시간
- 여과지 운영시간 $= 24 hr/day$
- 역세척 시간 $= \dfrac{25\min}{1\text{회}} \times \dfrac{5\text{회}}{1 day} \times \dfrac{1 hr}{60 \min} = 2.0833 hr/day$

∴ 실제 여과 시간 $= 24 - 2.0833 = 21.9167 hr/day = 21.92 hr/day$

(2) 식 A_i(소요여과면적) $= \dfrac{\text{총 여과면적}(A)}{\text{여과지 수}}$

- 총 여과면적$(A) = \dfrac{Q}{V} = \dfrac{50{,}000 m^3}{day} \times \dfrac{m^2 \cdot hr}{5 m^3} \times \dfrac{1 day}{21.92 hr} = 456.2043 m^2$
- 여과지 수 $= 5$

A_i(소요여과면적) $= \dfrac{456.2043}{5} = 91.24 m^2$

(3) 식 여과면적 $= W(\text{폭}) \times L(\text{길이})$
- $L : W = 2 : 1$, $2W = L$

$91.24 = W \times 2W = 2W^2$,

∴ $W = 6.75 m$

∴ $L = 13.5 m$

05. 해설

㉠ 가열공기 주입법 : 고온의 증기를 주입하여 오염물질을 탈착시킨다.
㉡ 용매재생법(수세법) : 오염물질이 잘 녹는 용매를 투입하여 오염물질만 용해시켜 탈리시킴으로 활성탄을 재생한다.
㉢ 수증기 주입법 : 고온의 수증기를 주입하여 오염물질을 탈착시킨다.
㉣ 감압법 : 압력을 낮춰 평형점을 바꾸어 오염물질을 탈리시킨다.
㉤ 치환재생법 : 활성탄과 친화력이 오염물질보다 강한 물질을 투입하여 치환하여 탈착한다.

06. 해설

(1) 유효경 = D_{10} = 0.053mm

(2) 균등계수 = $\dfrac{D_{60}}{D_{10}} = \dfrac{0.42mm}{0.053mm}$ = 7.92

07. 해설

원료(석탄, 식물) → 건조 → 탄화 → 선별/파쇄 → 활성화 → 정제 → 출하

08. 해설

구분	장점(2가지)	단점(2가지)	용도(2가지)
막대식	• 공종별 공사에 대한 내용을 확인하기 용이하다. • 각 공종별 착수 및 종료일이 명시되어 판단이 용이하다. • 초보자도 쉽게 이용할 수 있다.	• 각 공종별 상호관계, 순서 등이 시간과의 관련성이 없다. • 여유시간을 파악하기 어렵고 주 공정선의 파악이 어렵다.	• 소규모 건설공사 • 공사기간이 짧은 공사
네트워크식	• 신뢰도가 높으며 전자계산기의 이용이 가능하다. • 여유시간 관리가 편리하다. • 상호관계가 명확하여 주 공정선의 파악이 쉬우며 인원배치가 용이하다.	• 작성시간이 많이 걸린다. • 작업의 세분화 정도에 한계가 있다. • 공정표를 수정하기 어렵다.	• 공사의 종류가 많은 공사 • 복잡한 공사

※ 공정표의 종류(외우지 마세요. 참고만 하세요.)

(1) **막대식 공정표(Bar chart, Gantt chart)** : 각 공종을 세로로, 날짜를 가로로 잡고 공정을 막대그래프로 표시하고 이것에 공사 진척 사항을 기입하고 예정과 실시를 비교하면서 관리하는 공정표이다.
(2) **네트워크식 공정표** : 작업의 상호관계를 동그라미(O)표와 화살표로 표시한 망상도이며, 각 화살표나 동그라미표에는 공정상의 계획 및 관리상 필요한 정보를 기입하여 공정상의 제 문제를 도해나 수리적 모델로 해명하고 진척관리하는 것이다.
(3) **사선식 공정표** : 세로에 공사량, 총 인부 등을 표시하고 가로에 일수를 적어 S자곡선 또는 꺾은선으로 나타내는 방법이다. 공사의 기성고를 표시하는 데 편리하고 공사 지연에 대한 조속한 대처가 가능한 공정표이다.
(4) **열기식 공정표** : 공사 착수와 완료기일 등을 글자로써 나열시키는 방법으로 가장 간단한 공정표이다.

09. 해설

식 $Q = CIA$

• $C = 0.7$

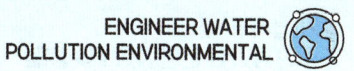

- $I = \dfrac{3{,}600}{t+30} = \dfrac{3{,}600}{30+30} = 60\,mm/hr$

  $-t(유달시간) = 유입시간 + 유하시간 = 5\min + \dfrac{1{,}000m}{40m/\min} = 30\min$

- $A = 2km^2$

$\therefore Q = 0.7 \times \dfrac{60mm}{hr} \times 2km^2 \times \dfrac{10^6 m^2}{1km^2} \times \dfrac{1m}{10^3 mm} \times \dfrac{1hr}{3600\sec} = 23.33\,m^3/\sec$

10. [해설] 퇴적물의 준설, 저니의 건조 및 봉합, 수초의 제거, 희석수 및 세류 용수 도입

11. [해설]
- 산소의 용해도 저하로 인해 용존산소 감소
- 미생물의 사멸
- 부유물질의 침강
- 독성물질에 대한 저항력 감퇴
- 생장속도의 변화(증가 혹은 감소)

12. [해설]

(1) 이론적 CH₄(mg/L)

[식] $C_6H_{12}O_6 \rightarrow 3CH_4 + 3CO_2$

$180g\ :\ 3 \times 16g$

$1{,}000\,mg/L\ :\ X_1, \quad \therefore X_1 = 266.67\,mg/L$

(2) 이론적 CH₄(mL/L)

[식] $C_6H_{12}O_6 \rightarrow 3CH_4 + 3CO_2$

$180g\ :\ 3 \times 22.4L$

$1000\,mg/L\ :\ X_2, \quad \therefore X_2 = 373.33\,ml$

13. [해설]

[식] $pH = 14 - pOH$

[식] $NH_3(\%) = \dfrac{NH_3}{NH_3 + NH_4} \times 100 = \dfrac{100}{1 + (NH_4/NH_3)} = 95\%$

- $NH_4/NH_3 = 0.0526$

- $K = \dfrac{[NH_4][OH]}{[NH_3]} = 0.0526 \times [OH] = 1.8 \times 10^{-5}$, $\quad [OH] = 3.4220 \times 10^{-4} M$

$$\therefore pH = 14 - \log\left(\dfrac{1}{3.4220 \times 10^{-4}}\right) = 10.53$$

정답 10.53

14. 해설 침전조의 설계는 최대와 평균부하를 비교하여 치수가 큰 쪽으로 설계한다.

- 평균표면부하율$(m^3/m^2 \cdot day) = \dfrac{Q}{A}$, $25 = \dfrac{10,000}{A}$

$$A = 400 m^3 = \dfrac{\pi \times D^2}{4}, \quad D = 22.57 m$$

- 최대표면부하율$(m^3/m^2 \cdot day) = \dfrac{Q}{A}$, $50 = \dfrac{10,000 \times 1.75}{A}$

$$A = 350 m^3 = \dfrac{\pi \times D^2}{4}, \quad D = 21.11 m$$

∴ 평균표면부하율을 적용했을 경우, 직경이 더 크므로, 설계 직경은 22.57m이다.

정답 22.57m

15. 해설 평가협의회 구성 및 운영 → 평가항목 범위확정(스코핑) → 평가서 초안 작성 → 주민의견수렴(설명회, 공청회) → 평가서 작성 및 협의 → 협의의견 통보 → 협의내용 관리

16. 해설 전기투석 : 전위차
   투석 : 농도차
   역삼투 : 정수압차

17. 해설
① 공기, 산소, 과산화수소, 초산염 등 약품 주입에 의해 하수의 혐기화를 억제, 황화수소의 발생을 방지한다.
② 환기를 통해 황화수소의 농도를 낮춘다.
③ 산화제의 첨가에 의한 황화물의 산화, 금속염의 첨가에 의한 황화수소의 고정화 등의 방법에 의해 황화수소의 대기 중으로의 확산을 방지한다.
④ 황산염 환원 세균의 활동 억제 : 황산염 환원 세균에 선택적으로 작용하는 약제 주입
⑤ 유황산화 세균에 선택적으로 작용하는 약제를 혼입한 콘크리트로 매설
⑥ 관에 피복(라이닝) 또는 부식억제 자재를 사용하여 콘크리트 표면을 방호

18. 해설

식 $pH = \log\dfrac{1}{[H^+]}$

식 $C_m = \dfrac{C_1 Q_1 + C_2 Q_2}{Q_1 + Q_2}$

- $C_1 = 10^{-3} M$
- $C_2 = 10^{-5} M$

$$C_m = \dfrac{10^{-3} \times 1{,}000 + 10^{-5} \times 3{,}000}{1{,}000 + 3{,}000} = 2.575 \times 10^{-4} M$$

$\therefore pH = \log\dfrac{1}{[2.575 \times 10^{-4}]} = 3.59$

CHAPTER 20 2022년도 수질환경기사 1회 필답형

01. 해설

식 $F_r = \dfrac{V^2}{gR}$

- $V = 0.05 m/\sec$
- $R(경심) = \dfrac{면적}{윤변} = \dfrac{3.7 \times 12}{2 \times 3.7 + 12} = 2.2886m$

∴ $F_r = \dfrac{0.05^2}{9.8 \times 2.2886} = 1.11 \times 10^{-4}$

02. 해설

(1) 고도처리(N, P 제어)
(2) 방류수 배출허용기준 강화
(3) 폐수 재사용 및 재이용
(4) 미량물질 제어

03. 해설

(가) 종속영양 미생물
(나) 광합성 미생물
(다) 무산소 조건

04. 해설 투수계수는 양수정으로부터 떨어진 두 지점의 거리와 수위로 계산한다.

(1) **투수계수(m/hr)**

식 $Q = \left[\dfrac{(\pi k) \times (H^2 - h_l^2)}{\ln(r_2/r_1)}\right] \rightarrow k(투수계수) = \dfrac{Q \ln(r_2/r_1)}{(H^2 - h_l^2)\pi}$

- $Q = 100 m^3/hr$
- $H(20m 지점에서의 수위) = 20 - 1 = 19m$
- $h_l(10m 지점에서의 수위) = 20 - 2 = 18m$
- $r_2 = 20m$

- $r_1 = 10m$

∴ $k(투수계수) = \dfrac{100 \times \ln(20/10)}{(19^2 - 18^2) \times \pi} = 0.60 m/hr$

(2) 수위저하(m)

식 수위저하(수위강하) $= H - h_l$

식 $Q = \left[\dfrac{(\pi k) \times (H^2 - h_l^{\,2})}{\ln(r_2/r_1)} \right]$

- $Q = 100 m^3/hr$
- $H(10m 지점에서의 수위) = 20 - 2 = 18m$
- $r_2 = 10m$
- $r_1(우물반경) = 0.5/2 = 0.25m$

$100 = \left[\dfrac{(\pi \times 0.6) \times (18^2 - h_l^{\,2})}{\ln(10/0.25)} \right]$

$h_l(양수정에서의 수위) = 11.3269m$

∴ 수위저하(수위강하) $= 20 - 11.3269 = 8.67m$

05. 해설

식 $L_L(월류부하) = \dfrac{Q}{L(월류길이)} = \dfrac{Q}{\pi D}$

1) 평균 월류부하 $= \dfrac{Q(평균유량)}{L_1(평균 월류 길이)} = \dfrac{Q}{\pi D_1}$

- $A = \dfrac{Q}{L_A(월류율)} = \dfrac{7570}{36.7} = 206.2670 m^2$
- $D_1(평균 침전지 직경) = \sqrt{\dfrac{A \times 4}{\pi}} = \sqrt{\dfrac{206.2670 \times 4}{\pi}} = 16.2057 m$ $\left(A = \dfrac{\pi D^2}{4}\right)$

∴ 평균 월류부하 $= \dfrac{7570}{\pi \times 16.2057} = 148.69 m^3/m \cdot day$

2) 최대 월류부하 $= \dfrac{Q(최대유량)}{L_2(최대 월류 길이)} = \dfrac{Q}{\pi D_2}$

- $A = \dfrac{Q}{L_A(월류율)} = \dfrac{7570 \times 2.75}{89.6} = 232.3381 m^2$
- $D_1(평균 침전지 직경) = \sqrt{\dfrac{A \times 4}{\pi}} = \sqrt{\dfrac{232.3381 \times 4}{\pi}} = 17.1994 m$ $\left(A = \dfrac{\pi D^2}{4}\right)$

∴ 최대 월류부하 $= \dfrac{7570 \times 2.75}{\pi \times 17.1994} = 385.27 m^3/m \cdot day$

∴ 현재 최대월류부하 $385.27 m^3/m \cdot day$, 설계 최대월류부하 $389 m^3/m \cdot day$로 설계치 이내의 값으로 적절하다.

06. 해설

(1) **전기투석** : 양극과 음극사이에 선택성 막을 구성하고 이온전하의 크기에 따라 오염물질을 투과시킨다. (전위차)

(2) **역삼투** : 정수압을 이용하여 염용액 쪽에 정삼투압보다 더 큰 압력을 가하여 염용액으로부터 물과 같은 용매를 분리한다. (정수압차)

07. 해설

① 오존산화법
② 활성탄
③ 염소처리
④ 과망간산칼륨
⑤ 응집처리

08. 해설

식 $Q(C_0 - C_t) = K \forall C_t^n \;\rightarrow\; \dfrac{(C_0 - C_t)}{KC_t^n} = \dfrac{\forall}{Q} = t$

- $K = \dfrac{0.548L}{g(MLVSS)\cdot hr} \times \left(\dfrac{3000mg(MLSS)}{L} \times \dfrac{70MLVSS}{100MLSS}\right) \times \dfrac{1g}{10^3 mg} = 1.1508/hr$

- $C_0 = COD_i - NBDCOD = 960 - 95 = 865 mg/L$

- $C_t = COD_o - NBDCOD = 120 - 95 = 25 mg/L$

$\therefore\; t = \dfrac{(865-25)}{1.1508 \times 25} = 29.2 hr$

정답 29.2hr

09. 해설

(1) **소화조 가스 발생량 감소원인**

① pH가 낮을 때(유기산의 과다생성 또는 알칼리도가 낮을 때)
② 온도가 낮을 때
③ 독성물질이 유입되었을 때
④ 투입량이 일정하지 않을 때
⑤ 소화가스의 누출

(2) **대책**

① 온도를 적정하게 조절한다.
② 소화조를 기밀하게 유지한다.
③ 투입량을 조정한다.
④ 교반을 원활히 한다.

10. 해설

(1) 1지당 면적(m²)은? (여과지 수는 10지, 여과속도 150m/day)

식 여과면적(m²/지) = $\dfrac{\text{여과유량}}{\text{여과속도}} = \dfrac{80,000 m^3/day}{150 m/day} \times \dfrac{1}{10\text{지}} = 53.33 m^2$

정답 $53.33 m^2$

(2) 여과지 1지당 총 세척수량(m³)은? (단, 일일기준, 역세척 속도는 50cm/min, 역세척 시간 6min, 표면세척 속도 30cm/min, 표면세척 속도 3min)

식 총 세척수량(m³) = 세척속도 × 시간 × 면적

∴ 총 세척수량(m³) = $\left(\dfrac{50cm}{\min} \times 6\min + \dfrac{30cm}{\min} \times 3\min\right) \times 53.33 m^2 \times \dfrac{1m}{100cm} = 207.99 m^3$

정답 $207.99 m^2$

11. 해설

식 $BOD = (D_1 - D_2) \times P$

- $P = \dfrac{V_2(\text{희석 후 부피})}{V_1(\text{희석 전 부피})} = \dfrac{300}{50} = 6$

∴ $BOD = (D_1 - D_2) \times P = (8-6) \times 6 = 12 mg/L$

12. 해설

식 $C_m = \dfrac{C_1 Q_1 + C_2 Q_2}{Q_1 + Q_2}$

- $Q_1 = \dfrac{1L}{\min} \times \dfrac{1\min}{60\sec} \times \dfrac{1m^3}{10^3 L} = 1.6666 \times 10^{-5} m^3/\sec$

$5.5 = \dfrac{(100 \times 1.6666 \times 10^{-5}) + (0 \times Q_2)}{(1.6666 \times 10^{-5} + Q_2)}$, ∴ $Q_2 = 2.86 \times 10^{-4} m^3/\sec$

13. 해설

구분	이상적 PFR	이상적 CMFR
분산	0	1
분산수	0	분산계수가 무한대일 때
체류시간	이론적 체류시간과 같을 때	0
모릴지수	1에 가까울수록	클수록 근접

14. 해설

(1) 이 공법의 명칭은?

A/O 공법

(2) 각 반응조별 역할을 쓰시오. (단, 유기물 제거는 제외)

① 혐기조 : 인의 방출

② 호기조 : 인의 과잉 섭취

③ 침전조 : 인을 섭취한 슬러지 침전제거

15. 해설

식 메탄발생량 = $COD(kg) \times$ 메탄최대생성수율

- 제거된 $COD = \dfrac{3{,}000mg}{L} \times \dfrac{675m^3}{day} \times \dfrac{10^3 L}{1m^3} \times \dfrac{1kg}{10^6 mg} \times 0.8 = 1620 kg/day$

- 메탄의 최대생성수율 $= 0.35 m^3/kg(COD)$

∴ 메탄발생량 $= \dfrac{1620 kg}{day} \times \dfrac{0.35 m^3}{1 kg} = 567 m^3/day$

16. 해설

(1) 이론적인 소요동력(W)

식 $G = \sqrt{\dfrac{P}{\mu \times \forall}}$

$30/\sec = \sqrt{\dfrac{P}{1.14 \times 10^{-3} \times 1000 m^3}}$

∴ $P = 1026 W$

(2) 패들면적(m²)

식 $P = F_D \times V_p = \dfrac{C_D \times A \times \rho \times V_p^3}{2}$

$1026 = \dfrac{1.8 \times A \times 1000 kg/m^3 \times (0.5 m/s)^3}{2}$

∴ $A = 9.12 m^2$

17. 해설 오전 8시에서 오후 8시까지의 체류시간을 산출하여 산술평균하여 답을 산출한다.

식 $t = \dfrac{\forall}{Q}$

- $6hr = \dfrac{\forall}{Q}$

$$t = \frac{\frac{\forall}{0.91Q} + \frac{\forall}{1.06Q} + \frac{\forall}{1.29Q} + \frac{\forall}{1.41Q} + \frac{\forall}{1.49Q} + \frac{\forall}{1.53Q} + \frac{\forall}{1.65Q}}{7}$$

$$t = \frac{\frac{6}{0.91} + \frac{6}{1.06} + \frac{6}{1.29} + \frac{6}{1.41} + \frac{6}{1.49} + \frac{6}{1.53} + \frac{6}{1.65}}{7} = 4.6778$$

∴ $t = 4.68 hr$

정답 4.68시간

18. 해설

식 $SVI(mL/g) = \dfrac{SV_{30}}{MLSS}$

$100 mL/g = \dfrac{SV_{30}}{3,000 mg/L}$

∴ $SV_{30}(mL/L) = \dfrac{100 mL}{g} \times \dfrac{3,000 mg}{L} \times \dfrac{1g}{10^3 mg} \times \dfrac{1 cm^3}{1 mL} = 300 cm^3/L$

정답 $300 cm^3/L$

CHAPTER 21 2022년도 수질환경기사 2회 필답형

01. 해설

(1) 슬러지의 비중

식: $\dfrac{SL}{\rho_{SL}} = \dfrac{TS}{\rho_{TS}} + \dfrac{W}{\rho_W}$

$\dfrac{100}{\rho_{SL}} = \dfrac{2}{1.4} + \dfrac{98}{1}$, $\quad \therefore \rho_{SL} = 1.0057$

(2) 혐기성 분해시 TOC가 10,000mg일 때 발생되는 소화가스 부피(m^3)를 산출하시오.

식: 소화가스 부피(m^3) = $CH_4 + CO_2$

반응식: $C_6H_{12}O_6 \rightarrow 3CO_2 + 3CH_4$

$6 \times 12 kg : 3 \times 22.4 m^3 : 3 \times 22.4 m^3$

$10,000 mg \times \dfrac{1 kg}{10^6 mg} : CH_4 : CO_2$,

$CH_4 = 9.3333 \times 10^{-3} m^3$, $\quad CO_2 = 9.3333 \times 10^{-3} m^3$

$\therefore$ 소화가스부피(m^3) = $9.3333 \times 10^{-3} \times 2 = 0.0186 \fallingdotseq 0.02\, Sm^3$

02. 해설

① pH의 영향이 적음
② 응집속도가 빠름
③ 고탁도, 착색수에 대해서 효과가 좋음
④ 응집보조제가 필요 없음
⑤ 알칼리도의 감소가 적음

03. 해설

(1) TSI를 유발하는 대표적 수질인자 2가지를 쓰시오.
   N(질소), P(인)

(2) TSI가 클수록 수질인자 (T-P, Chl-a)가 커져 부영양호이다.
   TSI가 작을수록 수질인자 (SD(투명도))가 커져 빈영양호이다.

04. 해설

식 $Q(C_0 - C_t) = K \forall C_t^m$

$0.3 \times (150 - 7.5) = 0.05 \times \forall \times 7.5$, ∴ $\forall = 114 m^3$

정답 $114 m^3$

05. 해설

상불변방법(삼투법) : 역삼투법, 정삼투, 전기투석법, 전기흡착법

상변화방법 : 다중효용방식, 다단 플래시 방식, 증기 압축식, 태양열 담수 플랜트

06. 해설

① 수원의 종류에 관계없이 계획취수량을 확실하게 취수할 수 있도록 해야 한다.
② 수질이 양호해야 한다.
③ 재해와 사고 등 비상시에도 취수의 영향이 최소화될 수 있는 곳에 설치한다.
④ 악조건(홍수, 갈수 등)에서도 유지관리가 안전하고 용이해야 한다.
⑤ 수원의 다원화나 상수도시설의 다계통화를 고려한다.
⑥ 주변 환경에 대한 영향을 충분히 조사한다.

07. 해설

(1) 관로의 마찰손실수두를 고려할 때 펌프의 총양정(m)을 계산하시오.(f = 0.03)

식 총양정 = 마찰손실수두 + 수직고도(실양정) + 속도수두

• 마찰손실수두(m) $= f \times \dfrac{L}{D} \times \dfrac{V^2}{2g}$

$= 0.03 \times \dfrac{200m}{0.2m} \times \dfrac{(3.1830 m/\sec)^2}{2 \times 9.8 m/\sec^2} = 15.5073 m$

$- V = \dfrac{Q}{A} = \dfrac{0.1 m^3}{\sec} \times \dfrac{4}{\pi \times (0.2m)^2} = 3.1830 m/\sec$

• 속도수두 $= \dfrac{V^2}{2g} = \dfrac{3.1830^2}{2 \times 9.8} = 0.5169 m$

∴ 총양정 = 15.5073m + 30m + 0.5169m = 46.0242m ≒ 46.02m

※ 속도수두는 값이 작으므로 생략하여 계산하여도 정답으로 인정

(2) 펌프의 효율을 70%라고 할 때 펌프의 소요동력(kW)을 계산하시오.

식 $P(동력) = \dfrac{\gamma \times H \times Q}{102 \times \eta} = \dfrac{1000 kg/m^3 \times 46.02 \times 0.1}{102 \times 0.7} = 64.45 kW$

08. 해설

식 $BOD\,용적부하 = \dfrac{BOD \times Q}{\forall}$

식 $C_m = \dfrac{C_1Q_1 + C_2Q_2}{Q_1 + Q_2}$

- $C_m = \dfrac{1000 \times 400 + 48 \times (400 \times 2.5)}{400 + (400 \times 2.5)} = 320(\mathrm{mg/L})$

- 수량부하 $= \dfrac{Q}{A}$

    $20 = \dfrac{(400 + 400 \times 2.5)}{A}$, $\quad A = 70 m^2$

- $\forall = A \times H = 70 \times 2.5 = 175 m^3$

∴ $BOD\,용적부하 = \dfrac{320 mg}{L} \times \dfrac{(400 + 400 \times 2.5) m^3}{일} \times \dfrac{1}{175 m^3} \times \dfrac{10^3 L}{1 m^3} \times \dfrac{1 kg}{10^6 mg} = 2.56 kg/m^3 \cdot 일$

정답 $2.56 kg/m^3 \cdot 일$

09. 해설

(1) 기하평균

식 $GM = \sqrt[n]{a_1 \times a_2 \times a_3 \times \cdots \times a_n}$

∴ $GM = \sqrt[8]{1 \times 13 \times 60 \times 85 \times 168 \times 234 \times 330 \times 331} = 64.09$

(2) 중간값

- 데이터가 홀수이면 중간값은 데이터의 가운데 값
- 데이터가 짝수이면 중간값은 데이터 가운데 두 값의 산술평균

식 중간값 $= \dfrac{85 + 168}{2} = 126.5$

10. 해설

식 $Q = CIA$

- $C = \dfrac{1}{2} \times 0.6 + \dfrac{1}{3} \times 0.5 + \dfrac{1}{6} \times 0.1 = 0.4833$

- $I = \dfrac{5,000}{t + 40} = \dfrac{5,000}{25.8333 + 40} = 75.9494 mm/hr$

- $t = 5\min + \left(\dfrac{1,500m}{1.2/\sec} \times \dfrac{1\min}{60\sec}\right) = 25.8333\min$

- $A = 120 ha = 1,200,000 m^2$

∴ $Q = 0.4833 \times \dfrac{75.9494 mm}{hr} \times \dfrac{1m}{10^3 mm} \times \dfrac{1hr}{3600\sec} \times 1,200,000 m^2 = 12.24 m^3/\sec$

11. 미복원 – 정보를 아시는 분의 제보를 기다립니다.

12. 해설

(1) **처리원리** : 활성슬러지 공정과 분리막(Membrane) 기술의 장점을 결합하여, 기존 활성슬러지 공정의 단점을 해결하고자 중력침전에 의한 고액분리를 막분리로 치환하는 공법이다. 분리막의 세공크기(수㎚~수십㎛)와 막표면 전하에 따라 원수 및 하·폐수 중에 존재하는 처리대상물질(유기, 무기 오염물질 및 미생물 등)을 거의 완벽하게 분리, 제거할 수 있는 고도의 분리공정이다.

(2) **특징**
① 부유고형물의 제거효율이 좋음
② 활성슬러지법에 비해 미생물 농도를 3~4배 높게 유지하는 것이 가능하여 호기조 용량이 감소하고 유기물 분해가 효과적
③ 슬러지체류시간(SRT)의 극대화가 가능하여 질산화를 유도할 수 있으며, 잉여슬러지 발생량이 적어진다.
④ 막 단독으로 제거할 수 없는 저분자 용존 유기물질을 미생물이 분해 또는 균체성분으로 전환시켜 처리수질이 향상
⑤ 세균이나 바이러스의 제거가 가능

13. 해설

(1) 반응조의 부피(m³) (단, 반송비는 1)

식 $\forall = Q \cdot t$

• $Q = \dfrac{0.45m^3}{인 \cdot 일} \times 5,000인 \times 2(반송유량\ 고려) = 4,500m^3/day$

∴ $\forall = 4,500 \times 1 = 4,500m^3$

(2) 운전 MLSS(mg/L)

식 $Q_w X_w = Y \cdot BOD \cdot Q \cdot \eta - K_d \cdot \forall \cdot MLVSS$

• $Q = \dfrac{0.45m^3}{인 \cdot 일} \times 5,000인 = 2,250m^3/day$ (유입유량 기준이므로 반송비 고려 안함)

$0 = 0.5 \times 200 \times 2250 \times 0.9 - 0.06 \times 4,500 \times MLVSS$, $MLVSS = 750mg/L$

∴ $MLSS = 750 \times \dfrac{1MLSS}{0.7MLVSS} \times \dfrac{1}{0.8} = 1,339.29 mg/L$

14. 해설

식 $P = \dfrac{\gamma \cdot Q \cdot H}{76 \cdot \eta}$

• $Q = \dfrac{0.8m^3}{cap \cdot day} \times 50,000 cap \times \dfrac{1day}{86400 \sec} = 0.4629 m^3/\sec$

- $H = 4m + 2m + 1m + 6m = 13m$

$$\therefore P = \frac{1,000 \times 0.4629 \times 13}{76 \times 0.85} = 93.15 HP$$

15. 해설

식 슬러지생성량$(Q_w X_w) = Y \cdot Q \cdot (BOD_i - BOD_o) - Kd \cdot V \cdot MLVSS$

$= [0.63 \times 4000 m^3/dau \times (0.2 - 0.02) kg/m^3] - [0.05/day \times 1000 m^3 \times 3 kg/m^3 \times 0.75]$

$= 341.1 \, kg/day$

16. 해설

1) **정상류** : 흐름이 시간에 따라 변하지 않는 일정한 흐름
2) **비정상류** : 흐름이 시간에 따라 변하는 흐름
3) **등류** : 흐름이 공간에 따라 변하지 않는 일정한 흐름
4) **부등류** : 흐름이 공간에 따라 변하는 흐름

17. 해설

식 PCB의 양$= C \times Q$

$$\therefore \text{PCB의 양} = \frac{2ng}{L} \times 1,500 ha \times \frac{10,000 m^2}{1 ha} \times \frac{80 cm}{year} \times \frac{1m}{100 cm} \times \frac{10^3 L}{1 m^3} \times \frac{1 톤}{10^{12} ng} = 0.024 톤/년$$

18. 미복원 – 정보를 아시는 분의 제보를 기다립니다.

CHAPTER 22 2023년도 수질환경기사 1회 필답형

01. 해설

광원부 → 파장선택부 → 시료부 → 측광부

02. 해설

식 $Q = CIA$
- $C = 0.9$
- $I = \dfrac{10cm}{2hr} \times \dfrac{10mm}{1cm} = 50mm/hr$
- $A = 10^4 ha = 10^8 m^2$

∴ $Q = 0.9 \times \dfrac{50mm}{hr} \times 10^8 m^2 \times \dfrac{1m}{10^3 mm} \times \dfrac{1hr}{3600\sec} = 1{,}250 m^3/\sec$

정답 $1{,}250 m^3/\sec$

03. 해설

전양정	펌프구경	형식
5 이하	400 이상	(축류펌프)
3~12	400 이상	(사류펌프)
5~20	300 이상	(원심 사류펌프)
4 이상	80 이상	(원심펌프)

04. 해설

하수배제방식	펌프장의 종류	계획하수량
분류식	중계펌프장, 소규모펌프장 유입·방류펌프장	계획시간최대오수량
	빗물펌프장	계획우수량
합류식	중계펌프장, 소규모펌프장	우천시 계획오수량
	빗물펌프장	계획하수량 - 우천시 계획오수량

05. 해설

① 호수나 저수지에 유입되는 P(인), N(질소)의 농도를 감소시킨다.
② P(인)을 함유하고 있는 세제의 사용을 금지한다.
③ 폐수를 고도처리하여 P(인)과 N(질소)를 제거한다.
④ 조류가 번식할 경우 황산동이나 활성탄을 주입한다.
⑤ 비점오염원을 감소시킨다.

06. 해설

식 알칼리도(Alk) = $\sum$ 알칼리도유발물질 $\times \dfrac{100/2 mg}{1 meq}$

- $[OH^-] = 10^{-pOH} = 10^{-10} M$

$\therefore$ 알칼리도 = $\left(\dfrac{10^{-10} eq}{L} \times \dfrac{10^3 meq}{1 eq} + \dfrac{320 mg}{L} \times \dfrac{1 meq}{60 mg/2} + \dfrac{570 mg}{L} \times \dfrac{1 meq}{61 mg/1}\right) \times \dfrac{100/2 mg}{1 meq} = 1,000.55 mg/L$

$= 1 g/L$

정답 1g/L

07. 해설

① **혐기조** : 인의 방출
② **무산소조** : 탈질화
③ **호기조** : 인의 과잉 흡수, 질산화
④ **내부반송** : 무산소조로 반송하여 탈질화

08. 해설

(가) 임계시간(hr)

식 $t_c = \dfrac{1}{K_1(f-1)} \log\left(f\left(1 - (f-1)\dfrac{D_0}{L_0}\right)\right)$

$\therefore t_c = \dfrac{1}{0.4(2.25-1)} \log\left(2.25\left(1 - (2.25-1)\dfrac{2.6}{21}\right)\right) = 0.5583 day = 13.3997 hr$

정답 13.40hr

(나) 임계점의 산소부족량(mg/L)

식 $D_t = \dfrac{K_1 \times L_0}{K_2 - K_1} \times (10^{-K_1 \times t} - 10^{-K_2 \times t}) + D_0 \times 10^{-K_2 \times t}$

- $f = \dfrac{K_2}{K_1}$

$$2.25 = \frac{K_2}{0.4}, \quad K_2 = 0.9$$

$$\therefore D_t = \frac{0.4 \times 21}{0.9 - 0.4} \times (10^{-0.4 \times 0.5583} - 10^{-0.9 \times 0.5583}) + 2.6 \times 10^{-0.9 \times 0.5583} = 5.5809 mg/L$$

정답 5.58mg/L

09. 해설

반응식 $NH_3^{-N} + 2O_2 \rightarrow NO_2^{-N} + H_2O + H^+$

      14mg : 2×32mg

  52.5mg/L : X_1, $X_1 = 240 mg/L$

반응식 $NO_2^{-N} + 0.5O_2 \rightarrow NO_3$

      14mg : 0.5×32mg

    5mg/L : X_2, $X_2 = 5.7142 mg/L$

∴ 이론적 산소요구량 $= 240 + 5.7142 = 245.71 mg/L$

정답 245.71mg/L

다른풀이

반응식 $NH_3^{-N} + 1.5O_2 \rightarrow NO_2^{-N} + H_2O + H^+$

      14mg : 1.5×32mg : 14mg

  52.5mg : X(a),   X(a) = 180mg/L

반응식 $NO_2^{-N} + 0.5O_2 \rightarrow NO_3$

      14mg : 0.5×32mg

  52.5mg : X(b),   X(b) = 60mg/L

$X_1 = 180 + 60 = 240 mg/L$

반응식 $NO_2^{-N} + 0.5O_2 \rightarrow NO_3$

      14mg : 0.5×32mg

    5mg : X_2, $X_2 = 5.7142 mg/L$

∴ 이론적 산소요구량 $= 240 + 5.7142 = 245.71 mg/L$

정답 245.71mg/L

10. 해설

1) 10℃에서 2시간 후 물질의 농도(mol/L)

  식 $\frac{1}{C_t} - \frac{1}{C_0} = k \cdot t$

  $\frac{1}{C_t} - \frac{1}{2.6 \times 10^{-4}} = 106.8 \times 2,$ $\therefore C_t = 2.46 \times 10^{-4} mol/L$

2) 30℃에서 2시간 후 물질의 농도(mol/L)

식 $\dfrac{1}{C_t} - \dfrac{1}{C_0} = k \cdot t$

- $K_{10} = K_{20} \times 1.063^{(10-20)}$

  $106.8 = K_{20} \times 1.063^{(10-20)}$, $K_{20} = 196.7450 \, L/mol \cdot hr$

- $K_{30} = K_{20} \times 1.063^{(10-20)}$

  $K_{30} = 196.7450 \times 1.063^{(30-20)} = 362.4401$

  $\dfrac{1}{C_t} - \dfrac{1}{2.6 \times 10^{-4}} = 362.4401 \times 2$, $\therefore C_t = 2.19 \times 10^{-4} \, mol/L$

11. 해설

입력 변수에 대한 모델의 반응이 민감하게 일어나는 상황으로 작은 변화가 결과에 큰 영향을 미치는 것을 의미한다.

12. 해설

식 $\ln\left(\dfrac{C_t}{C_0}\right) = -k \times t$

- $k = \dfrac{Q}{\forall} = \dfrac{120{,}000}{400{,}000} = 0.3/year$

  $- Q = A \times V = 100{,}000 m^2 \times \dfrac{1{,}200 mm}{year} \times \dfrac{1m}{10^3 mm} = 120{,}000 m^3/year$

  $- A = 10ha = 100{,}000 m^2$

  $- \forall = 400{,}000\text{톤} = 400{,}000 m^3$

  $\ln\left(\dfrac{3}{30}\right) = -0.3 \times t$, $\therefore t = 7.68년$

정답 7.68년

13. 해설

가) 폐수의 BOD 농도

식 BOD 농도 $= \dfrac{BOD\text{부하량}}{\text{유량}}$

$\therefore$ BOD 농도 $= \dfrac{10{,}000kg}{day} \times \dfrac{\sec}{0.5m^3} \times \dfrac{10^6 mg}{1kg} \times \dfrac{1m^3}{10^3 L} \times \dfrac{1day}{86{,}400\sec} = 231.48 mg/L$

정답 231.48mg/L

나) 1인1일 BOD 배출량(g/인·일)

식 1인1일 BOD 배출량 $= \dfrac{BOD\text{부하량}}{\text{인구}} = \dfrac{10{,}000kg}{day} \times \dfrac{1}{40{,}000\text{명}} \times \dfrac{10^3 g}{1kg} = 250 g/\text{인}\cdot\text{일}$

정답 250g/인·일

14. 해설

(1) 전염소처리 염소제 주입지점 : 취수시설, 도수관로, 착수정, 혼화지, 염소혼화지

(2) 중간염소처리 염소제 주입지점 : 침전지와 여과지 사이

15. 해설

(가) 반송유량(L/min)

식 $A/S = \dfrac{1.3\,S_a\,(fP-1)}{SS} \times R = \dfrac{1.3\,S_a\,(fP-1)}{SS} \times \dfrac{Q_r}{Q}$

- $P =$ 게이지압 $+$ 대기압 $= (414 + 101.325)kpa \times \dfrac{1atm}{101.325kpa} = 5.0858atm$

$0.03 = \dfrac{1.3 \times 18.6 \times (0.85 \times 5.0858 - 1)}{120} \times \dfrac{Q_r}{0.57}$

$\therefore Q_r = \dfrac{0.0255 m^3}{min} \times \dfrac{10^3 L}{1 m^3} = 25.54 L/min$

(나) 부상조 표면적(m²) (단, 반송유량 고려)

식 $L_A = \dfrac{Q + Q_r}{A}$

$0.11 = \dfrac{0.57 + 0.0255}{A}$, $\therefore A = 5.41 m^2$

(다) 제거슬러지량(L/min)

식 제거슬러지량 $= TS \times \dfrac{100}{X_{TS}}$

- $TS = \dfrac{120mg}{L} + \left(\dfrac{240mg}{L} + \dfrac{50mg}{g} \times \dfrac{240mg}{L} \times \dfrac{1g}{10^3 mg}\right) \times \dfrac{0.57 m^3}{min} \times \dfrac{10^3 L}{1 m^3} = 212,040 mg/min$

$\therefore$ 제거슬러지량 $= \dfrac{212,040 mg}{min} \times \dfrac{1kg}{10^6 mg} \times \dfrac{1L}{1.6 kg} \times \dfrac{100 SL}{3 TS} = 4.42 L/min$

16. 해설

(1) 기름 분리시간(min)

식 $t = \dfrac{H}{V_b}$

- $H = 3.5m$

- $V_b(부상속도) = \dfrac{d_p^{\,2}(\rho - \rho_p)g}{18\mu}$

$\mu = 0.964 cP = 0.00964 g/cm \cdot sec$

$V_b(부상속도) = \dfrac{(0.03cm)^2 \times (1 - 0.95)g/cm^3 \times 980 cm/sec^2}{18 \times 0.00964 g/cm \cdot sec} = 0.2541 cm/sec$

$$\therefore t = 3.5m \times \frac{\sec}{0.2541cm} \times \frac{100cm}{1m} \times \frac{1\min}{60\sec} = 22.96\min$$

정답 22.96min

(2) 부상조의 길이(m)

식 $A = \frac{\forall}{H} \rightarrow W \times L = \frac{Q \times t}{H}$

$5m \times L = \frac{30,000m^3}{day} \times 22.96\min \times \frac{1day}{1440\min} \times \frac{1}{3.5m}$, $\therefore L = 27.33m$

정답 27.33m

17. **해설**

식 이온교환수지량$(m^3/cycle) = \frac{\text{총 이온교환량}(g\,CaCO_3)}{100,000g\,CaCO_3/m^3}$

- 총 이온농도(mg as CaCO$_3$/L)

$= \left(\frac{20mg}{L} \times \frac{1meq}{65.4/2mg} + \frac{35mg}{L} \times \frac{1meq}{63.5/2mg} + \frac{26.2mg}{L} \times \frac{1meq}{58.7/2mg}\right) \times \frac{100/2mg\,as\,CaCO_3}{1meq} = 130.3328mg/L$

- 총 이온교환량(g as CaCO$_3$)

$= C \times Q = \frac{130.3328mg}{L} \times \frac{4,000m^3}{day} \times \frac{10^3L}{1m^3} \times \frac{1g}{10^3mg} \times 10day = 5,213,312g$

$\therefore$ 이온교환수지량$(m^3/cycle) = \frac{5,213,312g\,CaCO_3}{100,000g\,CaCO_3/m^3} = 52.13m^3/cycle$

정답 52.13m^3/cycle

18. **해설**

(1) 침전속도

식 $V_s = \frac{d_p^2(\rho_p - \rho)g}{18\mu} \rightarrow V_s = d_p^2(\rho_p - \rho) \times K$

$0.1 = 0.06^2 \times (1.5 - 1) \times K$, $K = 55.5555$

$\therefore V_s = 0.025^2 \times (1.2 - 1) \times 55.5555 = \frac{6.9444 \times 10^{-3}m}{\min} \times \frac{1440\min}{1day} = 10m/day$

(2) 침전가능 깊이

식 $t = \frac{H}{V} \rightarrow H = t \cdot V$

$\therefore H = 0.0216\min \times \frac{10m}{day} \times \frac{10^3mm}{1m} \times \frac{1day}{1440\min} = 0.15mm$

CHAPTER 23 2023년도 수질환경기사 2회 필답형

01. 해설

(1) NBDCOD

식 NBDCOD = COD - BDCOD = COD - BODu
- $BOD_u = 222 \times 1.6 = 355.2 mg/L$

∴ NBDCOD = 412 - 355.2 = 56.8mg/L

(2) NBDICOD

식 NBDICOD = ICOD - BDICOD = ICOD - IBODu
- ICOD = COD - SCOD = 412 - 177 = 235mg/L
- IBODu = BODu - SBODu = (222×1.6) - (98×1.6) = 198.4mg/L

∴ NBDICOD = 235 - 198.4 = 36.6mg/L

다른풀이

식 NBDCOD = NBDSCOD + NBDICOD
- SCOD = BDSCOD + NBDSCOD = SBODu + NBDSCOD
- $SBOD_u = SBOD_5 \times 1.6 = 98 \times 1.6 = 156.8 mg/L$

177 = 156.8 + NBDSCOD,   NBDSCOD = 20.2mg/L
56.8 = 20.2 + NBDICOD,   ∴ NBDICOD = 36.6mg/L

(3) NBDSS

식 NBDSS = TSS - BDSS
- TSS = 185mg/L
- BDSS = VSS - NBDVSS = 146 - 22.7387 = 123.2613mg/L
- $NBDVSS = VSS \times \dfrac{NBDICOD}{ICOD} = 146 \times \dfrac{36.6}{235} = 22.7387 mg/L$

∴ NBDSS = 185 - 123.2613 = 61.74mg/L

💡 개념정리

VSS(가연물) $= BDVSS$(생분해가연물) $+ NBDVSS$(생분해불가능가연물)

ICOD : 비용해성 COD (TSS가 여기에 포함)
SCOD : 용해성 COD (TDS가 여기에 포함)

02. 해설 약산(CH_3COOH)과 강염기(CH_3COONa)의 혼합반응이므로 완충방정식을 이용하여 답을 산출한다.

식 $pH = pK_a + \log\dfrac{[염기]}{[산]}$

- $CH_3COOH(mol/L) = \dfrac{2.4g}{L} \times \dfrac{1mol}{60g} = 0.04M$

- $CH_3COONa(mol/L) = \dfrac{0.73g}{L} \times \dfrac{1mol}{82g} = 8.9024 \times 10^{-3}M$

∴ $pH = \log\left(\dfrac{1}{1.8 \times 10^{-5}}\right) + \log\dfrac{[8.9024 \times 10^{-3}]}{[0.04]} = 4.09$

03. 해설

(1) **원인** : 하수 또는 저류물질이 체류하여 혐기성 상태가 가속화되고 황산염 환원 세균에 의해 황화수소가 배출된다. 배출된 황화수소는 관정(관의 천정)에서 유황산화 세균에 의해 황산이 생성되면서 콘크리트와 반응하여 석고(황산칼슘)가 생성되고 팽창에 의해 콘크리트가 부식된다.

(2) **화학식**

반응식 $H_2S + 2O_2 \rightarrow H_2SO_4$

(3) **방지대책 3가지**

① 공기, 산소, 과산화수소, 초산염 등 약품 주입에 의해 하수의 혐기화를 억제, 황화수소의 발생을 방지
② 환기를 통해 황화수소의 농도를 낮춘다.
③ 산화제의 첨가에 의한 황화물의 산화, 금속염의 첨가에 의한 황화수소의 고정화 등의 방법에 의해 황화수소의 대기중으로의 확산을 방지한다.
④ 황산염 환원 세균의 활동 억제 : 황산염 환원 세균에 선택적으로 작용하는 약제 주입
⑤ 유황산화 세균에 선택적으로 작용하는 약제를 혼입한 콘크리트로 매설
⑥ 관에 피복(라이닝) 또는 부식억제 자재를 사용하여 콘크리트 표면을 방호

04. 미복원

05. 해설

식 $BOD_t = BOD_u \times 10^{-k \times t}$

- $C_m(BOD_u) = \dfrac{C_1Q_1 + C_2Q_2}{Q_1 + Q_2} = \dfrac{200 \times (600/86400) + 10 \times 2}{(600/86400) + 2} = 10.6574 mg/L$

- $t = \dfrac{L}{V} = 10km \times \dfrac{\sec}{0.05m} \times \dfrac{10^3 m}{1km} \times \dfrac{1day}{86400\sec} = 2.3148 day$

∴ $BOD_t = 10.6574 \times 10^{-0.1 \times 0.2314} = 6.25 mg/L$

06. 해설

식 $K_{LA} = \dfrac{\gamma}{(C_s - C)}$ → γ(산소전달속도, 산소공급량) $= K_{LA} \times (C_s - C)$

$\therefore \dfrac{\gamma(2)}{\gamma(1)} = \dfrac{K_{LA} \times (12-2)}{K_{LA} \times (12-8)} = 2.5$

$\therefore$ 2.5배 증가

07. 해설

식 알칼리도 $= \sum$ 알칼리도유발물질$(meq/L) \times \dfrac{100/2 mg}{1 meq}$

• $[OH^-] = 10^{-pOH} = 10^{-4} M$

$\therefore$ 알칼리도

$= \left(\dfrac{10^{-4} mol}{L} \times \dfrac{17g}{1mol} \times \dfrac{1eq}{17g} \times \dfrac{10^3 meq}{1eq} + \dfrac{32mg}{L} \times \dfrac{1meq}{(60/2)mg} + \dfrac{56mg}{L} \times \dfrac{1meq}{61mg} \right) \times \dfrac{100/2 mg}{1meq} = 104.23 mg/L$

정답 104.23mg/L

08. 해설

(1) 우수유출량

식 $Q = CIA$

• $C = 0.6$

• $I = \dfrac{5,400}{t+35} = \dfrac{5,400}{23.3333 + 35} = 92.5714 mm/hr$

— t(유달시간) = 유입시간 + 유하시간 $= 10 min + \left(\dfrac{800m}{1m/\sec} \times \dfrac{1\min}{60\sec} \right) = 23.3333 \min$

• $A = 100 ha \times \dfrac{10,000 m^2}{1 ha} = 1,000,000 m^2$

$\therefore Q = 0.6 \times \dfrac{92.5714 mm}{hr} \times 1,000,000 m^2 \times \dfrac{1m}{10^3 mm} \times \dfrac{1 hr}{3600 \sec} = 15.43 m^3/\sec$

(2) 관의 직경

식 $A = \dfrac{Q}{V}$

$A = \dfrac{15.43 m^3}{\sec} \times \dfrac{\sec}{1m} = 15.43 m^2$

$15.43 = \dfrac{\pi D^2}{4}$, $\quad \therefore D = 4.43 m$

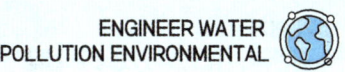

09. 해설

(1) 체류시간(hr)

식 $t = \dfrac{\forall}{Q}$

- $\forall$ = 원기둥의 부피 + 원뿔의 부피 = $\left(1{,}256.6370 \times 3 + 1{,}256.6370 \times 1.2 \times \dfrac{1}{3}\right) = 4{,}272.5658\, m^3$

- $A = \dfrac{\pi D^2}{4} = \dfrac{\pi \times 40^2}{4} = 1{,}256.6370\, m^2$

∴ $t = 4{,}272.5658\, m^3 \times \dfrac{\min}{12.5\, m^3} \times \dfrac{1hr}{60\min} = 5.70\, hr$

참고 식 원뿔의 부피 = $A \times H \times \dfrac{1}{3}$

(2) 표면적부하($m^3/m^2 \cdot day$)

식 $L_A = \dfrac{Q}{A} = \dfrac{12.5\, m^3}{\min} \times \dfrac{1}{1{,}256.6370\, m^2} \times \dfrac{1440\min}{1day} = 14.32\, m^3/m^2 \cdot day$

(3) 월류부하($m^3/m \cdot day$)

식 $L_l = \dfrac{Q}{L} = \dfrac{12.5\, m^3}{\min} \times \dfrac{1}{\pi \times 40m \times 0.5} \times \dfrac{1440\min}{1day} = 286.48\, m^3/m \cdot day$

10. 해설

식 $L_A = \dfrac{Q}{A}$

$24.4 = \dfrac{30{,}300}{A}$, $A = 1{,}241.8032\, m^2$

$A = 길이 \times 너비 = (2 \times 너비) \times 너비 = 2 \times 너비^2$

$1{,}241.8032 = 2 \times 너비^2$

∴ 너비 = $24.92\, m$

∴ 길이 = $2 \times 너비 = 2 \times 24.92 = 49.84\, m$

식 $t = \dfrac{\forall}{Q}$

- $t = 6hr \times \dfrac{1day}{24hr} = 0.25\, day$

$0.25 = \dfrac{\forall}{30{,}300}$, $\forall = 7{,}575\, m^3$

$\forall = A \times 높이$

$7{,}575 = 1{,}241.8032 \times 높이$

∴ 높이 = $6.1\, m$

11. 해설

식 차아염소산나트륨의 부피(L/min) = 투입염소량(kg/min) × $\dfrac{NaOCl}{Cl_2}$ × $\dfrac{1}{밀도}$

∴ 차아염소산나트륨의 부피(L/min) = $\dfrac{480kg}{day} × \dfrac{1day}{1440min} × \dfrac{1(NaOCl)}{0.1(염소)} × \dfrac{1L}{1kg} = 3.33 L/min$

12. 해설

1) 물질의 원자증기층이 빛을 통과할 때 각각 특유한 파장의 빛을 흡수하는데, 이 빛을 분산하여 얻는 스펙트럼 : 원자흡광스펙트럼
2) 파장에 대한 스펙트럼선의 강도를 나타내는 곡선 : 선프로파일
3) 목적하는 스펙트럼선에 가까운 파장을 갖는 다른 스펙트럼 : 근접선
4) 원자가 외부로부터 빛을 흡수했다가 다시 먼저 상태로 돌아갈 때(천이) 방사하는 스펙트럼 : 공명선

13. 해설

식 총효율(η_T) = 100%제거효율 + $\sum \dfrac{(침전속도 × SS분율)}{표면부하율}$

- 표면부하율(L_a) ≤ 침전속도(V_s) : 100% 제거
- 표면부하율(L_a) > 침전속도(V_s) : 일부제거

- $L_a = \dfrac{28.8 m^3}{m^2 \cdot day} × \dfrac{100cm}{1m} × \dfrac{1day}{1440min} = 2 cm/min$

∴ $\eta_T = (20\% + 20\%) + \left\{ \dfrac{1}{2cm/min} × \left(\dfrac{1cm}{min} × 25\% + \dfrac{0.5cm}{min} × 20\% + \dfrac{0.3cm}{min} × 10\% + \dfrac{0.1cm}{min} × 5\% \right) \right\}$

= 59.25%

14. 해설

① **공기부상식** : 다량의 공기를 주입하여 미세기포를 발생시켜 부상
② **가압부상식** : 공기를 4기압 정도로 올려서 포화상태로 만든 후에, 압력을 1기압으로 낮추어서 기포를 발생시켜 부상, 재순환 시스템으로 채용
③ **진공부상식** : 감압을 통해 기포를 발생시켜 부상

15. 해설

구분	완속여과지	급속여과지
여과속도	(4 ~ 5)m/day	120 ~ 150m/day
여과층의 두께	70 ~ 90cm	(60 ~ 70)cm
유효경	(0.3 ~ 0.45)mm	0.45 ~ 0.7mm
균등계수	2 이하	(1.7) 이하

> **참고** 추가정리
>
> 〈급속여과지〉
> ① 유효경은 0.45~1.0mm 중에서 적정한 입경을 선정하여 사용한다. 모래층의 두께는 여과모래의 유효경이 0.45~0.7mm의 범위인 경우에는 60~70cm를 표준으로 한다.
> ② 세척탁도는 30NTU 이하일 것
> ③ 자갈의 형상은 최장축이 최단축의 5배 이상인 것이 중량비로 2% 이하일 것
> ④ 강열감량은 0.75% 이하일 것
> ⑤ 염산가용률은 3.5% 이하일 것
> ⑥ 비중은 표면건조상태로 2.5 이상일 것
> ⑦ 마모율은 3% 이하일 것
>
> 〈완속여과지〉
> ① 최대경은 2mm 이내, 최소경은 0.18mm로 하며 부득이할 경우에도 그 입경을 초과하는 것이 1% 이하라야 한다.
> ② 여과수의 수질을 저하시키지 않는 모래층의 최소두께는 약 40cm가 한계이다.

16. 해설

(1) K_1 : 탈산소계수(day^{-1})

(2) K_2 : 재폭기계수(day^{-1})

(3) L_0 : 최종 BOD(mg/L)

(4) D_0 : 초기 산소부족농도(mg/L)

17. 해설

① 소화시간이 짧다. (약 1~2주)
② 병원균사멸이 우수하다.
③ 슬러지 탈수성이 좋다.
④ 높은 유기물 부하를 처리할 수 있다.

18. 해설

모델의 설계 및 자료수집 → (모델링 프로그램 선택) → 보정(Calibration) → (검증) → (감응도 분석) → 수질예측과 평가

CHAPTER 24 2024년도 수질환경기사 1회 필답형

01. 해설

모래, 자갈, 안트라사이트(무연탄)

02. 해설

(1) T(투수량계수) (m²/min)

식 $T = \dfrac{2.3Q}{4\pi \Delta S}$

t에 대한 하나의 대수 사이클당 저수시 수위감소는 4m이므로 (100 → 1,000, 1,000 → 10,000, 10,000 → 100,000min)

→ $\Delta S = 4m$

∴ $T = \dfrac{2.3 \times 1,200 m^3/day}{4\pi \times 4m} \times \dfrac{1 day}{1,440 min} = 0.0381 m^2/\min = 0.04 m^2/\min$

정답 0.04m²/min

(2) S(저류계수)

식 $S = \dfrac{2.15\, T \cdot t_o}{r^2} = 2.15 \times \dfrac{0.04 m^2}{\min} \times 100\min \times \dfrac{1}{(1,000m)^2} = 8.6 \times 10^{-6}$

정답 8.6×10^{-6}

03. 해설

평가범위 설정 → (중점평가항목 선정) → (현황조사) → (예측 및 평가) → (저감방안 설정) → 대안평가 → (사후관리)

04. 해설

㉠ 시료는 목적시료의 성질을 대표할 수 있는 위치에서 시료채취용기 또는 채수기를 사용하여 채취하여야 한다.
㉡ 시료 채취 용기는 시료를 채우기 전에 시료로 3회 이상 씻은 다음 사용하며, 시료를 채울 때에는 어떠한 경우에도 시료의 교란이 일어나서는 안 되며 가능한 한 공기와 접촉하는 시간을 짧게 하여 채취한다.
㉢ 시료채취량은 시험항목 및 시험횟수에 따라 차이가 있으나 보통 3L ~ 5L정도이어야 한다. 다만, 시료를 즉시 실험할 수 없어 보존하여야 할 경우 또는 시험항목에 따라 각각 다른 채취용기를 사용하여야 할 경우에는 시료채취량을 적절히 증감할 수 있다.

㉣ 시료채취시에 시료채취시간, 보존제 사용여부, 매질 등 분석결과에 영향을 미칠 수 있는 사항을 기재하여 분석자가 참고할 수 있도록 한다.
㉤ 용존가스, 환원성 물질, 휘발성유기화합물, 냄새, 유류 및 수소이온 등을 측정하기 위한 시료를 채취할 때에는 운반 중 공기와의 접촉이 없도록 시료 용기에 가득 채운 후 빠르게 뚜껑을 닫는다.
㉥ 현장에서 용존산소 측정이 어려운 경우에는 시료를 가득 채운 300mL BOD병에 황산망간 용액 1mL와 알칼리성 요오드화칼륨-아자이드화나트륨 용액 1mL를 넣고 기포가 남지 않게 조심하여 마개를 닫고 수회 병을 회전하고 암소에 보관하여 8시간 이내 측정한다.
㉦ 유류 또는 부유물질 등이 함유된 시료는 시료의 균일성이 유지될 수 있도록 채취해야 하며, 침전물 등이 부상하여 혼입되어서는 안 된다.
㉧ 지하수 시료는 취수정 내에 고여 있는 물과 원래 지하수의 성상이 달라질 수 있으므로 고여 있는 물을 충분히 퍼낸 다음 새로 나온 물을 채취한다. 이 경우 퍼내는 양은 고여 있는 물의 4배 ~ 5배 정도이나 pH 및 전기전도도를 연속적으로 측정하여 이 값이 평형을 이룰 때까지로 한다.
㉨ 지하수 시료채취 시 심부층의 경우 저속양수펌프 등을 이용하여 반드시 저속시료채취하여 시료 교란을 최소화하여야 하며, 천부층의 경우 저속양수펌프 또는 정량이송펌프 등을 사용한다.
㉩ 냄새 측정을 위한 시료채취 시 유리기구류는 사용 직전에 새로 세척하여 사용한다. 먼저 냄새 없는 세제로 닦은 후 정제수로 닦아 사용하고, 고무 또는 플라스틱 재질의 마개는 사용하지 않는다.
㉪ 총유기탄소를 측정하기 위한 시료 채취 시 시료병은 가능한 외부의 오염이 없어야 하며, 이를 확인하기 위해 바탕시료를 시험해 본다. 시료병은 폴리테트라플루오로에틸렌(PTFE, polytetrafluoroethylene)으로 처리된 고무마개를 사용하며, 암소에서 보관하며 깨끗하지 않은 시료병은 사용하기 전에는 산 세척하고, 알루미늄 호일로 포장하여 400℃ 회화로에서 1시간 이상 구워 냉각한 것을 사용한다.
㉫ 퍼클로레이트를 측정하기 위한 시료채취 시 시료 용기를 질산 및 정제수로 씻은 후 사용하며, 시료채취 시 시료병의 2/3를 채운다.

05. 해설

미생물에 의한 유기물의 소비속도를 1차 반응으로 간주하면 BOD의 잔류량은 아래의 식으로 표현될 수 있다.

식 $\dfrac{dL_t}{d_t} = -k\,L_t$

- k : 반응속도 상수
- L_t : t시간 경과 후 잔류 BOD량

시간과 잔류 BOD량을 임의의 시간 t까지 적분하면,

$\dfrac{dL_t}{L_t} = -k\,d_t$

$\ln L_t - \ln L_0 = -k \cdot t$

$\ln\left(\dfrac{L_t}{L_0}\right) = -k \cdot t$

- L_0 : 초기 BOD량

잔류BOD로 정리하면 → 잔류BOD$(L_t) = L_0 \cdot e^{-kt}$

BOD 소비량은 초기 BOD에서 t시간이 경과한 후 잔류하는 BOD를 빼준 값이므로

$\therefore BOD_t(\text{소비 } BOD) = L_0 - L_t = L_0 - L_0 \cdot e^{-k \cdot t} = L_0(1 - e^{-k \cdot t})$

※ 상용대수 기준 유도 → 마지막에 e가 10으로 대체됨

미생물에 의한 유기물의 소비속도를 1차 반응으로 간주하면 BOD의 잔류량은 아래의 식으로 표현될 수 있다.

식 $\dfrac{dL_t}{d_t} = -k L_t$

- k : 반응속도 상수
- L_t : t시간 경과 후 잔류 BOD량

시간과 잔류 BOD량을 임의의 시간 t까지 적분하면,

$\dfrac{dL_t}{L_t} = -k \, d_t$

$\ln L_t - \ln L_0 = -k \cdot t$

$\ln \left(\dfrac{L_t}{L_0} \right) = -k \cdot t$

- L_0 : 초기 BOD량

잔류BOD로 정리하면 → 잔류BOD$(L_t) = L_0 \cdot 10^{-kt}$

BOD 소비량은 초기 BOD에서 t시간이 경과한 후 잔류하는 BOD를 빼준 값이므로

$\therefore BOD_t(\text{소비 } BOD) = L_0 - L_t = L_0 - L_0 \cdot 10^{-k \cdot t} = L_0(1 - 10^{-k \cdot t})$

06. 해설

① 부지소요면적이 작다.
② 유기물 제거율이 높다.
③ 단시간에 처리가 가능하다.
④ 고온에서 처리하므로 위생적이며, 최종물질이 소량이다.
⑤ 탈수성이 좋고 고액분리가 잘 된다.
⑥ 질소 등 영양소의 제거율이 낮다.

07. 해설

식 $V = \dfrac{1}{n} \times R^{2/3} \times I^{1/2}$

- $V = \dfrac{Q}{A} = \dfrac{0.7 m^3}{\sec} \times \dfrac{4}{\pi \times (0.6m)^2} = 2.4757 m/\sec$
- $R = \dfrac{D}{4} = \dfrac{0.6}{4} = 0.15 m$

- $n = 0.013$
- $I = \dfrac{\Delta h(수두차 = 수두손실)}{L(길이)}$

$2.4757 = \dfrac{1}{0.013} \times (0.15)^{2/3} \times \left(\dfrac{h}{50}\right)^{1/2}$, $\therefore h = 0.65m$

정답 0.65m

08. 해설
① 여과지의 깊이 ② 여과재의 공극률
③ 여과사의 공극 ④ 통과유속
⑤ 유입수의 점도 ⑥ 유입수의 밀도

09. 해설

(1) F/M 비(day^{-1}) : 0.33day^{-1}

식 $F/M = \dfrac{BOD \cdot Q}{MLSS \cdot \forall}$

- $\forall = Q \cdot t = \dfrac{2,000m^3}{day} \times 6hr \times \dfrac{1day}{24hr} = 500m^3$

$\therefore F/M = \dfrac{250 \times 2,000}{3,000 \times 500} = 0.33/day$

정답 0.33day^{-1}

(2) SRT(day)

식 $\dfrac{1}{SRT} = Y \times (F/M) \times \eta - K_d$

- Y : 수율(세포증식계수)
- K_d : 내생호흡률
- η : BOD제거율

$\dfrac{1}{SRT} = (0.8 \times 0.33 \times 0.9) - 0.05$, $\therefore SRT = 5.33day$

(3) 잉여슬러지 발생량(kg/day)

식 $Q_w X_w = Y \cdot BOD \cdot Q \cdot \eta - K_d \cdot \forall \cdot MLSS$

$\therefore Q_w X_w = (0.8 \times 250 \times 2,000 \times 0.9) - (0.05 \times 500 \times 3,000) = \dfrac{285,000mg}{L} \times \dfrac{m^3}{day} \times \dfrac{10^3 L}{1m^3} \times \dfrac{1kg}{10^6 mg}$

$= 285 kg/day$

정답 285kg/day

10.

식 $\forall = W \times L \times H$

식 $\ln\left(\dfrac{C_t}{C_0}\right) = -k \cdot \dfrac{t^2}{2}$

$\ln\left(\dfrac{0.05 C_0}{C_0}\right) = -0.1 \times \dfrac{t^2}{2}, \quad t = 7.7404 \min$

$\forall = Q \cdot t = \dfrac{1.2 m^3}{\sec} \times 7.7404 \min \times \dfrac{60 \sec}{1 \min} = 557.3088 m^3$

$557.3088 m^3 = 2m \times L \times 2m, \quad \therefore L = 139.33m$

11.

① 석회(고체) ※ 또는 소석회(고체), 생석회(고체) 모두 정답인정
② 소다회(고체)
③ 수산화소듐(고체)

12.

① 호수나 저수지에 유입되는 P(인), N(질소)의 농도를 감소시킨다.
② P(인)을 함유하고 있는 세제의 사용을 금지한다.
③ 폐수를 고도처리하여 P(인)과 N(질소)를 제거한다.
④ 조류가 번식할 경우 황산동이나 활성탄을 주입한다.
⑤ 비점오염원을 감소시킨다.

13.

(1) 직경(m)

식 $A = \dfrac{\pi D^2}{4}$

- 표면부하율(Q/A) = $40 m/day$
- $Q = \dfrac{450 L}{인 \cdot 일} \times 20{,}000 인 \times \dfrac{1 m^3}{10^3 L} = 9{,}000 m^3/일$

$40 m/day = \dfrac{9{,}000 m^3}{day} \times \dfrac{1}{A}, \quad A = 225 m^2$

$225 m^2 = \dfrac{\pi D^2}{4}, \quad \therefore D = 16.93 m$

정답 16.93m

(2) 수심(m)

- 식 $H = \dfrac{\forall}{A}$

- $t = \dfrac{\forall}{Q}$

  $2.5hr = \dfrac{\forall}{9,000m^3/day}$, $\forall = 2.5hr \times \dfrac{9,000m^3}{day} \times \dfrac{1day}{24hr} = 937.5m^3$

- $H = \dfrac{937.5m^3}{225m^2} = 4.17m$

정답 4.17m

---

14. 해설

식 $\mu = \mu_{max} \times \dfrac{S}{K_s + S} = 20 \times \dfrac{5}{15+5} = 5g/g$

∴ 폐수 분해속도 $= 10mg/L-day$

---

15. 해설

㉠ **가열공기 주입법** : 고온의 증기를 주입하여 오염물질을 탈착시킨다.
㉡ **용매재생법(수세법)** : 오염물질이 잘 녹는 용매를 투입하여 재생한다.
㉢ **수증기 주입법** : 고온의 수증기를 주입하여 오염물질을 탈착시킨다.
㉣ **감압법** : 압력을 낮춰 평형점을 바꾸어 오염물질을 탈리시킨다.
㉤ **치환재생법** : 활성탄과 친화력이 오염물질보다 강한 물질을 투입 후 치환하여 탈착한다.

※ 방법만 나열해도 무방합니다.

---

16. 해설

식 $V_s = \dfrac{d_p^{\,2}(\rho_p - \rho)g}{18\mu}$

$0.6 = \dfrac{d_p^{\,2} \times (2.67-1) \times 980}{18 \times 0.0101}$,   ∴ $d_p = 8.16 \times 10^{-3} cm$

정답 8.16×10^{-3}cm

---

17. 해설

식 $SRT = \dfrac{X\forall}{Q_w X_w + Q_o SS_o}$

$5 = \dfrac{2750 \times 450}{Q_w X_w + Q_o \times 0}$

$$\therefore Q_w X_w (잉여슬러지) = \frac{2750mg}{L} \times 450m^3 \times \frac{1}{5day} \times \frac{10^3 L}{1m^3} \times \frac{1kg}{10^6 mg} = 247.5 kg/day$$

정답 247.5kg/day

18. 해설

식 산소량 $= (D_1 - D_2) \times Q$

$$\therefore 산소량 = \left(\frac{(7-5)mg}{L}\right) \times \frac{1kg}{10^6 mg} \times \frac{4m^3}{\sec} \times \frac{10^3 L}{1m^3} \times \frac{86400\sec}{1day} = 691.2 kg/day$$

PART 4

제 4 편
부 록

01. 수질 필답 틈새시장
02. 수질환경 실기 공식정리

01 CHAPTER 수질환경 필답 틈새시장!
(점수를 더 두텁게 만들기!)

1 수리학적 종단면도(수리종단도, hydraulic profile)

수리계산을 통해 공정의 단면을 제도하여 작성되는 도면으로 수리학적 흐름의 안정성을 검토하기 위해 작성됩니다.

> 💡 **수리학적 종단면도의 필요성**
> ① 수리학적 경사의 안정성 검토 및 확보(최대한 자연유하가 가능하도록)
> ② 펌프소요수두 계산 및 동력요구량 산정
> ③ 각 시설 설치지반고 산정을 통한 굴착깊이 및 첨두유량 산정 및 검토

2 프루드 수 : 관성력과 중력의 비

$$\boxed{식}\ F_r = \frac{V}{\sqrt{gH}}$$

- V : 유속
- g : 중력가속도
- H : 수심
  - 프루드 수가 1보다 작으면 잠잠한 흐름
  - 프루드 수가 1보다 크면 산만한 흐름
  - 프루드 수가 1이면 임계류, 유체의 총에너지가 최소

3 질소순환

① 질산화

$$\text{유기질소} \rightarrow NH_4\ or\ NH_3 \rightarrow NO_2(\text{1단계 질산화}) \rightarrow NO_3(\text{2단계 질산화})$$

- 1단계 질산화 기여 미생물 : Nitrosomonas(화학합성 독립영양, 호기성)
- 2단계 질산화 기여 미생물 : Nitrobacter(화학합성 독립영양, 호기성)
- 알칼리도 소모반응, pH 감소

② 탈질화

$$NO_3 \rightarrow NO_2 \rightarrow N_2$$

- 탈질화 미생물 : *pseudomonas*, *Acromobacter*, *Micrococcus*, *Bacillus*(화학합성 종속영양, 혐기성)
- 알칼리도 생성반응, pH 증가

③ 질소고정

$$N_2 \rightarrow NH_4$$

- 질소고정미생물에 의해 반응(예 뿌리혹박테리아)

4 염소소독시 살균력를 증가시키는 요인

① 온도가 높을수록 높다.
② 반응 시간이 길수록 높다.
③ 주입 농도가 높을수록 높다.
④ pH가 낮을수록 높다.

5 시안 함유 폐수처리방법

① **알칼리 염소법(가장 많이 이용)** : 폐수를 알칼리성으로 만든 후, 염소계 산화제를 사용하여 무해한 탄산가스와 질소로 분해하는 방법
② 오존산화법
③ 미생물 처리법
④ 이온교환법
⑤ **산성탈기법** : 시안함유 폐수를 강산성으로 하여 HCN으로 가스화시켜 처리하는 방법

6 트리할로메탄(THM)의 생성에 영향을 미치는 수질인자

① **수온** : 수온이 높을수록 THM 증가
② **pH** : pH가 높을수록 THM 증가
③ **불소농도** : 불소농도가 높을수록 THM 증가

7 상향류 혐기성 슬러지상(UASB, 자기조립법)

조 내에 고액분리막을 설치하고, 슬러지가 Pellet(작고 동그란 덩어리)를 형성하게 하여 유기물을 제거하는 공법

- **특징**
  - 막힘의 우려가 없다.
  - 고부하의 처리가 가능하다.
  - 운전이 어렵다.

- **장단점**

장점	단점
• 고농도 유기성 폐수처리 가능 • 구조가 간단 • 비용이 저렴 • HRT가 작아 반응조의 크기를 작게 하여 설치가 가능 • 동력소비량이 적음	• 가스와 고형물 분리장치 필요 • 반응기 하부에 폐수 분산장치 필요 • 초기 운전시 슬러지 입상화가 어려움 • 폐수성상에 따라 효율변동이 있음

8 사상균 제어를 위한 공정

① 폭기조의 형상을 PFR으로 설계
② F/M비 조절조의 설치(폭기조 앞단에 위치)
③ 폭기량 조절 (DO농도 2mg/L 이상 유지)
④ 반송량 조절
⑤ 염소 또는 과산화수소 주입

9 살수여상의 문제점

① 연못화 현상
② 파리발생의 문제
③ 악취문제
④ 동결문제

🔟 접촉산화법의 장단점

장점	단점
• 유지관리 용이 • 조내 슬러지 보유량이 크고 생물상이 다양 • 분해속도가 낮은 기질제거에 효과적 • 부하변동에 대한 대응성 좋음 • 소규모 시설에 적합	• 미생물량의 조절이 어려움 • 폭기비용이 다소 높음 • 고부하시 매체의 폐쇄위험이 크므로 부하조건에 한계가 있음 • 초기 건설비가 높음

1️⃣1️⃣ 산화지의 종류

① **호기성 산화지** : 외부 공기의 접촉과 조류의 광합성으로 산소가 공급되는 형태
② **폭기식 산화지** : 호기성 산화지에 폭기조를 설치한 형태로 높은 BOD부하에도 처리가 가능함
③ **임의성 산화지** : 산화지 표면부는 호기성 산화지의 형태로 산소가 공급되고, 바닥부는 부유물질이 침전되어 혐기성 지역이 형성되도록 하여 혐기성 분해가 이루어지도록 설계된 산화지

1️⃣2️⃣ 오존 소독의 장단점

장점	단점
• 많은 유기화합물을 빠르게 산화, 분해한다. • 유기화합물의 생분해성을 높인다. • 탈취, 탈색 효과가 크다. • Virus와 병원균의 제어가 가능하다. • 철 및 망간의 제거능력이 크다. • 염소요구량 감소 → 유기염소 화합물의 생성량을 감소시킨다. • 슬러지가 생기지 않는다. • 유지관리가 용이하다.	• 잔류성이 없다. • 비용이 많이 든다. • 오존발생장치 가동에 따른 전력비용이 많이 든다.

13 완속여과와 급속여과의 비교

구분	완속여과	급속여과
여과형식	표면여과	표면여과, 내부여과
제거대상물질	SS, 탁도, 유기물(BOD)	SS, 탁도
여과속도	4～5m/day	120～150m/day
모래층의 두께	70～90cm	60～70cm
유효경	0.3～0.45mm	0.45～0.7mm
균등계수	2.0 이하	1.7 이하
취급탁도	저탁도에 적합	고탁도에 적합

14 활성탄의 재생방법

① **가열공기 주입법** : 고온의 증기를 주입하여 오염물질을 탈착시킨다.
② **용매재생법(수세법)** : 오염물질이 잘 녹는 용매를 투입하여 재생한다.
③ **수증기 주입법** : 고온의 수증기를 주입하여 오염물질을 탈착시킨다.
④ **감압법** : 압력을 낮춰 평형점을 바꾸어 오염물질을 탈리시킨다.
⑤ **치환재생법** : 활성탄과 친화력이 오염물질보다 강한 물질을 투입하여 치환하여 탈착한다.

15 막분리공정의 메커니즘

막분리 공정의 기본적인 제거 메커니즘은 확산, 이온의 반발작용, 세공에 의한 체거름
① **투석(Dialysis)** : 선택적인 투과막을 사이에 두고 용질의 농도차에 따른 추진력을 이용하여 용질을 분리시키는 방법
② **역삼투(Reverse Osmosis)** : 반투막과 정수압을 이용하여 염용액으로부터 물과 같은 용매를 분리하는 방법
③ **한외여과(Ultra-filtration) 및 정밀여과(Micro-filtration)** : 원수를 가압 또는 감압의 상태에서 여과막을 통과시켜 막의 공경보다 큰 성분을 분리하는 방법

16 고도산화처리(AOP)의 종류

① O_3 처리   ② UV/O_3 처리   ③ 과산화수소/O_3 처리   ④ 펜톤산화

17 악취제어법의 종류

수세처리법, 약액세정법, 화학적 산화법, 직접연소법, 촉매연소법, 토양탈취법, 흡착법

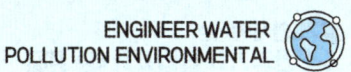

18 화학적 산소요구량-적정법-산성 과망간산칼륨법(CODMn) 농도계산

$$COD = (b-a) \times f \times \frac{1,000}{V} \times 0.2$$

- a : 바탕시험 적정에 소비된 과망간산칼륨용액(0.005M)의 양
- b : 시료의 적정에 소비된 과망간산칼륨용액(0.005M)의 양
- f : 과망간산칼륨용액(0.005M)의 농도계수(factor)
- V : 시료의 양(mL)

19 웨어(weir)의 유량계산식

① 직각 3각 웨어

$$Q = K \cdot h^{5/2}$$

② 4각 웨어

$$Q = K \cdot b \cdot h^{3/2}$$

20 기기분석 장치별 장치순서

① **자외선/가시선분광법** (암기TIP 광 파 시 고!)
광원부 - 파장선택부 - 시료부 - 측광부

② **원자흡수분광광도법(AA)** (암기TIP 광 시 단 광 슬 기)
광원부 - 시료원자화부 - 단색화장치 - 광전자 증폭검출기 - 슬릿 - 기록부

③ **유도결합플라즈마 원자발광분광법(ICP)** (암기TIP 시 고 광 분 연 기)
시료주입부 - 고주파전원부 - 광원부 - 분광부 - 연산처리부 및 기록부

④ **기체크로마토그래피법** (암기TIP 시 분 검 기)
운반가스입구 - 유량조절기 - 압력계/유량계 - 시료도입부 - 분리관 - 검출기 - 기록부

⑤ **이온크로마토그래피법** (암기TIP 용 액 시료 분리관 써!)
용리액조 - 송액펌프 - 시료주입장치 - 분리관 - 써프렛서 - 검출기 - 기록계

21 냄새역치 계산

$$\text{냄새역치(TON)} = \frac{A+B}{A}$$

- A : 시료 부피(mL)
- B : 무취 정제수 부피(mL)

※ 각 판정 요원의 냄새의 역치를 기하평균하여 결과로 보고한다.

22 JAR TEST(자 – 테스트)

① **개요** : 4~6개의 병(비커)에 각각 다른 종류의 응집제, 그리고 응집제의 양을 달리하면서 최적의 응집제의 주입량을 산정하는 실험입니다. 응집되는 포화농도가 있기 때문에 일정주입량 이상부터는 주입량을 늘려도 효율이 늘어나지 않습니다.

② **목적**
- ㉠ 응집제의 선정과 주입량 산정
- ㉡ 처리 수질의 적정성
- ㉢ 슬러지 발생량과 탈수성
- ㉣ 응집제 회수율
- ㉤ 기타 오염물의 동시 제거 가능성

23 원자흡수분광광도법

① **원리 및 적용범위**

이 시험방법은 시료를 적당한 방법으로 해리시켜 중성원자로 증기화하여 생긴 기저상태(Ground State or Normal State, 바닥상태)의 원자가 이 원자 증기층을 투과하는 특유파장의 빛을 흡수하는 현상을 이용하여 광전측광과 같은 개개의 특유 파장에 대한 흡광도를 측정하여 시료중의 원소농도를 정량하는 방법으로 대기 또는 배출 가스중의 유해 중금속, 기타 원소의 분석에 적용한다.

② **용어**
- **역화** : 불꽃의 연소속도가 크고 혼합기체의 분출속도가 작을 때 연소현상이 내부로 옮겨지는 것
- **원자흡광도** : 어떤 진동수 i의 빛이 목적원자가 들어 있지 않은 불꽃을 투과했을 때의 강도를 I_{ov}, 목적원자가 들어 있는 불꽃을 투과했을 때의 강도를 I_v라 하고 불꽃중의 목적원자농도를 c, 불꽃중의 광도의 길이(Path Length)를 ℓ 라 했을 때

$$\boxed{식}\ E_{AA} = \frac{\log_{10} \cdot I_0\nu/I\nu}{c \cdot \ell}$$

로 표시되는 양을 말한다.

- **원자흡광(분광)분석** : 원자흡광 측정에 의하여 하는 화학분석
- **원자흡광(분광)측광** : 원자흡광 스펙트럼을 이용하여 시료중의 특정원소의 농도와 그 휘선의 흡광정도(보통은 보정되지 않은 흡광도로 나타냄)와의 상관관계를 측정하는 것
- **원자흡광스펙트럼** : 물질의 원자증기층을 빛이 통과할 때 각각 특유한 파장의 빛을 흡수한다. 이 빛을 분산하여 얻어지는 스펙트럼을 말한다.
- **공명선** : 원자가 외부로부터 빛을 흡수했다가 다시 먼저 상태로 돌아갈 때 방사하는 스펙트럼선
- **근접선** : 목적하는 스펙트럼선에 가까운 파장을 갖는 다른 스펙트럼선
- **중공음극램프(속빈음극램프)** : 원자흡광분석의 광원이 되는 것으로 목적원소를 함유하는 중공음극 한 개 또는 그 이상을 저압의 네온과 함께 채운 방전관
- **다음극 중공음극램프** : 두 개 이상의 중공음극을 갖는 중공음극램프
- **다원소 중공음극램프** : 한 개의 중공음극에 두 종류 이상의 목적원소를 함유하는 중공음극램프
- **충전가스** : 중공음극램프에 채우는 가스
- **소연료불꽃** : 가연성 가스와 조연성 가스의 비를 적게 한 불꽃 즉, 가연성 가스/조연성 가스의 값을 적게 한 불꽃
- **다연료 불꽃** : 가연성 가스/조연성 가스의 값을 크게 한 불꽃
- **분무기** : 시료를 미세한 입자로 만들어 주기 위하여 분무하는 장치
- **분무실** : 분무기와 함께 분무된 시료용액의 미립자를 더욱 미세하게 해주는 한편 큰 입자와 분리시키는 작용을 갖는 장치
- **슬롯버너** : 가스의 분출구가 세극상으로 된 버너
- **전체분무버너** : 시료용액을 빨아올려 미립자로 되게 하여 직접 불꽃중으로 분무하여 원자증기화하는 방식의 버너
- **예복합 버너** : 가연성 가스, 조연성 가스 및 시료를 분무실에서 혼합시켜 불꽃 중에 넣어주는 방식의 버너
- **선폭** : 스펙트럼선의 폭
- **선프로파일** : 파장에 대한 스펙트럼선의 강도를 나타내는 곡선
- **멀티 패스** : 불꽃 중에서의 광로를 길게 하고 흡수를 증대시키기 위하여 반사를 이용하여 불꽃 중에 빛을 여러번 투과시키는 것

③ 장치의 개요(4단계 형식, 위의 원자흡수분광광도법의 장치구성은 세부적인 전체 형식)

광원부 – 시료원자화부 – 단색화부 – 측광부

CHAPTER 02 수질환경 실기 공식정리

1. 수질공정관리 계획수립

① 0차반응
- $C_0 - C_t = K \cdot t$

② 1차반응
- $Q(C_0 - C_t) = K \forall C_t$
- $\ln\left(\dfrac{C_t}{C_0}\right) = -K \cdot t$
  - $K = \dfrac{Q}{\forall}$

③ 2차반응
- $\dfrac{1}{C_0} - \dfrac{1}{C_t} = -K \cdot t$

2. 표준 수질공정 운전

(1) 물리적 처리

① 침강속도
- $V_s = \dfrac{d_p^{\,2}(\rho_p - \rho)g}{18\mu}$
  - d_p : 입자의 직경(입경)
  - ρ_p : 입자의 밀도
  - ρ : 유체의 밀도
  - g : 중력가속도(9.8m/sec²)
  - μ : 유체의 점도

② 레이놀드수
- $N_{Re} = \dfrac{관성력}{점성력} = \dfrac{DV\rho}{\mu}$
  - D : 관 직경
  - V : 유속
  - ρ : 유체의 밀도
  - μ : 유체의 점도
  - 흐름판별 : 레이놀드수(N_{Re})
    - 층류 : 2100 > N_{Re}
    - 난류 : 4000 < N_{Re}
    - 천이구역 : 2100 < N_{Re} < 4000

- 입자레이놀드수
  - $N_{Rep} = \dfrac{관성력}{점성력} = \dfrac{D_p V\rho}{\mu}$
  - D_p : 입자 직경
  - 1 > N_{Re} : 층류, 1000 < N_{Re} : 난류(자유대기)

③ 프루드 수 : 관성력과 중력의 비
- $F_r = \dfrac{V}{\sqrt{gH}}$
  - V : 유속
  - g : 중력가속도
  - H : 수심
    - 프루드 수가 1보다 작으면 잠잠한 흐름
    - 프루드 수가 1보다 크면 산만한 흐름
    - 프루드 수가 1이면 임계류, 유체의 총에너지가 최소

④ 침전지 부하
- 수표면적 부하(L_A, m³/m²·day) = $\dfrac{Q(유입수량)}{A(침전지표면적)}$
- 월류부하(L_L, m³/m·day) = $\dfrac{Q(유입수량)}{L(위어의 길이)}$
- 용적 부하($L_\forall$, m³/m³·day) = $\dfrac{Q(유입수량)}{\forall(침전지 용적)}$
- 체류시간, 수리학적 체류시간(t, HRT)
  $= \dfrac{\forall(부피)}{Q(유입수량)} = \dfrac{H}{V_s}$

※ 일반적인 수처리의 HRT(활성슬러지 공법기준) : 6~8hr

⑤ 부상속도식
- $V_b = \dfrac{d_p^{\,2}(\rho - \rho_p)g}{18\mu}$
  - d_p : 입자의 직경(입경)
  - ρ_p : 입자의 밀도
  - ρ : 유체의 밀도
  - g : 중력가속도(9.8m/sec²)
  - μ : 유체의 점도

⑥ A/S비(Air/Soild, 공기/고형물)
- $A/S = \dfrac{1.3 \times S_a \times (fP - 1)}{SS}$ (반송 없음)

- 식 $A/S = \dfrac{1.3 \times S_a \times (fP-1)}{SS} \times \dfrac{Q_r}{Q}$

  $= \dfrac{1.3 \times S_a \times (fP-1)}{SS} \times R$ (반송 있음, 재순환)

  - S_a : 공기의 용해도
  - f : 공기의 분율
  - P : 압력
  - Q_r : 순환유량
  - Q : 유입유량
  - R : 반송비

⑦ 막의 유출유량

- 식 $\dfrac{Q_f}{A_f} = K(\Delta P - \Delta \pi)$
  - Q_f : 유출유량
  - A_f : 투수면적
  - K : 확산계수(L/m² · day as 25℃)
  - ΔP : 압력차(유입수 압력 - 유출수 압력)
  - $\Delta \pi$: 삼투압차(유입측-유출측)

(2) 화학적 처리

① 완충방정식

- 식 $pH = pK_a + \log\dfrac{[염기]}{[산]}$

② 알칼리도의 계산

- 식 알칼리도(AlK) $= \sum 알칼리도유발물질 \times \dfrac{100/2\,mg}{1\,meq}$

③ 경도계산

- 식 경도(HD) $= \sum 경도유발물질 \times \dfrac{100/2\,mg}{1\,meq}$

④ 알칼리도와 경도의 관계
- 알칼리도 < 총경도 : 일시경도 = 알칼리도
- 알칼리도 ≥ 총경도 : 일시경도 = 총경도

⑤ SAR(소듐흡착비) [암기TIP] 사표를 써(SAR)! 응 나가마!(Na Ca Mg)]

- 식 $SAR = \dfrac{Na^+}{\sqrt{\dfrac{Ca^{2+} + Mg^{2+}}{2}}}$

  ※ 식에 대입되는 원자는 meq/L 단위로 대입
  - SAR 0~10 : 소듐이 흙에 미치는 영향이 미미
  - SAR 10~18 : 소듐이 흙에 미치는 영향이 중간정도
  - SAR 18~26 : 소듐이 흙에 미치는 영향이 비교적 높은 상태
  - SAR 26 이상 : 소듐이 흙에 미치는 영향이 심각

⑥ 중화적정식, 희석공식 : 산과 염기의 반응 또는 강산과 약산, 강염기와 약염기와의 반응 시 물질의 농도 또는 용량을 계산할 때 사용하는 식

- 식 $NV = N'V'$
  - N : 산 또는 강산
  - V : 산 또는 강산의 부피
  - N' : 염기 또는 강염기
  - V' : 염기 또는 강염기의 부피

⑦ 속도경사

- 식 $G = \sqrt{\dfrac{P}{\mu \forall}}$
  - P : 동력(W)
  - μ : 점도

⑧ 등온흡착식

- 프로인들리히(물리적 흡착)

- 식 $\dfrac{X}{M} = K \cdot C^{\frac{1}{n}}$
  - X : 흡착된 양(농도)
  - M : 흡착제 주입량(농도)
  - K, n : 상수
  - C : 유출된 양(농도)

- 랭뮤어(화학적 흡착, 가역적 평형상태 가정)

- 식 $\dfrac{X}{M} = \dfrac{abC}{1+aC}$
  - a, b : 상수

⑨ 암모니아 탈기법(공기탈기법)

- 식 $NH_4 + OH \rightleftharpoons NH_3 + H_2O$

- 식 $NH_3(\%) = \dfrac{NH_3}{NH_3 + NH_4} \times 100 = \dfrac{1}{1+(NH_4/NH_3)} \times 100$

(3) 생물학적 처리

① BOD계산

- 식 $BOD_5 = (D_1 - D_2) \times P$
  - D_1 : 초기 DO 농도
  - D_2 : 5일 후 DO 농도
  - P : 희석배수

② 소모 BOD와 잔류 BOD

- 식 소모 BOD : $BOD_t = BOD_u \times (1 - 10^{-K \cdot t})$ – 상용대수 기준

  $BOD_t = BOD_u \times (1 - e^{-K \cdot t})$ – 자연대수 기준

- 식 잔류 BOD : $BOD_t = BOD_u \times 10^{-K \cdot t}$ – 상용대수 기준

  $BOD_t = BOD_u \times e^{-K \cdot t}$ – 자연대수 기준

③ 생물학적 오염도(BIP)

식 $BIP(\%) = \dfrac{B}{A+B} \times 100$

- A : 엽록체 있는 생물수
- B : 엽록체 없는 생물수

④ F/M비(Food/Microorganism)

식 $F/M(BOD/MLSS\text{ 부하}) = \dfrac{BOD \cdot Q}{MLSS \cdot \forall}$

- BOD : BOD농도
- Q : 유량
- $MLSS(X)$: MLSS농도
- $\forall$: 조의 부피

⑤ BOD용적부하(F/V비)

식 $F/V(BOD/\text{용적부하}) = \dfrac{BOD \cdot Q}{\forall} = \dfrac{BOD}{t}$

- BOD : BOD농도
- Q : 유량
- $MLSS$: MLSS농도
- $\forall$: 조의 부피

⑥ SVI(슬러지 용적 지표, 슬러지 침강성 지표, Sludge Volume Index)

식 $SVI(mL/g) = \dfrac{SV_{30}(mL/L)}{MLSS(mg/L)} \times 10^3 (mg/g)$

- SVI 200 이상 : 슬러지 벌킹
- SVI 50~150 : 양호
- SVI 50 미만 : 핀 플럭(pin floc)

⑦ SDI(슬러지 밀도지수)

식 $SDI(g/100mL) = \dfrac{100}{SVI}$

⑧ SRT(미생물 체류시간)

식 $SRT = \dfrac{X \forall}{X_r Q_w + Q_o X_o}$

- X_r : 반송슬러지 농도
- Q_w : 폐슬러지 유량
- X : MLSS 농도
- $\forall$: 폭기조 부피
- Q_o : 유출수 유량
- X_o : 유출 슬러지 농도

식 $\dfrac{1}{SRT} = Y \times (F/M) \times \eta - K_d$

- Y : 수율(세포증식계수)
- K_d : 내생호흡률
- η : BOD제거율

⑨ 슬러지 반송률(R)

식 $R = \dfrac{X - SS_i}{X_r - X}$

식 $R = \dfrac{SV(\%)}{100 - SV(\%)}$

- SS_i : 유입 SS 농도
- $X_r = \dfrac{10^6}{SVI}$

⑩ 잉여슬러지

식 $Q_w X_w = Y \cdot BOD \cdot Q \cdot \eta - K_d \cdot \forall \cdot MLSS$

⑪ 미생물 성장속도(Monod, Michaelis-Menten식)

식 $\mu = \mu_{max} \times \dfrac{S}{K_s + S}$

- μ : 비증식속도(hr^{-1})
- μ_{max} : 최대 비증식속도(hr^{-1})
- S : 기질농도(mg/L)
- K_s : 반포화농도(비증식속도가 최대 비증식속도의 절반 수준일 때의 기질농도, mg/L)

⑫ 소화효율

식 $\eta(\%) = \left(1 - \dfrac{VS_o}{VS_i}\right) \times 100$ → 유기물만 고려

식 $\eta(\%) = \left(1 - \dfrac{VS_o/FS_o}{VS_i/FS_i}\right) \times 100$ → 유기물과 무기물 모두 고려

⑬ 슬러지 물질수지식

㉠ 건조/탈수/농축 물질수지

식 $TS_1 = TS_2$

식 $SL_1(1 - W_1) = SL_2(1 - W_2)$

- TS_1 : 처리전 고형물
- TS_2 : 처리후 고형물
- SL_1 : 처리전 슬러지
- SL_2 : 처리후 슬러지
- W_1 : 처리전 수분함량
- W_2 : 처리후 수분함량

㉡ 소화/소각/열처리 물질수지

식 $FS_1 = FS_2$

- FS_1 : 처리전 무기물
- FS_2 : 처리후 무기물

㉢ 슬러지의 비중

식 $\dfrac{100}{\rho_{SL}} = \dfrac{TS}{\rho_{TS}} + \dfrac{W}{\rho_W} = \dfrac{VS}{\rho_{VS}} + \dfrac{FS}{\rho_{FS}} + \dfrac{W}{\rho_W}$

- 슬러지의 비중 1 = 1,000kg/m^3

- 슬러지의 수분함량 : X(%) → 슬러지의 고형물함량 : 100−X(%)

3. 상하수도 계획

① 등차급수법

식 $P_n = P_0 + ax$

- P_0 : 현재 인구수
- a : 연간 인구증가수
- x : 경과년수

② 등비급수법

식 $P_n = P_0(1+r)^x$

- r : 인구증가율

③ 로지스틱 곡선

식 $P_n = \dfrac{S}{1+e^{a-bx}}$

- S : 포화인구수
- a, b : 상수

④ 계획우수량

식 $Q = CIA$

- Q : 최대계획우수유출량
- C : 유출계수
- I : 강우강도

⑤ 하젠-윌리암스 식

식 $V = 0.84935 \cdot C \cdot R^{0.63} \cdot I^{0.54}$

- C : 유속계수
- R : 경심 $= \dfrac{D}{4}$
- I : 동수경사 $= h/L$
- h : 수두
- L : 관의 길이

⑥ 매닝(Manning)식

식 $V = \dfrac{1}{n} \cdot R^{\frac{2}{3}} \cdot I^{\frac{1}{2}}$

- n : 조도계수
- I : 동수경사 $= h/L$
- R : 경심 $= \dfrac{D}{4}$

※ 경심 $= \dfrac{\text{유수단면적}}{\text{윤변}} = \dfrac{\text{관내에서 물이 접촉하는 단면적}}{\text{물이 접촉하는 관의 둘레}}$

⑦ 펌프의 전양정

식 $H = h_a + h_{pv} + h_0$

- H : 전양정(m)
- h_a : 실양정(m)
- h_{pv} : 흡입 및 토출관의 손실수두의 합
- h_0 : 토출관 말단의 잔류속도수두

㉠ 양정(수두) : 펌프가 물을 퍼올리는 높이

식 $H = \dfrac{P}{\rho}$

- H : 양정(수두)
- P : 압력
- ρ : 밀도

㉡ 실양정 : 펌프가 실제로 양수하는 수면간의 높이차

㉢ 손실수두 : 유체가 이동하는 것을 방해하는 정도

식 $h = f \times \dfrac{L}{D} \times \dfrac{V^2}{2g}$

- h : 손실수두(m)
- f : 손실계수
- L : 관 길이
- D : 관 직경
- V : 유속
- g : 중력가속도

※ 역사이펀에서 손실수두식

식 $h = i \times L + \beta \times \dfrac{V^2}{2g} + \alpha$

- i : 동수경사 $= 2.4‰ = 0.0024$

⑧ 비교회전도(N_s)

식 $N_s = N \times \dfrac{Q^{1/2}}{H^{3/4}}$

- N : 펌프의 규정회전수(회/min)
- Q : 펌프의 규정토출량(m³/min)
- H : 펌프의 규정양정(m)

⑨ 펌프의 동력

식 $P(kW) = \dfrac{\rho_w \times Q \times H}{102 \times \eta_a \times \eta_b}$

- ρ_w : 물의 밀도
- Q : 유량
- H : 전양정
- η_a : 펌프효율
- η_b : 전동기효율

4. 수질오염측정

① BOD계산

㉠ 식종하지 않은 시료

식 $BOD = (D_1 - D_2) \times P$

- D_1 : 15분간 방치된 후의 희석(조제)한 시료의 DO(mg/L)
- D_2 : 5일간 배양한 다음의 희석(조제)한 시료의 DO(mg/L)
- P : 희석시료 중 시료의 희석배수(희석시료량/시료량)

㉡ 식종희석수를 사용한 시료

식 $BOD = [(D_1 - D_2) - (B_1 - B_2) \times f] \times P$

- D_1 : 15분간 방치된 후의 희석(조제)한 시료의 DO(mg/L)
- D_2 : 5일간 배양한 다음의 희석(조제)한 시료의 DO(mg/L)
- B_1 : 식종액의 BOD를 측정할 때 희석된 식종액의 배양전 DO(mg/L)
- B_2 : 식종액의 BOD를 측정할 때 희석된 식종액의 배양후 DO(mg/L)
- f : 희석시료 중의 식종액 함유율(x %)과 희석한 식종액 중의 식종액 함유율(y %)의 비(x/y)
- P : 희석시료 중 시료의 희석배수(희석시료량/시료량)

② DO 계산

㉠ 용존산소 농도 산정

식 용존산소(mg/L) $= a \times f \times \dfrac{V_1}{V_2} \times \dfrac{1,000}{V_1 - R} \times 0.2$

- a : 적정에 소비된 티오황산나트륨용액(0.025M)의 양(mL)
- f : 티오황산나트륨(0.025M)의 인자(factor)
- V_1 : 전체 시료의 양(mL)
- V_2 : 적정에 사용한 시료의 양(mL)
- R : 황산망간 용액과 알칼리성 요오드화칼륨-아자이드화나트륨 용액 첨가량(mL)

㉡ 용존산소 포화율 산정

식 용존산소포화율(%) $= \dfrac{DO}{DO_t \times B/760} \times 100$

- DO : 시료의 용존산소량(mg/L)
- DOt : 수중의 용존산소 포화량(mg/L)
- B : 시료채취시의 대기압(mmHg)

③ 화학적 산소요구량(COD)

식 $COD = (b - a) \times f \times \dfrac{1,000}{V} \times 0.2$

- a : 바탕시험 적정에 소비된 적정량
- b : 시료의 적정에 소비된 적정량
- f : 농도계수(factor)
- V : 시료의 양(mL)

④ 자정계수

식 $f(\text{자정계수}) = \dfrac{K_2}{K_1}$

㉠ K_1 : 탈산소계수(수중에 있는 산소가 공기 중으로 빠져나가는 정도)

- 온도보정공식

식 $K_T(\text{탈산소계수}) = K_{20} \times 1.047^{(T-20)}$

㉡ K_2 : 재폭기계수(공기 중의 산소가 물 속으로 녹아들어가는 정도)

- 온도보정공식

식 $K_T(\text{재폭기계수}) = K_{20} \times 1.024^{(T-20)}$

㉢ 온도가 증가하면, 자정계수는 감소

5. 수질관리

① 용존산소부족공식(D_t)

식 $D_t = \left(\dfrac{K_1 \cdot L_0}{K_2 - K_1}\right)(10^{-K_1 t} - 10^{-K_2 t}) + (D_0)(10^{-K_2 t})$

- L_0 : 최종 BOD(BODu)
- D_0 : 초기부족농도($C_s - C$)

② 임계시간

식 $t_c = \left(\dfrac{1}{K_2 - K_1}\right) \log\left(\dfrac{K_2}{K_1}\left(1 - \left(\dfrac{(K_2 - K_1)(D_0)}{K_1 \cdot L_0}\right)\right)\right)$

$t_c = \dfrac{1}{K_1(f-1)} \log\left(f\left(1 - (f-1)\dfrac{D_0}{L_0}\right)\right)$

③ 혼합농도

식 $C_m = \dfrac{C_1 Q_1 + C_2 Q_2}{Q_1 + Q_2}$

④ 최대 DO 소비량(mg/L)

식 $D_c = \dfrac{L_0}{f} \times 10^{-K_1 \cdot t_c}$

참고문헌

알기쉽게 풀어쓴 수질환경(산업)기사, 전나훈

폐수처리공학, 신항식 외 22인

환경공학개론, 정명규 외 12인

수질관리, 권수열 외 1인

상수도 시설기준, 환경부

하수도 시설기준, 환경부

수질오염공정시험기준, 환경부

"
꿈은

날짜와 함께 적으면 목표가 되고,
목표를 잘게 나누면 계획이 되며,
계획을 실행에 옮기면 꿈은 실현된다.
"

- 그레그 -